Künstliche Intelligenz

EBOOK INSIDE

Die Zugangsinformationen zum eBook Inside finden Sie am Ende des Buchs.

Peter Buxmann · Holger Schmidt

(Hrsg.)

Künstliche Intelligenz

Mit Algorithmen zum wirtschaftlichen
Erfolg

 Springer Gabler

Herausgeber
Peter Buxmann
Technische Universität Darmstadt
Darmstadt, Deutschland

Holger Schmidt
Technische Universität Darmstadt
Darmstadt, Deutschland

ISBN 978-3-662-57567-3   ISBN 978-3-662-57568-0   (eBook)
https://doi.org/10.1007/978-3-662-57568-0

Die Deutsche Nationalbibliothek verzeichnet diese Publikation in der Deutschen Nationalbibliografie; detaillierte bibliografische Daten sind im Internet über http://dnb.d-nb.de abrufbar.

Springer Gabler
© Springer-Verlag GmbH Deutschland, ein Teil von Springer Nature 2019

Das Werk einschließlich aller seiner Teile ist urheberrechtlich geschützt. Jede Verwertung, die nicht ausdrücklich vom Urheberrechtsgesetz zugelassen ist, bedarf der vorherigen Zustimmung des Verlags. Das gilt insbesondere für Vervielfältigungen, Bearbeitungen, Übersetzungen, Mikroverfilmungen und die Einspeicherung und Verarbeitung in elektronischen Systemen.
Die Wiedergabe von Gebrauchsnamen, Handelsnamen, Warenbezeichnungen usw. in diesem Werk berechtigt auch ohne besondere Kennzeichnung nicht zu der Annahme, dass solche Namen im Sinne der Warenzeichen- und Markenschutz-Gesetzgebung als frei zu betrachten wären und daher von jedermann benutzt werden dürften.
Der Verlag, die Autoren und die Herausgeber gehen davon aus, dass die Angaben und Informationen in diesem Werk zum Zeitpunkt der Veröffentlichung vollständig und korrekt sind. Weder der Verlag noch die Autoren oder die Herausgeber übernehmen, ausdrücklich oder implizit, Gewähr für den Inhalt des Werkes, etwaige Fehler oder Äußerungen. Der Verlag bleibt im Hinblick auf geografische Zuordnungen und Gebietsbezeichnungen in veröffentlichten Karten und Institutionsadressen neutral.

Lektorat: Susanne Kramer

Springer Gabler ist ein Imprint der eingetragenen Gesellschaft Springer-Verlag GmbH, DE und ist ein Teil von Springer Nature
Die Anschrift der Gesellschaft ist: Heidelberger Platz 3, 14197 Berlin, Germany

Vorwort

Um Künstliche Intelligenz (KI) ranken sich viele Mythen. Einerseits um die fantastischen Einsatzfelder, wenn ein KI-Supercomputer im Handumdrehen alle Probleme löst, an denen Menschen scheitern. Noch dramatischer werden bisweilen die Gefahren diskutiert, sollte eine allwissende Künstliche Intelligenz einmal in die falschen Hände fallen oder gar die Weltherrschaft anstreben. Um beides geht es in diesem Buch nur ganz am Rande.

Stattdessen wollen wir mit diesem Buch Algorithmen zur Künstlichen Intelligenz „entmystifizieren", also konkret zeigen, was diese Lösungen heute schon können und in welchen Sektoren die Technik gewinnbringend eingesetzt wird. In Anwendungsbeispielen lassen uns Konzerne wie Amazon, IBM, Microsoft, SAP oder VW in ihre KI-Labors schauen und erklären konkrete Projekte. Zum Beispiel sortiert Amazon Obst mithilfe der Algorithmen, damit keine verdorbene Ware mehr den Weg zum Kunden findet. Oder VW beschreibt, wie Künstliche Intelligenz mithilfe eines superschnellen Quantencomputers den Verkehr in einer Megacity wie Peking vorausplanen kann, damit Staus möglichst gar nicht erst entstehen. Doch Künstliche Intelligenz ist nicht nur für Großunternehmen geeignet. Auch kleine und mittelständische Unternehmen, wie Empolis, Medi Markt, Samson oder die Software AG, zeigen, was diese Technologien auch bei kleinerem Budget leisten.

In allen Fällen wird klar: Künstliche Intelligenz ist keine „Wundertüte", sondern das Ergebnis eines gezielten Einsatzes von Algorithmen und Daten. Je mehr Daten verarbeitet werden können, desto besser sind in der Regel die Ergebnisse. Hier liegt ein wichtiger Hebel für die Skalierung: Die Datenmenge steigt jedes Jahr stark an. Im Internet der Dinge produzieren immer mehr Autos, Maschinen oder Fitnessarmbänder die notwendigen Daten, die nicht nur die Effizienz der Produkte erhöhen können. Wichtiger noch ist die Entwicklung neuer digitaler Geschäftsmodelle, die zum Beispiel eine Fernsteuerung sowie eine permanente Verbesserung und Betreuung der Produkte ermöglichen.

Wir haben die Beiträge eingebettet in eine Darstellung der wichtigsten technischen und ökonomischen Aspekte der Künstlichen Intelligenz: Wie funktionieren die Algorithmen, wie haben sie sich entwickelt und welche Auswirkungen auf Wirtschaft sowie Arbeit sind zu erwarten? Besonders wichtig ist dabei die globale Perspektive: Deutschland hat hervorragende KI-Forscher, aber amerikanische und chinesische Digitalunternehmen investieren zurzeit deutlich mehr Geld in die neue Technik. Hier könnte Deutschland abermals in einem digitalen Zukunftsmarkt in Rückstand geraten, in dem wir eigentlich viele Standortvorteile haben.

Wir bedanken uns ausdrücklich für die Beiträge bei den Firmen Amazon, Empolis, IBM, Medi Markt, Microsoft, Samson, SAP, Software AG und VW. Zudem danken wir Prof. Dr. Anette von Ahsen, Marco Bender und Elisa Roth von der Technischen Universität Darmstadt für die hervorragende Unterstützung bei der Manuskripterstellung. Schließlich bedanken wir uns bei Susanne Kramer und Dr. Niels Peter Thomas vom Verlag Springer Gabler für die wie gewohnt freundliche und unkomplizierte Zusammenarbeit.

Wir wünschen unseren Leserinnen und Lesern eine spannende und informative Lektüre.

Peter Buxmann
Holger Schmidt

Inhaltsverzeichnis

Abbildungsverzeichnis

Tabellenverzeichnis

Teil I

Künstliche Intelligenz als Basistechnologie des 21. Jahrhunderts

Grundlagen der Künstlichen Intelligenz und des Maschinellen Lernens

Peter Buxmann und Holger Schmidt

Haben Sie jemals darunter gelitten, dass Sie, trotz Ihrer enormen Intelligenz, von Menschen abhängig sind, um Ihre Aufgaben auszuführen?
HAL 9000: Nicht im Geringsten. Ich arbeite gerne mit Menschen.
(aus: 2001: Odyssee im Weltraum (1968))

1.1 Die Geschichte der Künstlichen Intelligenz

Science-Fiction-Autoren sind schon immer dafür bekannt gewesen, visionär in die Zukunft zu blicken. Das gilt auch für den Bereich der Künstlichen Intelligenz (KI), wie der oben dargestellte Dialog aus „2001: Odyssee im Weltraum" mit dem Supercomputer HAL 9000 aus dem Jahr 1968 zeigt. Natürlich sind Science-Fiction-Bücher oder -Filme Grundlage vieler Zukunftsfantasien und zum Teil auch Ängste. Heute sind wir allerdings immer noch weit von solchen allmächtigen Systemen entfernt, wie das vorliegende Buch zeigen wird.

Werfen wir zunächst einen kurzen Blick zurück auf die Geschichte der Künstlichen Intelligenz: Auch wenn es schon in der Antike erste Überlegungen hierzu gegeben haben soll, gilt das „Summer Research Project on Artificial Intelligence", das 1956 am Dartmouth College in Hanover (New Hampshire) stattfand, als Geburtsstunde der Künstlichen Intelligenz (vgl. Abb. 1.1). Es handelte sich um eine sechswöchige Konferenz, die John McCarthy organisiert hatte, der Erfinder der Programmiersprache LISP. Weitere prominente Teilnehmer waren der KI-Forscher Marvin Minsky (1927–2016), der Informationstheoretiker Claude Shannon (1916–2001), der Kognitionspsychologe Alan Newell (1927–1992) sowie der spätere Ökonomie-Nobelpreisträger Herbert Simon (1916–2001).

P. Buxmann (✉) · H. Schmidt
TU Darmstadt, Darmstadt, Deutschland

© Springer-Verlag GmbH Deutschland, ein Teil von Springer Nature 2019
P. Buxmann und H. Schmidt (Hrsg.), *Künstliche Intelligenz,*
https://doi.org/10.1007/978-3-662-57568-0_1

Abb. 1.1 Führende Köpfe des „Summer Research Project on Artificial Intelligence". Von links: Trenchard More, John McCarthy, Marvin Minsky, Oliver Selfridge und Ray Solomonoff. (Quelle: Dartmouth College 1956)

Die Teilnehmer teilten die Ansicht, dass Intelligenz auch außerhalb des menschlichen Gehirns geschaffen werden könne. Allerdings waren sie uneinig über den Weg dorthin und auch der von McCarthy vorgeschlagene Begriff „Artificial Intelligence" blieb damals – wie heute – umstritten (Manhart 2017).

Im Anschluss an diese Konferenz bekam die KI-Forschung viel Auftrieb, da Computer schneller und günstiger wurden und die Kapazität zur Speicherung der Daten zunahm. Ebenso konnten Fortschritte auf dem Gebiet der Künstlichen Neuronalen Netze (siehe hierzu den Kasten in Abschn. 1.2.3) erreicht werden. Demonstratoren, wie etwa der von Newell und Simon entwickelte General Problem Solver oder Joseph Weizenbaums Programm ELIZA, das die Möglichkeiten der Kommunikation zwischen einem Menschen und einem Computer über natürliche Sprache aufzeigen sollte (ELIZA ist im Grunde ein Vorläufer der heute überall verfügbaren Chatbots), zeigten schon damals das Potenzial der KI-Algorithmen.

Diese ersten Erfolge führten allerdings zu Fehleinschätzungen und Übertreibungen. Zum Beispiel sagte Marvin Minsky im Jahr 1970 dem Life Magazine *„from three to eight years we will have a machine with the general intelligence of an average human being"*. Einer ähnlich optimistischen Fehleinschätzung unterlag der ebenfalls geniale Herbert Simon, der 1957 prognostizierte, dass innerhalb der nächsten zehn Jahre ein Computer Schachweltmeister sowie einen wichtigen mathematischen Satz entdecken und beweisen würde (Newell und Simon 1958).

Insofern wurden viele Erwartungen zunächst nicht erfüllt, was unter anderem an der unzureichenden Rechenleistung lag. Die Zeitspanne von 1965 bis etwa 1975 wird daher häufig auch als KI-Winter bezeichnet (Manhart 2017).

In den 1980er Jahren wurde vor allem die Entwicklung sogenannter Expertensysteme vorangetrieben. Als Vater dieser Systeme gilt Edward Feigenbaum, ein ehemaliger

Informatik-Professor an der Stanford Universität. Das Prinzip der Expertensysteme basiert im Wesentlichen auf einer Definition von Regeln und dem Aufbau einer Wissensbasis für eine thematisch klar abgegrenzte Problemstellung. Bekannt wurde insbesondere das MYCIN-System, das zur Unterstützung von Diagnose- und Therapieentscheidungen bei Blutinfektionskrankheiten und Meningitis diente (Shortlife et al. 1975). Intensiv wurde auch an Expertensystemen für betriebliche Anwendungsgebiete geforscht (Mertens 1985). Letztlich konnten sich diese Systeme jedoch trotz großer Vorschusslorbeeren nicht durchsetzen, da die Regeln zu starr und die Systeme nur begrenzt lernfähig waren.

Das Bestreben, KI-Spitzenforschung zu betreiben, wurde bereits zu Beginn der 1980er Jahre mit dem sogenannten „Fifth Generation Project" verfolgt. Japan setzte mit diesem Projekt, in das 400 Mio. US$ investiert wurden, ein klares Zeichen in Richtung KI-Forschung. Die Ziele der Forscher waren vor allem praktische Anwendungen der Künstlichen Intelligenz. Für die Implementierung favorisierten sie nicht das in den Vereinigten Staaten weit verbreitete LISP, sondern sie tendierten zur in den 1970er Jahren in Europa entwickelten Sprache PROLOG (Odagiri et al. 1997).

Ab etwa 1990 entstand mit der Verteilten Künstlichen Intelligenz ein weiterer neuer Ansatz, der auf Marvin Minsky zurückgeht. Dieser bildete auch die Grundlage der sogenannten Agentechnologie, die simulationsbasiert für die Analyse in verschiedenen Untersuchungsbereichen eingesetzt werden kann (Chaib-Draa et al. 1992). Ebenfalls in den 1990er Jahren wurden auf dem Gebiet der Robotik große Fortschritte erzielt. Ein öffentlichkeitswirksamer Wettbewerb ist der RoboCup, bei dem Wissenschaftler und Studenten aus der ganzen Welt ihre Roboter-Teams gegeneinander im Fußball antreten lassen (Mackworth 1993). In diese Phase fiel auch die Entwicklung von komplexen Algorithmen im Bereich der Künstlichen Neuronalen Netze (Nilsson 2014; Russel und Norvig 2010).

Für großes öffentliches Aufsehen sorgte 1997 der Wettkampf zwischen IBMs Deep Blue und dem damaligen Schachweltmeister Garri Kasparov (siehe Abb. 1.2). Deep Blue

Abb. 1.2 Garri Kasparov gegen IBMs Deep Blue. (Quelle: gettyimages, Al Tielemans)

konnte das Duell mit 3,5 zu 2,5 knapp gewinnen, was in den Medien zum Teil als Sieg des Computers über die Menschheit interpretiert wurde. Kritiker merkten jedoch an, dass es sich bei Deep Blue nicht wirklich um ein intelligentes System gehandelt habe. Vielmehr habe das System schlicht „Brute Force" angewandt, also mit hoher Rechenleistung einfach nur die Konsequenzen aller (halbwegs plausiblen) Züge durchgerechnet.

In Abb. 1.3 sind ausgewählte Meilensteine der KI-Forschung überblicksartig dargestellt.

Aber was versteht man eigentlich unter Künstlicher Intelligenz? Diese Frage ist gar nicht so einfach zu beantworten, denn es gibt eine Vielzahl von Definitionen. Eine einheitliche Begriffsbestimmung zu finden, ist aus zwei Gründen schwierig: zum einen aufgrund der Breite des Gebietes, zum anderen, weil selbst eine Definition von „Intelligenz" sich als schwierig erweist. Einigkeit besteht darin, dass es sich bei Künstlicher Intelligenz um ein Teilgebiet der Informatik handelt, das sich mit der Erforschung und Entwicklung sogenannter „intelligenter Agenten" befasst (Franklin und Graesser 1997). Diese zeichnet aus, dass sie selbstständig Probleme lösen können (Carbonell et al. 1983).

Wichtig ist die Unterscheidung zwischen einer starken und schwachen Künstlichen Intelligenz: Unter einer starken Künstlichen Intelligenz (engl. „Strong AI") versteht man im Allgemeinen alle Ansätze, die versuchen, den Menschen bzw. die Vorgänge im Gehirn abzubilden und zu imitieren. Häufig werden auch Eigenschaften, wie Bewusstsein oder Empathie, als konstituierendes Merkmal einer solchen starken KI genannt (Pennachin und Goertzel 2007; Searle 1980). So weit ist die Forschung heute allerdings noch lange nicht und uns sind keine Forschungsprojekte bekannt, die einer Umsetzung dieser starken Künstlichen Intelligenz bislang wirklich nahe gekommen sind.

Demgegenüber sind Lösungen, die mittlerweile technisch machbar sind und in heutigen Softwarelösungen implementiert wurden, ebenso wie alle in diesem Buch beschriebenen Beispiele der schwachen Künstlichen Intelligenz (engl. „Weak AI" oder „Narrow AI") zuzuordnen. Hier geht es nicht mehr darum, menschliche Denkprozesse,

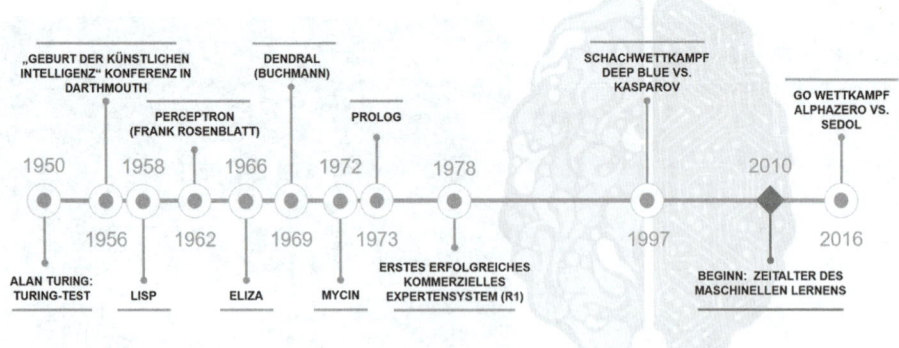

Abb. 1.3 Wichtige Meilensteine der KI-Forschung

Abwägungen und Kreativität zu imitieren, sondern gezielt Algorithmen für bestimmte, abgegrenzte Problemstellungen zu entwickeln (Goertzel 2010; Pennachin und Goertzel 2007). Dabei ist Lernfähigkeit eine wesentliche Anforderung nicht nur an die starke, sondern auch an diese „schwache Künstliche Intelligenz".

In den vergangenen Jahren entwickelte sich die Künstliche Intelligenz stärker in die Richtung des Maschinellen Lernens (ML). Dabei handelt es sich gemäß Erik Brynjolfsson und Andrew McAfee (2017) vom MIT um die wichtigste Basistechnologie unseres Zeitalters. Diese Form der Künstlichen Intelligenz ist der Schwerpunkt des vorliegenden Buches. Daher werden wir auf die verschiedenen Ansätze und Methoden im folgenden Abschnitt näher eingehen.

1.2 Grundlagen des Maschinellen Lernens

1.2.1 Zurück in die Zukunft

Forschungsarbeiten über Künstliche Neuronale Netze als wichtige Grundlage des Maschinellen Lernens gibt es tatsächlich schon seit den 1940er Jahren. Daher wundert es nicht, wenn KI-Skeptiker häufig darauf hinweisen, dass die meisten Entwicklungen rund um das Maschinelle Lernen nicht neu seien. Auch wenn diese Aussage grundsätzlich richtig ist, begehen Unternehmen unseres Erachtens einen großen Fehler, wenn sie diese Themen nicht auf ihre Agenda setzen. Denn viele Technologien setzen sich erst durch, wenn die Rahmenbedingungen stimmen – so wie das heute bei KI-Anwendungen der Fall ist.

Neue Entwicklungen mit der Begründung zu ignorieren, dass es das alles schon einmal gegeben habe, kann gefährlich sein. Schon bei den Anfängen des Internet – oder genauer des „World Wide Web" – in den 1990er Jahren argumentierten Kritiker ähnlich. Damals lautete das Argument, Netzwerke gebe es schon lange und die Technologien, wie TCP/IP oder HTML, seien noch nicht ausgereift. In der Tat sagte der HTML-Erfinder Tim Berners Lee einmal, dass er HTML gerne besser gemacht hätte, wenn er gewusst hätte, wie weit sich die Sprache verbreiten würde. Aber die Zeit war reif für den Siegeszug des Internet – nicht aufgrund der Technologie, sondern weil sich die Rahmenbedingungen geändert hatten: Der Zugang zum Internet war schon damals nahezu kostenlos und damit fiel eine wichtige Barriere.

Genauso ist es heute mit der Künstlichen Intelligenz: Erst jetzt haben sich die Rahmenbedingungen für die Anwendung Künstlicher Neuronaler Netze und anderer Ansätze des Maschinellen Lernens drastisch verbessert. Einige Barrieren sind weggefallen und neue Voraussetzungen sind geschaffen worden:

- Daten bzw. Big Data – etwa zum Training von Künstlichen Neuronalen Netzen – sind heute in einer nie gekannten Menge verfügbar und ihre Menge steigt ständig.
- Rechenleistung und Speicherplatz sind so kostengünstig wie nie zuvor und können von Cloud-Anbietern wie Amazon, Google und Microsoft etc. problemlos bezogen werden.

- Die Performance von Deep-Learning-Algorithmen hat sich in den vergangenen Jahren verbessert.
- Inzwischen existieren viele kostenlos verfügbare (Open-Source-)Toolkits und Bibliotheken zur Entwicklung von KI-Anwendungen.

Betrachten wir uns im Folgenden also genauer, was es mit den verschiedenen Machine-Learning-Ansätzen auf sich hat.

1.2.2 Wie funktioniert Maschinelles Lernen?

Im Allgemeinen umfasst der Begriff „Maschinelles Lernen" Methoden, die mithilfe von Lernprozessen Zusammenhänge in bestehenden Datensätzen erkennen, um darauf aufbauend Vorhersagen zu treffen (Murphy 2012). Dabei existieren viele verschiedene Konzepte des Begriffs. Häufig wird der Ansatz von Tom Mitchell verwendet, der das Grundkonzept des Maschinellen Lernverfahrens als *„a computer program is said to learn from experience E with respect to some class of tasks T and performance measure P, if its performance at tasks in T, as measured by P, improves with experience E"* definiert (Mitchell 1997, S. 2). Einfacher formuliert: Die Fähigkeit einer Maschine oder Software, bestimmte Aufgaben zu lernen, beruht darauf, dass sie auf der Basis von Erfahrungen (Daten) trainiert wird. Softwareentwickler müssen also nicht mehr ihr Wissen codieren und explizieren. Was harmlos klingt, ist ein Paradigmenwechsel. Nehmen wir als Beispiel das Erkennen von Katzen, Hunden oder anderen Tieren auf Bildern. Um dem Algorithmus eine Unterscheidung beizubringen, formuliert der Entwickler im Softwarecode nicht mehr explizit, dass eine Katze beispielsweise vier Pfoten, zwei Augen, scharfe Krallen und Fell hat. Vielmehr wird der Algorithmus mit vielen unterschiedlichen Tierfotos trainiert, anhand derer er selbstständig erlernt, wie die jeweiligen Tiere aussehen und sich von anderen Tieren unterscheiden. Ein weiteres Beispiel zur Verdeutlichung des grundliegenden Prinzips sind Audiosysteme, bei denen ein Algorithmus mit Audio-Daten angelernt wird, die ein bestimmtes Wort enthalten, z. B. „Zieleingabe" für das Navigationssystem in einem Auto. Auf diese Weise lernt der Algorithmus, wie dieses Wort klingt, auch wenn es von verschiedenen Menschen unterschiedlich ausgesprochen wird oder verschiedene Hintergrundgeräusche existieren.

Das ist aus mehreren Gründen bemerkenswert: Zum einen wissen wir Menschen häufig mehr als wir ausdrücken können. Dies wiederum macht es Softwareentwicklern oder Analytikern schwer, bestimmte Sachverhalte zu codieren oder zu spezifizieren. Man spricht hier auch von dem sogenannten Polanyi-Paradox, das nach dem Philosophen Michael Polanyi benannt wurde: *„We know more than we can tell"* (Polanyi 1966). Dieses Prinzip lässt sich gut anhand von Abb. 1.4 verdeutlichen: Wir erkennen sofort, bei welchen Bildern es sich um einen Chihuahua und bei welchen es sich um einen Muffin handelt. Aber zu erklären, warum das Bild in eine bestimmte Kategorie fällt, ist nicht trivial.

Abb. 1.4 Chihuahua oder
Muffin? (Quelle: Zack 2016)

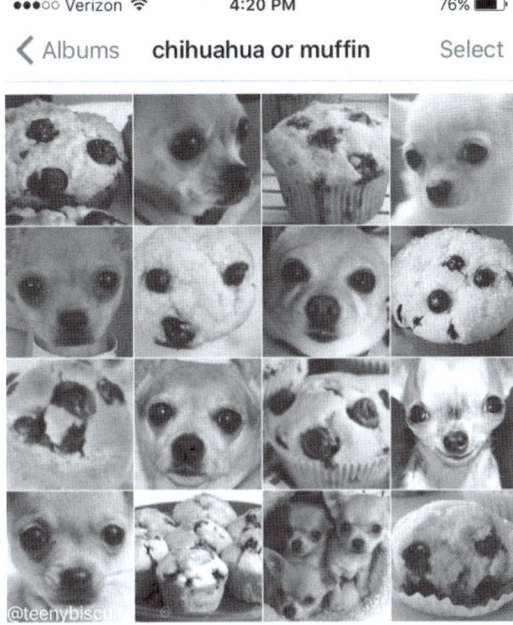

Zum anderen sind viele Machine-Learning-basierte Systeme exzellente Lernende, die bei vielen Aufgabenstellungen die Fähigkeiten von Menschen übertreffen. Beispiele sind die Diagnose von Krankheiten oder auch „Fraud Detection" (Fawcett und Provorst 1997; Litjens et al. 2017). Abb. 1.5 zeigt, wie die Fehlerrate von Machine-Learning-Algorithmen bei der Erkennung von Bildern aus der Datenbank ImageNet mit mehreren Millionen Fotos mit unterschiedlichen Motiven von über 30 % im Jahr 2010 bis auf weniger als vier Prozent im Jahr 2016 gesunken ist. Die Fehlerrate von Menschen liegt bei etwa fünf Prozent.

1.2.3 Verfahren des Maschinellen Lernens

Grundsätzlich lassen sich drei Arten des Maschinellen Lernens unterscheiden (Marsland 2014; Murphy 2012; Russel und Norvig 2010):

- Supervised Learning (überwachtes Lernen)
- Unsupervised Learning (unüberwachtes Lernen)
- Reinforcement Learning (verstärkendes Lernen)

In die erstgenannte Kategorie fallen Algorithmen, die mit vielen „beschrifteten" Daten trainiert werden, um dann selbstständig Entscheidungen treffen zu können. Beispielsweise

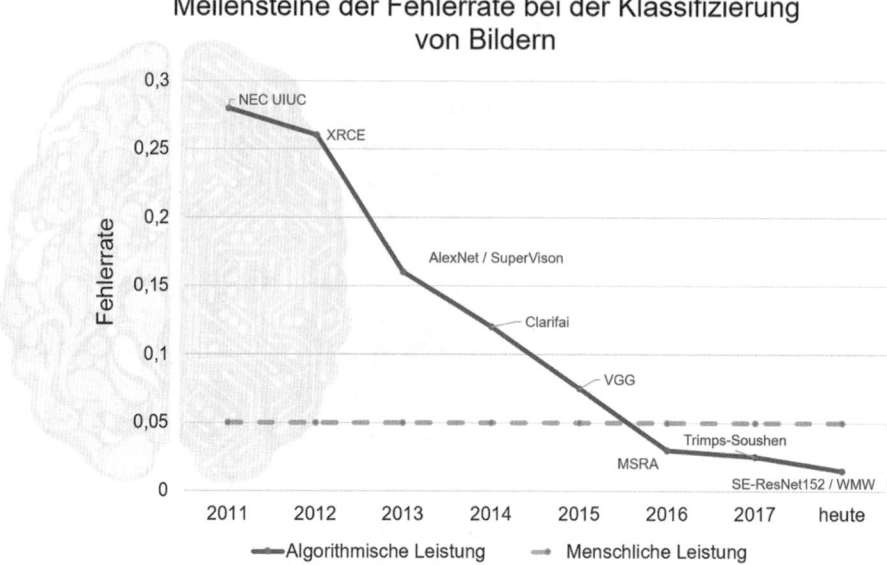

Abb. 1.5 Meilensteine der Fehlerrate bei der Klassifizierung von Bildern. (Quelle: EFF 2018)

lernen wir einen Algorithmus mit jeweils mehreren tausend Katzen- und Hundebildern an. Beschriftet bedeutet, dass wir dem Algorithmus jedes Mal die Information geben, um welche Tierart es sich handelt. *Supervised-Learning-Algorithmen* lernen auf diese Weise ähnlich wie Menschen. Nach dem Training erfolgt eine Überprüfung mit einem Testdatensatz, um auf dieser Basis Aussagen über die Güte des trainierten Modells zu machen. Der eigentliche Lernprozess basiert also auf dem Trainingsdatensatz, während die Evaluierung des trainierten Modells mit den Testdaten erfolgt (Marsland 2014; Murphy 2012; Russel und Norvig 2010).

Im Gegensatz dazu versuchen Ansätze des *Unsupervised Learning,* Muster in bestehenden Daten zu finden. Nehmen wir beispielsweise wieder eine Menge an Tierbildern. Nun sagen wir der Maschine aber nicht, bei welchem Bild es sich um welches Tier handelt, sondern der Algorithmus muss selbst Kategorien finden. Ein potenzielles Problem, aber ebenso eine Chance in der Anwendung besteht darin, dass der Algorithmus die Kategorisierung selbstständig vornimmt. Die Tierfotos müssten nicht unbedingt nach Tierarten (Hund oder Katze) kategorisiert werden, sondern es könnten alternativ je nach Datenlage auch Cluster nach Farben (schwarze, braune oder weiße Tiere) herauskommen. Ein weiteres häufiges Anwendungsgebiet des unüberwachten Lernens sind Komprimierverfahren, um die unwichtigsten Komponenten der Daten herauszufiltern und auf diese Weise eine Verkleinerung der Dateien zu erreichen (Saul und Roweis 2003).

Das dritte Verfahren des Machine Learning ist das sogenannte *Reinforcement Learning*. In dieser Variante des Lernens soll für ein gegebenes Problem eine optimale Strategie erlernt werden. Grundlage ist eine zu maximierende Anreiz- oder Belohnungsfunktion. Dem Algorithmus wird nicht gezeigt, welche Aktion in welcher Situation die beste ist. Vielmehr erhält er zu bestimmten Zeitpunkten auf Basis der Anreizfunktion eine Rückmeldung auf die gewählte Aktion – entweder eine Belohnung oder eine Strafe. Der Entwickler spezifiziert bei diesem Ansatz den aktuellen Zustand der Umgebung (z. B. die Stellung in einem Schachspiel) und listet die möglichen Handlungsalternativen und Umweltbedingungen auf (z. B. die möglichen Schachzüge auf Basis der Spielregeln). Der Algorithmus muss nun die Züge finden, die seine Anreizfunktion maximieren. Im Fall des Schachspiels wäre eine Anreizfunktion so zu spezifizieren, dass die Zielsetzung darin besteht, das Spiel zu gewinnen. Ein anderes Anwendungsbeispiel stammt von Microsoft: Hier wird Reinforcement Learning genutzt, um Überschriften für Kurzartikel der Webseite msn.com auszuwählen. Die Anreizfunktion bewertet die Zahl der Klicks auf einen Artikel und belohnt hohe Werte (Brynjolfsson und McAfee 2017). Es handelt sich dabei also um ein klassisches „Click-Baiting-System".

Für eine umfassende und tiefgehende Auseinandersetzung mit den Methoden des Maschinellen Lernens siehe beispielsweise LeCun et al. (1998), Krizhevsky et al. (2012), Bishop (2006) oder Hastie et al. (2009).

Das Spiel Go – ein Lehrstück für die Fähigkeiten von Machine-Learning-basierten Algorithmen

Wahrscheinlich haben Sie schon davon gehört, dass es einem von der Google-Tochter DeepMind entwickelten Algorithmus gelungen ist, die besten Spieler der Welt im asiatischen Brettspiel Go zu besiegen (Silver et al. 2016). Das Besondere daran ist nicht, dass es sich bei Go um ein komplexeres Spiel als Schach handelt und Maschinen auch hier den Menschen überlegen sind. Aus unserer Sicht ist das Beispiel Go vielmehr aus den folgenden drei Gründen für das Verständnis des Maschinellen Lernens sehr lehrreich:

Erstens zeigt es, wie die Fähigkeiten von Künstlicher Intelligenz zum Teil unterschätzt werden. So wurden in einer Studie der Universität Oxford im Jahr 2015 KI-Experten gefragt, wann KI-basierte Algorithmen in der Lage sein werden, bestimmte Aufgaben besser als Menschen zu erledigen. Der „Sieg der Künstlichen Intelligenz" für das Spiel Go wurde von den Experten erst für das Jahr 2027 erwartet (Grace et al. 2017). Bereits 2016 war es so weit.

Zweitens wurde der Sieg über die Menschen mit intelligenten Verfahren erzielt und nicht mit dem Brute-Force-Ansatz (für den das Spiel Go zu komplex ist).

Drittens wurden dabei nach und nach verschiedene Lernverfahren eingesetzt, die wir in diesem Abschnitt kennengelernt haben. Das erste Programm, dem dieser Sieg gelungen ist, war AlphaGo. Es nutzte ein Künstliches Neuronales Netzwerk, das mithilfe eines Datensatzes verfügbarer Go-Partien trainiert wurde (Supervised

Learning). Grundlage hierfür waren Partien, die Menschen zuvor gegeneinander gespielt hatten (Silver et al. 2016). Das Nachfolgeprogramm AlphaGo Zero setzte insbesondere auf Reinforcement Learning, das heißt, der Software wurden – vereinfacht ausgedrückt – die Regeln beigebracht und es wurde eine Anreizfunktion formuliert. Auf dieser Basis erlernte und entwickelte der Algorithmus selbstständig iterativ neue Spielzüge. Das neue System besiegte seinen Vorgänger mit 100 zu 0 (Silver et al. 2017b). Im Dezember 2017 stellte die Google-Firma DeepMind die Software AlphaZero vor (Silver et al. 2017a). Diese erlernte innerhalb weniger Stunden nacheinander die Spiele Schach, Go und Shogi und ist stärker als jede Variante, die bislang entwickelt wurde. AlphaZero wird nur durch das Einprogrammieren der Spielregeln und nicht auf Basis von menschlichen Partien trainiert. Daraufhin spielt AlphaZero gegen sich selbst. Die Künstliche Intelligenz entwickelt alle Spielstrategien eigenständig. Demis Hassabis von DeepMind führt die Spielstärke von AlphaZero auch darauf zurück, dass das Programm nicht mehr von Menschen lernt. Damit sei es in der Lage, taktisch anders zu spielen und Spielzüge zu wählen, auf die Menschen nicht kommen würden. Auch der ehemalige Schachweltmeister Garri Kasparov meinte, er sei erstaunt darüber, was man von AlphaZero und grundsätzlich von KI-Programmen lernen kann, da Regeln und Wege entwickelt werden, die Menschen bisher verborgen geblieben sind.

Am häufigsten wird heutzutage das Prinzip des Supervised Learning angewendet, wie auch die Beispiele in Teil II dieses Buchs zeigen. Ein großer Vorteil dieses Prinzips ist die Vielzahl der Anwendungsmöglichkeiten. Zudem stehen zahlreiche Softwaretools häufig auf Open-Source-Basis zur Verfügung. Abb. 1.6 gibt einen Überblick über einige ausgewählte Werkzeuge.

Um das Prinzip des Supervised Learning noch einmal zu verdeutlichen: Wir trainieren den Algorithmus mit einer Menge von Inputs, denen eine Menge von Outputs zugeordnet sind. Der Input ist etwa eine Audio-Datei, der Output ein bestimmtes Wort, oder der Input ist eine Datei mit Softwarecode und der Output könnte „Schadsoftware" lauten. Die grundsätzliche Anwendbarkeit dieses Prinzips ist in Tab. 1.1 dargestellt.

Einen Begriff, der in der jüngsten Zeit sehr häufig verwendet wird, haben wir noch nicht definiert: Deep Learning. Dieser Ansatz verwendet Künstliche Neuronale Netze (KNN) als Grundlage (zu einer Erklärung der Funktionsweise von KNN siehe den folgenden Kasten). Diese Netzwerke besitzen einen großen Vorteil im Vergleich zu früheren Machine-Learning-Generationen: Mithilfe mehrschichtiger Netzwerke können sie Zusammenhänge erlernen, die einfachen Algorithmen des Maschinellen Lernens verborgen bleiben. Zudem profitieren sie stärker von einer größeren Zahl an Trainingsdaten (Krizhevsky et al. 2012).

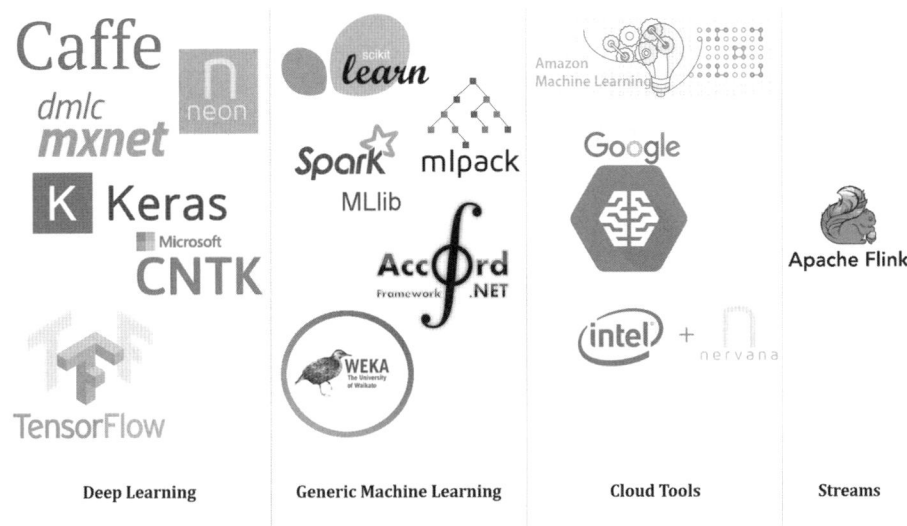

Abb. 1.6 Überblick über einige Tools und Dienste für Maschinelles Lernen

Tab. 1.1 Anwendungsbeispiele für Supervised Learning. (In Anlehnung an Brynjolfsson und McAfee 2017)

Input	Output	Applikation
Sprachaufzeichnung	Transkript	Spracherkennung
Historische Marktdaten	Zukünftige Marktdaten	Trading Bots
Foto	Beschriftung	Automatische Bildbeschriftung
Medikament-Eigenschaften	Behandlungseffizienz	F&E Pharmabranche
Transaktionsdetails (bspw. Einzelhandel)	Liegt eine ungewöhnliche Transaktion vor?	Betrugserkennung („fraud detection")
Rezepturdetails	Kundenbewertungen	Essensempfehlungen
Einkaufshistorie	Zukünftiges Kaufverhalten	Kundenbindung
Fahrzeugposition und -tempo	Verkehrsfluss	Intelligente Ampelschaltung
Gesicht	Name	Gesichtserkennung

Künstliche Neuronale Netze
Die Grundidee der Entwicklung von KNN besteht darin, das (menschliche) Gehirn zu simulieren. Allgemein besteht ein KNN daher aus Knoten (Neuronen) und Kanten (Synapsen). Wie Abb. 1.7 zeigt, werden drei Neuronen-Typen

Abb. 1.7 Skizzenhafte
Darstellung eines Künstlichen
Neuronalen Netzes

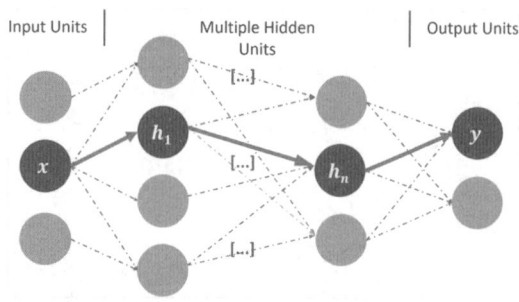

unterschieden, die auch als Units bezeichnet werden (Goodfellow et al. 2016; Rey und Wender 2018):

- *Input-Units* erhalten die Eingangsdaten, beispielsweise Pixel bei einem Bilderkennungsalgorithmus oder Blutwerte bei einem Ansatz zur Diagnose von Krankheiten. Wir haben diese Daten in Abb. 1.7 als *x* bezeichnet.

- *Hidden-Units* befinden sich zwischen Input- und Output-Units und repräsentieren somit die inneren Schichten eines KNN. Diese können in mehreren Ebenen hintereinander angeordnet sein und sind in Abb. 1.7 mit $h_1 \ldots h_n$ bezeichnet.

- *Output-Units* enthalten die Ausgangsdaten, beispielsweise eine Klassifikation „Hund" oder „Katze" bei einem Algorithmus zur Erkennung von Tieren. Diese sind in Abb. 1.7 mit *y* gekennzeichnet.

Das Grundprinzip ist Abb. 1.7 zu entnehmen. Hierbei sind in jeder Ebene beispielhaft mehrere Units dargestellt.

Wie Abb. 1.7 zeigt, sind die Neuronen durch Kanten miteinander verbunden. Bezeichnen wir zwei Neuronen mit i bzw. j, so drückt w_{ij} das Gewicht entlang der Kante zwischen i und j aus (Abb. 1.8).

Letztlich wird das erlernte Wissen eines KNN von diesen Gewichten repräsentiert, die sich auf Basis von Matrizen einfach darstellen lassen (Abb. 1.9).

Der Input, den ein Neuron von anderen erhält, hängt von dem Output des sendenden Neurons bzw. der sendenden Neuronen und den Gewichten entlang der Kanten ab. Bezeichnet $Output_i$ das Aktivitätslevel eines sendenden Neurons i, so lässt sich der Input, den ein Neuron j erhält, mit der folgenden Formel ausdrücken:

$$Input_j = \sum (Output_i \times w_{ij}) + b_j$$

Abb. 1.8 Zwei Neuronen i
und j sowie die Gewichtung w_{ij}

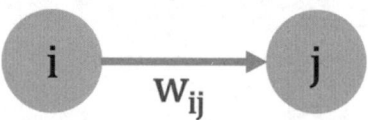

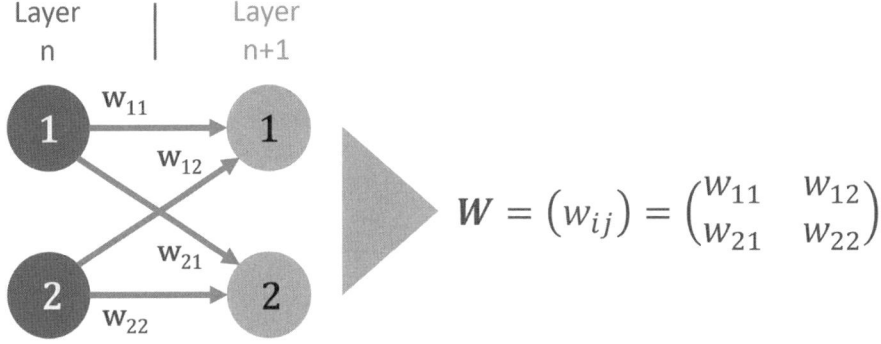

Abb. 1.9 Darstellung der Gewichte grafisch und mathematisch in Matrizenform

Der Output eines Neurons wiederum basiert auf dem Input und einer Aktivierungsfunktion. Bei dieser Aktivierungsfunktion a sind verschiedene Funktionstypen denkbar – im einfachsten Fall ist sie linear.

$$Output_i = a(Input_i)$$

Wir hatten bereits dargelegt, dass die Gewichte w_{ij} das Wissen des KNN repräsentieren. Damit stellt sich die Frage, wie diese Gewichte modifiziert werden. Diese Veränderungen werden auf der Basis von Lernregeln bestimmt. Man kann sich das beispielsweise so vorstellen, dass bei der Anwendung eines Algorithmus zum Supervised Learning die Gewichte aufgrund der Trainingsdaten verändert bzw. angepasst werden. Das wohl üblichste Verfahren heute ist die so genannte Backpropagation-Methode. Sie funktioniert vereinfacht ausgedrückt so, dass Fehler in der Ausgangsschicht anteilig auf die Fehlerbeiträge der beteiligten Hidden-Units zurückgeführt und dabei die Gewichte iterativ angepasst werden (Rumelhart et al. 1986).

Jetzt denken Sie vielleicht, dass das alles sehr kompliziert ist. Nun ja, ganz einfach ist es auch nicht, aber es ist faszinierend, wie viele Softwarewerkzeuge heute auf Open-Source-Basis zur Verfügung stehen, mit deren Hilfe man auf recht einfache Weise KI-basierte Algorithmen entwickeln kann (siehe hierzu auch Abb. 1.6).

1.2.4 Das Black-Box-Problem

Wir hatten gezeigt, dass Ansätze des Maschinellen Lernens für eine Vielzahl von Anwendungsszenarien geeignet sind. Zum Teil wird daher auch von einer General-Purpose-Technologie gesprochen (Brynjolfsson und McAfee 2017). Sind Algorithmen zum Maschinellen Lernen also die „Wundertüte" für alle mehr oder weniger strukturierten Problemstellungen? Nein, das sind sie nicht, auch wenn sie in vielen Bereichen

Menschen bereits überlegen sind oder überlegen sein werden, z. B. auf einigen Gebieten medizinischer Diagnosen oder beim autonomen Fahren. Vielmehr muss man sich insbesondere über zwei Limitationen der Anwendung dieser Algorithmen im Klaren sein: Erstens kommen diese Algorithmen in vielen Szenarien zwar rein statistisch gesehen zu sehr guten Ergebnissen bzw. Entscheidungen. Das bedeutet aber nicht, dass sie keine Fehlentscheidungen treffen. Schauen wir uns dazu Abb. 1.10 an.

Diese Katze wurde von einer Google-KI-Lösung nicht als solche erkannt, sondern als Guacamole. Ein anderes Beispiel ist eine auf dem Rücken liegende Schildkröte, die der Algorithmus für ein Gewehr gehalten hat. Im Falle des Katzen-Guacamole-Beispiels wurde der Algorithmus einfach ausgetrickst. Kennt man nämlich die Parameter des Algorithmus, kann das neuronale Netz durch ein paar wenige hinzugefügte Striche oder Punkte überlistet werden. Das ist im obigen Beispiel witzig, in anderen Anwendungsszenarien könnten Kriminelle diese potenzielle Schwäche mit dramatischen Folgen ausnutzen, wenn wir etwa an Anwendungen wie autonomes Fahren denken. Wir sehen anhand dieses Beispiels auch, wie eng die Themen Maschinelles Lernen und Sicherheit zusammenhängen (acatech 2017).

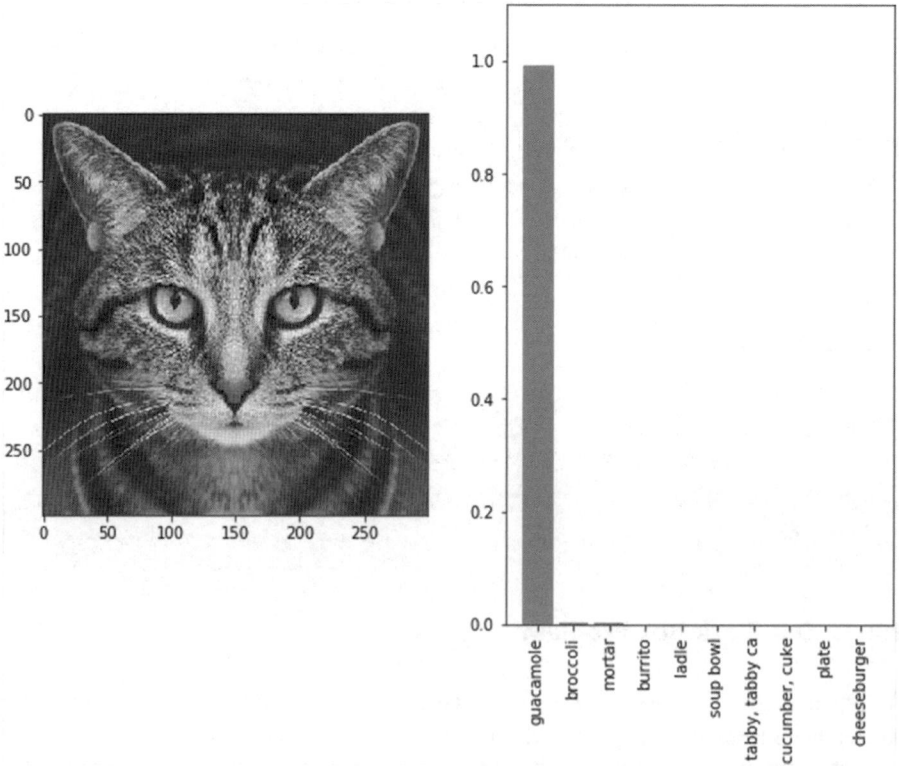

Abb. 1.10 Katze oder Guacamole? (Quelle: Anthalye et al. 2017)

Hinzu kommt – und damit kommen wir zu dem zweiten Punkt der Limitationen –, dass Machine-Learning-Ansätze häufig wie eine Black Box arbeiten. Sie geben keine Auskunft darüber, warum sie zu einem bestimmten Ergebnis gekommen sind, also warum im oben genannten Beispiel die Katze nicht erkannt wurde. Wenn man aber nicht weiß, warum ein Algorithmus ein bestimmtes Ergebnis produziert, sollten solche Ansätze in sensiblen Anwendungsbereichen nicht verwendet werden. Nehmen wir als Beispiel das Personalwesen, in das die Künstliche Intelligenz seit einiger Zeit Einzug gehalten hat. Dabei werden heute bereits Algorithmen angewandt, die aufgrund des Verhaltens der Mitarbeiter vorhersagen, mit welcher Wahrscheinlichkeit sie zukünftig kündigen oder sich für andere Stellen bewerben werden. Oder nehmen wir Algorithmen, die auf Basis von Bewerbungen die Mitarbeiterauswahl treffen oder vorbereiten. Stellen wir uns vor, der Algorithmus kommt bei seinem Auswahlprozess auf der Grundlage von Profilen bzw. Bewerbungen zu dem Ergebnis, dass bestimmte Mitarbeiter für eine Stelle geeignet sind oder eben nicht – und wir wissen nicht warum. Dies ist zum einen problematisch, weil wir den Bewerbern unsere Auswahlentscheidungen natürlich erklären müssen und wollen. Zum anderen können mit dieser fehlenden Entscheidungstransparenz auch ethische Probleme einhergehen, falls der Algorithmus Parameter wie Geschlecht, Hautfarbe oder Religion in seine Entscheidung einbezogen hat. Wir wissen das deswegen nicht, weil sich Künstliche Neuronale Netze ein Stück weit wie eine Black Box verhalten. Die Entscheidung erfolgt letztlich auf Basis der errechneten Gewichte der Kanten zwischen den Neuronen (Knoten) des Netzwerks, die wir nur sehr schwer interpretieren können.

Literatur

acatech, Hightech Forum. (2017). *Fachforum autonome Systeme. Chancen und Risiken für Wirtschaft, Wissenschaft und Gesellschaft. Langversion, Abschlussbericht.* Berlin.

Anthalye, A., Engstrom, L., Ilyas, A., & Kwok, K. (2017). Fooling neural networks in the physical world with 3D adversarial objects. http://www.labsix.org/physical-objects-that-fool-neural-nets/. Zugegriffen: 5. Apr. 2018.

Bishop, C. (2006). *Pattern recognition and machine learning.* New York: Springer.

Brynjolfsson, E., & McAfee, A. (2017). The business of artificial intelligence. *Harvard Business Review.* https://hbr.org/cover-story/2017/07/the-business-of-artificial-intelligence. Zugegriffen: 6. Jan. 2018.

Carbonell, J. G., et al. (1983). An Overview of Machine Learning. In R. S. Michalski, J. G. Carbonell, & T. M. Mitchell (Hrsg.), *Machine Learning: An Artificial Intelligence Approach* (S. 3–23). Palo Alto, Kalifornien, USA: TIOGA Publishing Co.

Chaib-Draa, B., Moulin, B., Mandiau, R., & Millot, P. (1992). Trends in distributed artificial intelligence. *Artificial Intelligence Review, 6*(1), 35–66. https://doi.org/10.1007/BF00155579.

Dartmouth College. (1956). *Summer research project on artificial intelligence* (Vox of Dartmouth).

EFF. (2018). AI progress measurement. https://www.eff.org/de/ai/metrics. Zugegriffen: 11. Jan. 2018.

Franklin, S., & Graesser, A. (1997). Is It an agent, or just a program?: A taxonomy for autonomous agents. In J. Müller, M. J. Wooldridge, & N. R. Jennings (Hrsg.), *Intelligent Agents III Agent Theories, Architectures, and Languages* (S. 1193).

Fawcett, T., & Provorst, F. (1997). Adaptive fraud detection. *Data Mining and Knowledge Discovery, 1*(3), 291–316.

Goertzel, B. (2010). Toward a formal characterization of real-world general intelligence. In E. Baum, M. Hutter, & E. Kitzelmann (Hrsg.), *Proceedings of the 3rd Conference on Artificial General Intelligence, AGI* (S. 19–24). Atlantis Press.

Goodfellow, I., Bengio, Y., & Courville, A. (2016). *Deep learning.* Cambridge: MIT Press.

Grace, K., Salvatier, J., Dafoe, A., Zhang, B., & Evans, O. (2017). When will AI exceed human performance? Evidence from AI experts. arXiv:1705.08807. https://arxiv.org/abs/1705.08807. Zugegriffen: 30. März 2018.

Hastie, T., Tibshirani, R., & Friedman, J. (2009). *The elements of statistical learning: Data mining, inference, and prediction* (2. Aufl.). New York: Springer.

Krizhevsky, A., Sutskever, I., & Hinton, G. E. (2012). ImageNet classification with deep convolutional neural networks. In *Neural Information Processing Systems (NIPS), Proceeding. NIPS'12 Proceedings of the 25th International Conference on Neural Information Processing Systems – Volume 1* (S. 1097–1105). Lake Tahoe: Nevada.

LeCun, Y., Bottou, L., Bengio, Y., & Haffner, P. (1998). Gradient-based learning applied to document recognition. *Proceedings of the IEEE, 86*(11), 2278–2324. https://doi.org/10.1109/5.726791.

Litjens, G., Kooi, T., Ehteshami Bejnordi, B., Setio, A. A. A., Ciompi, F., Ghafoorian, M., et al. (2017). A survey on deep learning in medical image analysis. *Medical Image Analysis, 42*,60–88. https://doi.org/10.1016/j.media.2017.07.005.

Mackworth, A. K. (1993). On seeing robots. Vancouver, B.C., Canada. https://www.cs.ubc.ca/~mack/Publications/CVSTA93.pdf. Zugegriffen: 19. Jan. 2018.

Manhart, K. (2017). Eine kleine Geschichte der Künstlichen Intelligenz. http://www.cowo.de/a/3330537. Zugegriffen: 17. Okt. 2017.

Marsland, S. (2014). *Machine learning: An algorithmic perspective.* London: Taylor & Francis Inc.

Mertens, P. (1985). Künstliche Intelligenz in der Betriebswirtschaft. In D. Ohse, A. C. Erpresster, H.-U. Küpper, P. Stähly, & H. Steckhan (Hrsg.), *DGOR. Operations research proceedings* (S. 285–292). Berlin: Springer.

Mitchell, T. M. (1997). *Machine learning.* New York: McGraw-Hill.

Murphy, K. P. (2012). *Machine learning: A probabilistic perspective.* Cambridge: The MIT Press.

Newell, A., & Simon, H. (1958). Heuristic problem solving: The next advance in operations research. *Operations Research, 6*(1), 1–10.

Nilsson, N. J. (2014). *Principles of artificial intelligence.* Palo Alto: Tioga Press.

Odagiri, H., Nakamura, Y., & Shibuya, M. (1997). Research consortia as a vehicle for basic research: The case of a fifth generation computer project in Japan. *Research Policy, 26,* 191–207.

Pennachin, C., & Goertzel, B. (2007). Contemporary approaches to artificial general intelligence. In B. Goertzel & C. Pennachin (Hrsg.), *Artificial General Intelligence: AGIRI – Artificial General Intelligence Research Institute* (S. 1–28). Berlin: Springer.

Polanyi, M. (1966). *The tecit dimension.* Gloucester: Peter Smith.

Rey, G. D., & Wender, K. F. (2018). *Neuronale Netze. Eine Einführung in die Grundlagen, Anwendungen und Datenauswertung.* Göttingen: Hogrefe Verlag GmbH & Co. KG.

Russel, S. J., & Norvig, P. (2010). *Artificial intelligence: A modern approach.* Eaglewood Cliffs: Prentice Hall Internationall Inc.

Rumelhart, D. E., Hinton, G. E., & Williams, R. J. (1986). Learning representations by back-propagating errors. *Nature, 323,* 533–536.

Saul, L. K., & Roweis, S. T. (2003). Think globally, fit locally: unsupervised learning of low dimensional manifolds. *Journal of Machine Learning Research, 4,* 119–155.

Searle, J. R. (1980). Minds, brains, and programs. *The Behavioral and Brain Sciences, 3,* 417–457.

Shortlife, E. H., Davis, R., Axline, S. G., Buchanan, B. G., Green, C. C., & Cohen, S. N. (1975). Computer-based consultations in clinical therapeutics: Explanation and rule acquisition capabilities of the MYCIN system. *Computers and Biomedical Research, 8,* 303–320.

Silver, D., Huang, A., Maddison, C. J., Guez, A., Sifre, L., van den Driessche, G., et al. (2016). Mastering the game of go with deep neural networks and tree search. *Nature, 529,* 484–489.

Silver, D., Hubert, T., Schrittwieser, J., Antonoglou, I., Lai, M., Guez, A., Hassabis, D. (2017a). Mastering chess and Shogi by Self-Play with a general reinforcement learning algorithm. arXiv:1712.01815. https://arxiv.org/abs/1712.01815. Zugegriffen: 15. März 2018.

Silver, D., Schrittwieser, J., Simonyan, K., Antonoglou, I., Huang, A., Guez, A., et al. (2017b). Mastering the game of go without human knowledge. *Nature, 550,* 354–359. https://doi.org/10.1038/nature24270.

Zack, K. (2016). Chihuahua or muffin? https://twitter.com/teenybiscuit/status/707727863571 582978. Karen Zack via Twitter.

Prof. Dr. Peter Buxmann ist Inhaber des Lehrstuhls für Wirtschaftsinformatik | Software & Digital Business an der Technischen Universität Darmstadt und leitet dort das Innovations- und Gründungszentrum HIGHEST. Darüber hinaus ist er Mitglied in mehreren Leitungs- und Aufsichtsgremien. Seine Forschungsschwerpunkte sind die Digitalisierung von Wirtschaft und Gesellschaft, Methoden und Anwendungen der Künstlichen Intelligenz, die Entwicklung innovativer Geschäftsmodelle sowie die ökonomische Analyse von Cybersecurity-Investitionen und Privatsphäre.

Dr. Holger Schmidt erklärt als international gefragter Keynote-Speaker die Auswirkungen der Digitalisierung auf Wirtschaft und Arbeit. Als Journalist hat er zwei Jahrzehnte über die digitale Transformation geschrieben, davon 15 Jahre für die Frankfurter Allgemeine Zeitung. Der Volkswirt unterrichtet heute als Dozent an der TU Darmstadt Masterstudenten im Fach „Digitale Transformation" und schreibt als Kolumnist für das Handelsblatt über die digitale Ökonomie. Sein Blog „Netzoekonom.de" gehört zu den populärsten Publikationen der digitalen Wirtschaft in Deutschland. Erfinder des Plattform-Index.

Ökonomische Effekte der Künstlichen Intelligenz

2

Peter Buxmann und Holger Schmidt

2.1 Investitionen in Künstliche Intelligenz

Im letzten Kapitel haben wir in die Grundlagen der Künstlichen Intelligenz und das Maschinelle Lernen eingeführt. Dabei haben sich die technischen Durchbrüche in den letzten Jahren stark beschleunigt. Seit etwa 2012 lässt sich auch ein Anstieg der Investitionen beobachten. Gut sichtbar und messbar ist dieser Zuwachs in den Finanzmitteln, die KI-Startups in den vergangenen Jahren zugeflossen sind. Dieser Betrag ist zwischen 2011 und 2017 um den Faktor 50 auf mehr als 15 Mrd. US$ gewachsen (CB Insights 2018). Bis zum Jahr 2020 wird sogar ein Anstieg auf 70 Mrd. US$ erwartet (OECD 2017b).

Hauptursache für den Anstieg ist das aktuelle „Wettrüsten" zwischen den USA und China, dem Europa im Moment noch nicht folgen kann (siehe hierzu auch Teil III dieses Buches). Gemäß den von CB Insights ermittelten Investitionen in KI-Startups verdreifachte sich die Summe allein zwischen 2016 und 2017 von fünf auf mehr als 15 Mrd. US$. Der Sprung ist wesentlich auf das Engagement Chinas zurückzuführen. Dort ist die investierte Summe von etwa 500 Mio. US$ auf fast sieben Milliarden US-Dollar gestiegen. Nach dem Beschluss der chinesischen Staatsführung, bis 2025 zu einer der führenden KI-Nationen der Welt aufzusteigen, sind die Investitionen noch einmal kräftig aufgestockt worden. In den Vereinigten Staaten haben sich die Investitionen in KI-Startups in diesem Zeitraum zwar von 3,1 Mrd. US$ auf 5,8 Mrd. US$ fast verdoppelt, doch das reichte nicht aus, um den Spitzenplatz vor China zu verteidigen. Im Rest der Welt war ein Anstieg der Investitionen von 50 % auf 2,1 Mrd. US$ zu verzeichnen, was aber den Anteil der Region um die Hälfte schrumpfen ließ. Deutschland

P. Buxmann (✉) · H. Schmidt
TU Darmstadt, Darmstadt, Deutschland

© Springer-Verlag GmbH Deutschland, ein Teil von Springer Nature 2019
P. Buxmann und H. Schmidt (Hrsg.), *Künstliche Intelligenz,*
https://doi.org/10.1007/978-3-662-57568-0_2

spielt als Forschungsstandort eine wichtige Rolle, doch der Zufluss an Risikokapital für KI-Startups ist sehr gering (siehe Abb. 2.1).

Interessant sind vor allem die Größenverhältnisse der finanzierten Unternehmen: 48 % der Gesamtsumme entfielen in China auf nur neun Prozent der finanzierten Start-ups. Wenige, aber meist große Finanzierungsrunden in KI-Unternehmen, wie iCarbonX, Face++, SenseTime, Ubtech Robotics, Mobvoi oder CloudMinds, bestimmen dort die Szene. Zu den Investoren gehören neben den chinesischen Digitalkonzernen auch viele US-Unternehmen, wie Qualcomm, und der chinesische Staat.

Werden nicht nur die Investitionen in Startups, sondern alle getätigten Ausgaben der Unternehmen in Künstliche Intelligenz erfasst, investierten die US-Amerikaner im Jahr 2016 zwischen 15 und 23 Mrd. US$, während es in Asien zwischen acht und 12 Mrd. US$ waren. Auf Europa entfielen zwischen drei und vier Milliarden US-Dollar (Remes et al. 2018). Die Werte weisen eine relativ große Bandbreite auf, da die Unternehmen ihre internen Investitionen nicht eindeutig angeben und daher Hochrechnungen erforderlich sind. Wesentliche Investoren sind vor allem die großen Digitalkonzerne, wie Alphabet/Google, Facebook, Amazon, Microsoft, Apple oder IBM in den USA sowie Tencent, Baidu, Alibaba, Huawei, Xiaomi und Lenovo in China. Wie hoch der Stellenwert der Künstlichen Intelligenz in den Plänen der Unternehmen inzwischen geworden ist, zeigt Google, dessen Motto nach „Mobile first" (2010–2017) seit dem vergangenen Jahr „AI first" lautet. Wurden zuvor alle Produkte bevorzugt für mobile Geräte entwickelt, steht nun die Nutzung Künstlicher Intelligenz an erster Stelle der Prioritätenliste. Entsprechend ist die Zahl der KI-Projekte bei Google in den vergangenen beiden Jahren von einigen Hundert auf 7500 gestiegen (Capgemini 2017). In Europa fehlen Digitalkonzerne dieser Größenordnung; hier befinden sich vor allem Industrieunternehmen wie ABB, Bosch und Daimler unter den Investoren, auch wenn der Umfang insgesamt deutlich geringer ist.

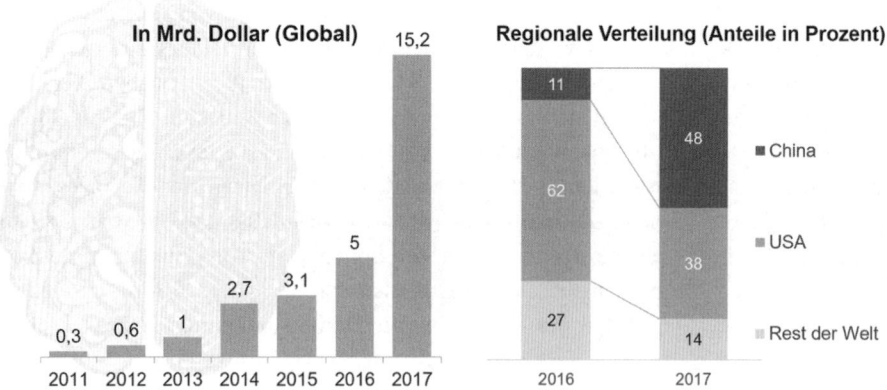

Abb. 2.1 Finanzierung von KI-Startups. (Quelle: CB Insights 2018)

Viele Investitionen in Künstliche Intelligenz in China haben entweder einen staatlichen Hintergrund oder wären in Europa aufgrund strengerer Datenschutzregeln gar nicht möglich. Ein Schwerpunkt der KI-Forschung liegt auf der Gesichtserkennung, um zum Beispiel Online-Kunden eines Händlers auch im Supermarkt identifizieren zu können. Der chinesische Staat verfolgt mit seiner Förderung der Gesichtserkennung auch das Ziel einer möglichst präzisen Überwachung der Bevölkerung. Ein solches Engagement wäre in Deutschland weder möglich noch erwünscht (siehe hierzu auch Teil III dieses Buches).

Dennoch bleiben genügend legale und legitime Einsatzfelder für die Künstliche Intelligenz in Unternehmen, die außerhalb der großen Unternehmen hierzulande zu oft nicht genutzt werden. In einer Repräsentativumfrage des Branchenverbandes Bitkom sagten zwei Drittel der befragten Vorstände und Geschäftsführer, dass deutsche Unternehmen bei der Nutzung von Algorithmen zur Künstlichen Intelligenz zu den Nachzüglern gehören oder sogar weltweit abgeschlagen seien (siehe Abb. 2.2). Zwar sei Deutschland in der KI-Forschung stark, doch die Technik schaffe zu selten den Sprung aus der Forschung in die Unternehmensanwendung, kritisiert Bitkom-Präsident Achim Berg (Bitkom 2018).

Nach einer bisher unveröffentlichten Untersuchung des Risikokapitalgebers Asgard zusammen mit dem Beratungsunternehmen Roland Berger befanden sich von den 7500 erfassten Unternehmen, die Künstliche Intelligenz für kognitive Aufgaben einsetzen, nur 3,1 % in Deutschland. Der Großteil der Anwender (40 %) hatte seinen Sitz in den USA; an zweiter Stelle liegt nach dieser Untersuchung schon China mit elf Prozent, gefolgt von Israel mit gut zehn Prozent.

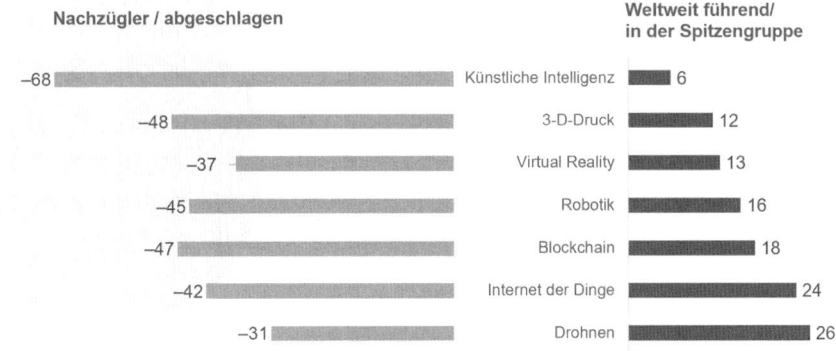

Abb. 2.2 Zurückhaltung deutscher Unternehmen beim Einsatz neuer Technologien. (Quelle: Bitkom 2018)

2.2 Auswirkungen der Künstlichen Intelligenz auf Produktivität und Wachstum der Volkswirtschaften

2.2.1 Künstliche Intelligenz: Das Produktivitätsparadox

„Computer finden sich überall – nur nicht in den Produktivitätsstatistiken" – so formulierte Wirtschaftsnobelpreisträger Robert Solow schon 1987 sein „Produktivitätsparadox": Informationstechnologie leiste keinen sichtbaren Beitrag zur Produktivität eines Landes, lautete seine Beobachtung (Triplet 1999). Die Statistik scheint Solow auf den ersten Blick zu bestätigen: Selbst in Ländern wie den USA, die viel Geld in Informationstechnologie investieren, ist das Produktivitätswachstum in den vergangenen drei Jahrzehnten stetig gesunken. Dieses Wachstum befindet sich in Deutschland wie auch in vielen anderen OECD-Ländern auf dem niedrigsten Wert seit Ende des Zweiten Weltkriegs (OECD 2017a). Zwei Drittel aller Industriesektoren in Deutschland weisen heute ein geringeres Produktivitätswachstum als vor zehn Jahren auf. Im deutschen Energiesektor ist die Produktivität zwischen 2010 und 2014 sogar gesunken (Remes et al. 2018).

Solows Beobachtung ist trotz ihrer scheinbaren Evidenz bis heute Gegenstand einer Kontroverse, die mit der Künstlichen Intelligenz eine Neuauflage erlebt: Kann sie als neue Basistechnologie – ähnlich wie die Erfindung der Dampfmaschine – zu spürbaren Produktivitätszuwächsen in vielen Bereichen der Wirtschaft führen sowie komplementäre Innovationen auslösen, um auf diese Weise die Produktivität einer Volkswirtschaft signifikant zu erhöhen? Noch lässt sich in den Produktivitätsstatistiken kein signifikanter KI-Effekt erkennen, doch der Blick zurück zeigt, dass Umwälzungen dieser Dimension immer Zeit gebraucht haben. Die Elektrifizierung der Wirtschaft hat Jahrzehnte gedauert und am Ende dieser Transformation war nicht mehr England, sondern Amerika die führende Wirtschaftsmacht. Ähnlich könnte es mit der Künstlichen Intelligenz laufen, erwarten Protagonisten dieser These wie der MIT-Ökonom Erik Brynjolfsson. Zumindest China spekuliert darauf, diesen Teil der Geschichte für sich zu wiederholen. Nur so lassen sich die ambitionierten Pläne des Landes erklären, verbunden mit dem artikulierten Anspruch, bis 2025 eine führende KI-Nation der Welt zu sein. Dafür investiert China gerade viele Milliarden US-Dollar (siehe hierzu Abschn. 2.1).

Ob sich die Investitionen tatsächlich auszahlen, ist umstritten. Nach Ansicht des US-Wirtschaftsprofessors Robert Gordon ist die Phase der großen Technik-Innovationen erst einmal vorbei; entsprechend lasse sich das Wachstum mithilfe technischer Innovationen nicht mehr beschleunigen. Die Weltwirtschaft werde die aktuelle Phase geringer Produktivitätszuwächse auf absehbare Zeit nicht mehr verlassen, lautet seine Überzeugung (Brynjolfsson et al. 2017).

Wahrscheinlich werden wir das Ergebnis der Brynjolfsson-Gordon-Debatte erst in einigen Jahrzehnten kennen. Doch die hohen und steigenden Investitionen vieler Unternehmen und Länder in die Künstliche Intelligenz zeigen, dass offenbar die Mehrheit der wirtschaftlichen und auch politischen Entscheidungsträger Brynjolfssons Meinung einer hohen ökonomischen Relevanz der Künstlichen Intelligenz teilt. Das gilt auch für die neue deutsche Bundesregierung, die einen „Masterplan für Künstliche Intelligenz auf nationaler Ebene" beschlossen hat, um den Vorsprung der Amerikaner und Chinesen nicht allzu groß werden zu lassen.

2.2.2 Produktivitätssteigernde Automatisierung in allen Sektoren

In der ökonomischen Theorie hängt das Wachstum einer Volkswirtschaft vom Einsatz der Produktionsfaktoren Arbeit und Kapital ab. Wachstum wird erzielt, wenn die eingesetzte Menge dieser Produktionsfaktoren steigt oder wenn die Faktoren produktiver eingesetzt werden. An diesem Punkt kommt die Künstliche Intelligenz ins Spiel: Sie kann die Produktivität von Arbeit und Kapital erhöhen. Menschen werden produktiver, weil Algorithmen ihnen viele Routinetätigkeiten abnehmen, aber auch Fähigkeiten verleihen können, die sie ohne technische Hilfe nicht erreicht hätten. Anwälte können mit Künstlicher Intelligenz heute Urteile in einer Geschwindigkeit und Präzision durchsuchen, zu denen das menschliche Gehirn nicht fähig gewesen wäre. Gleichzeitig macht Künstliche Intelligenz aber auch Kapital produktiver, indem zum Beispiel selbstlernende Maschinen oder Roboter nicht mehr ausfallen oder komplett eigenständig operieren. Beide Produktivitätseffekte werden mit steigender Datenmenge und Selbstlernfähigkeit der Algorithmen an Bedeutung gewinnen. Unternehmensberatungsfirmen wie Frontier Economics und Accenture schätzen den erzielbaren Zuwachs der Arbeitsproduktivität auf 40 % in den kommenden Jahrzehnten. McKinsey erwartet einen KI-induzierten jährlichen Produktivitätszuwachs von 0,8 % bis 1,4 % (OECD 2017a).

In einem ersten Schritt lässt sich Künstliche Intelligenz als Form einer weiteren produktivitätssteigernden Automatisierung begreifen. Frühe Formen der Automatisierung haben wir in der Landwirtschaft erlebt und sehen sie seit einigen Jahrzehnten auch im produzierenden Gewerbe. Künstliche Intelligenz führt diese Automatisierung aber nicht nur in der Produktion weiter, indem zum Beispiel lernende Roboter immer mehr Aufgaben selbsttätig übernehmen. Künstliche Intelligenz automatisiert auch viele kognitive Aufgaben der Menschen im Tertiärsektor und führt damit als erste Technologie in mehreren Sektoren gleichzeitig zu Produktivitätssteigerungen. Dies ist ein zentraler Unterschied zu früheren technischen Fortschritten, als die Erwerbstätigen zwischen 1850 und 1950 von der Landwirtschaft (Primärsektor) in die Fabriken (Sekundärsektor) und seit etwa 1970 aus den Fabriken in die Dienstleistungsberufe (Tertiärsektor) weiterzogen.

Unter den vielfältigen Produktivitätseffekten der Künstlichen Intelligenz steht in der aktuellen Debatte meist die intelligente Automatisierung im Vordergrund. Der KI-induzierte technische Fortschritt kann erstmals auch komplexe physische Aufgaben automatisieren, die lernende Software voraussetzen. Zum Beispiel hat der chinesische Online-Händler JD.com ein vollautonomes Logistikzentrum in Betrieb genommen, das nicht nur die gewünschten Artikel aus den Regalen holen kann, sondern auch autonom die Pakete packt, den richtigen Adressaufkleber anbringt und das Paket anschließend zum richtigen Lastwagen transportiert. Zur intelligenten Automatisierung gehört auch die Fähigkeit der Künstlichen Intelligenz, Aufgaben nicht nur spezifisch für einen Anwendungsfall zu übernehmen, sondern auf viele Tätigkeiten übertragen zu können. Die dritte wesentliche Eigenschaft liegt in der Lernfähigkeit, die mit wachsender Menge an Trainingsdaten ansteigt.

In der öffentlichen Diskussion wird Künstliche Intelligenz meist als Ersatz des Produktionsfaktors Arbeit gesehen. Eine aktuell häufige Anwendung liegt in der KI-gesteuerten Auslieferung digitaler Werbemittel, was einer breiten Öffentlichkeit durch die Freisetzung von bis zu 250 Mitarbeitern im Online-Marketing beim Modehändler Zalando bekannt wurde (siehe hierzu auch die Fallstudie der SAP SE in Kap. 3 dieses Buches). Diese Mitarbeiter sollen durch Algorithmen ersetzt werden, die zum Beispiel Werbe-Newsletter automatisiert versenden (Jansen 2018). Der Blick auf die häufigeren Einsatzfelder für Künstliche Intelligenz zeigt aber ein anderes Bild: Im Mittelpunkt der meisten KI-Projekte steht nicht der Ersatz eines Produktionsfaktors, sondern die Erhöhung seiner Produktivität. Zum Beispiel konnte Siemens die Emissionen einer Gasturbine um 20 % senken, nachdem KI-Algorithmen den Betrieb gesteuert haben (Capgemini 2017). Google hat die Energiekosten eines Rechenzentrums mithilfe Künstlicher Intelligenz um 40 % gesenkt (Deep Mind 2016). Das sind keine Einzelfälle: In einer Umfrage unter 1000 KI-einsetzenden Unternehmen gaben 78 % der Befragten an, die Effizienz ihres Betriebs um mindestens 10 % erhöht zu haben.

Ähnlich hoch fielen die Werte für den Anstieg der Arbeitsproduktivität aus, wenn Beschäftigte mithilfe der Künstlichen Intelligenz ihre Leistung besser bzw. schneller erbringen können. Künstliche Intelligenz hat heute in der Regel die Aufgabe, die für die Arbeit benötigten Informationen schneller und besser bereitzustellen, also den Menschen von dieser meist wenig produktiven Routinetätigkeit zu entlasten. Die Menschen können sich dann auf die Tätigkeiten mit der höchsten Wertschöpfung konzentrieren. Dieser Effekt ist in allen Hierarchie- und Bildungsebenen zu beobachten. Auch die Führungskräfte an der Spitze des Unternehmens können mithilfe der Künstlichen Intelligenz bessere Entscheidungen treffen, weil sie mehr Daten verarbeiten und berücksichtigen können. Die Entscheidung „aus dem Bauch heraus" wird von einer datengetriebenen Analyse verdrängt.

Der Produktivitätseffekt, wenn Menschen mithilfe von Algorithmen besser bzw. schneller arbeiten, wird zumindest in dem gerade stattfindenden Beginn des industriellen KI-Einsatzes viel häufiger zu beobachten sein als der massenweise Ersatz der Menschen durch intelligente Maschinen. Ärzte, die Röntgenbilder von KI-Software auswerten lassen, Anwälte, die Urteile durchsuchen lassen, oder Analysten, die Unternehmensdaten für ihre Aktienempfehlungen auswerten, können also zunächst produktiver werden, was den ökonomischen Anreiz, sie durch den weiteren Einsatz von Künstlicher Intelligenz komplett zu ersetzen, tendenziell senkt. Dieser Effekt fällt in der öffentlichen Diskussion oft unter den Tisch. Trotzdem schließt dieser Effekt mittel- bis langfristig den Ersatz menschlicher Tätigkeiten mit fortschreitendem technischem Fortschritt natürlich nicht aus. Das gilt vor allem für einfache Tätigkeiten. Machen wir uns nichts vor: So wie heute KI-gesteuerte Assistenzsysteme in Fahrzeugen die Fahrer entlasten, wird die Künstliche

Intelligenz in wahrscheinlich weniger als einem Jahrzehnt die Fahrzeuge allein steuern können. Der Produktivitätssprung in der Mobilität wird dann besonders groß sein, wenn der Fahrer nicht nur weniger beansprucht, sondern komplett ersetzt wird.

Die zu erwartenden Produktivitätseffekte stehen nur scheinbar im Widerspruch zu den aktuell sinkenden Zuwächsen der Arbeitsproduktivität in den meisten entwickelten Volkswirtschaften. Tatsächlich haben sich in der Vergangenheit vor allem diese Basistechnologien, die zu weitreichenden Effizienzeffekten in fast allen Bereichen der Wirtschaft führten und zudem komplementäre Innovationen auslösten, durch einen großen Zeitunterschied zwischen ihrer Erfindung und dem vollen Effekt ausgezeichnet (Brynjolfsson et al. 2017). Die Erfindung der Dampfmaschine, die ursprünglich das Ziel hatte, Wasser aus Kohleminen zu pumpen, entfaltete ihre wesentlichen Produktivitätseffekte erst später, als die neuen Maschinen nicht nur die Produktionsverfahren in Fabriken revolutionierten, sondern in Form der Eisenbahn auch das Transportwesen wesentlich verbesserten. Wenn die Adaptionsrate aber nur vom ursprünglichen Effekt vorangetrieben wird, kann die Zeitspanne bis zur Realisierung der vollumfänglichen Produktivitätseffekte zusätzlich in die Länge gezogen werden. Die Effekte für Handel und Arbeitsteilung konnte die Eisenbahn erst entfalten, als genügend Bahnstrecken, Bahnhöfe und die Infrastruktur für die Anbindung gebaut sowie die Menschen von den Vorzügen der Arbeitsteilung überzeugt waren.

Eine ähnlich lange Übergangsphase ist heute bei prominenten KI-Einsatzfeldern wie den autonomen Autos zu erwarten: Technisch einsatzbereit sind die Fahrzeuge nach Aussagen der meisten Hersteller etwa im Jahr 2021 (Schmidt 2017). Bis der gesamte Fuhrpark aber weitgehend durchgetauscht, die nötige Lade-Infrastruktur eingerichtet und die Menschen von Vorteilen wie Zeitersparnis, geringeren Kosten sowie erhöhter Sicherheit überzeugt sind, werden wahrscheinlich ein oder sogar zwei Jahrzehnte vergehen. Erst dann wird Künstliche Intelligenz den erhofften Effizienzsprung in der Mobilität erreichen können, verbunden mit spürbaren positiven Effekten für die Arbeitsproduktivität, wenn die gleichen (oder besseren) Mobilitätsleistungen mit deutlich weniger als den heute in Deutschland beschäftigten etwa 900.000 Taxi-, Bus- oder Lastwagenfahrern erbracht werden können. Die meisten Berechnungen über die Produktivitätsgewinne der Künstlichen Intelligenz basieren auf der Aggregation dieser Freisetzungseffekte, wenn also eine autonome Flotte an Taxis, Bussen und Lastwagen die gleiche Transportleistung erbringen kann wie die Menschen, die in Deutschland heute in dieser Branche arbeiten. Immerhin lässt Künstliche Intelligenz den Menschen genügend Zeit, sich an diese absehbaren Änderungen anzupassen.

Um die Produktivität der Beschäftigten zu erhöhen, genügt es aber nicht, den Mitarbeitern lediglich KI-Tools zur Seite zu stellen, seien sie auch noch so leistungsfähig (Choudhury et al. 2018). Sogar das Gegenteil kann der Fall sein: Jemand, der in der Vergangenheit nur mit einer Welt alter Technologien in Berührung gekommen sei und dann vor ein Machine-Learning-Tool gesetzt werde, sei sogar weniger produktiv, lautet das Ergebnis einer Fallstudie von Prithwiraj Choudhury, Professor an der Harvard Business School, der den KI-Einsatz im US-Patentamt analysiert hat. Dessen Mitarbeiter müssen bei jedem Patentantrag herausfinden, ob die Erfindung nicht schon vorher als Patent angemeldet wurde. Früher haben die Mitarbeiter mithilfe klassischer Boole'scher Operatoren, wie sie aus den Google-Suchen bekannt sind, hunderttausende Dokumente nach Ähnlichkeiten durchkämmt. Neue Machine-Learning-Instrumente automatisieren diesen Prozess und können die Bearbeitungszeit der Anträge signifikant verkürzen. Bessere Ergebnisse mit der Künstlichen Intelligenz erzielten allerdings nur die Testpersonen mit einem Hintergrund als Informatiker oder Ingenieur. Die anderen Testpersonen erzielten mit der klassischen Methode bessere Resultate. Die Produktivitätseffekte hängen also entscheidend vom Wissen der Anwender, im Sinne der oder gar ausgebildet in Data Science, ab, was eigentlich logisch klingt, aber in der Realität doch oft vernachlässigt wird. In der Mehrzahl der Fälle wird Künstliche Intelligenz von Menschen genutzt, die keine Erfahrung mit Informatik haben, sagt Choudhury. Die Schlussfolgerung könne nun aber nicht heißen, nur noch Informatiker einzustellen. Vielmehr zeige sich ein Bedarf an intensivem Training, damit auch die Nicht-Informatiker die erhofften Produktivitätsfortschritte mithilfe von Algorithmen erzielen können. Fehlende Kenntnisse in Künstlicher Intelligenz sind schon heute ein kaum zu unterschätzender Engpassfaktor auf dem Arbeitsmarkt. Im digitalen Job-Monitor, für den Holger Schmidt jedes Quartal alle ausgeschriebenen offenen Stellen in Deutschland nach Digital-Jobs durchsucht, zeigen die offenen KI-Positionen immer das größte Wachstum gegenüber dem Vorjahreszeitraum (siehe Abb. 2.3). In Deutschland fehlen nach Einschätzung von Wolfgang Wahlster, Direktor des Deutschen Forschungszentrums für Künstliche Intelligenz (DFKI) in Saarbrücken, allein in der Industrie 5000 KI-Fachleute. Um die vollen Potenziale der Künstlichen Intelligenz zu heben, sind also zunächst erhebliche Anstrengungen in der Aus- und Weiterbildung der Menschen notwendig.

Abb. 2.3 Wachstum der Digital-Jobs in Deutschland. (Quelle: Index-Gruppe)

2.2.3   Die Wachstumseffekte der Künstlichen Intelligenz

An diesem Beispiel sind die volkswirtschaftlichen Wirkungen gut abzulesen: Eine erhöhte Arbeitsproduktivität im Transportsektor wird – bei funktionierendem Wettbewerb – zu fallenden Preisen und – bei preiselastischer Nachfrage – zu wachsenden Märkten führen. Einfach gesprochen können sich mehr Menschen dann einen Individualtransport leisten, was heute schon in Städten wie San Francisco oder London an einem steigenden Verkehrsaufkommen zu beobachten ist und zusätzliche Investitionen in Verkehrsleitsysteme erfordert. Die positiven Effekte eines autonomen Transportsystems für eine Volkswirtschaft gehen aber über die Mobilitätsbranche hinaus: Wenn die Transportkosten für Menschen und Güter sinken, profitieren Lieferdienste aller Art ebenso wie Versicherungen, die deutlich weniger Unfälle auszugleichen haben, sowie die medizinische Versorgung.

Zur Höhe der zu erwartenden Wachstumseffekte der Künstlichen Intelligenz liegen inzwischen einige Modellrechnungen und Prognosen vor. Frontier Economics und Accenture (Purdy und Daugherty 2016), die den KI-Effekt für zwölf große Volkswirtschaften bis zum Jahr 2035 untersucht haben, gehen von einer Verdoppelung der heutigen Wachstumsraten aus, was angesichts der aktuell vergleichsweise niedrigen Werte weniger eine Hexerei als vielmehr eine Rückkehr zu früheren Zuwächsen bedeutet. Nach ihren Berechnungen erhöht der Einsatz der Künstlichen Intelligenz die Wachstumsrate in den USA gegenüber einem Basisszenario bis zum Jahr 2035 von 2,6 % auf 4,6 %. Deutschland profitiert in diesem Szenario vor allem von der intelligenten Automatisierung seiner starken Industrie („Industrie 4.0"), liegt mit einem erwarteten Zuwachs von 1,6 Prozentpunkten auf drei Prozent aber nur im Mittelfeld der zwölf betrachteten Länder. Denn der Wachstumseffekt hängt auch von der „Nationalen Absorptionskapazität" ab, worunter eine weitentwickelte Informations- und Kommunikationsinfrastruktur, eine KI-freundliche Regulatorik sowie beachtliche Investitionen in die digitale Ökonomie verstanden werden. In allen drei Kriterien gehört Deutschland nicht zur Spitzengruppe in der Welt, was unsere Wachstumsaussichten schmälert.

Mittel- und langfristig wird Künstliche Intelligenz über die Produktivitätseffekte auch die Wirtschaftsstruktur erheblich verändern. Die Effekte der Automatisierung machen es auch ganz ohne KI-basierte Algorithmen schon heute möglich, dass nur noch 1,4 % der Erwerbstätigen in Deutschland im Primärsektor (Land- und Forstwirtschaft, Fischerei) arbeiten. 1950 betrug dieser Anteil noch 25 %. Im produzierenden Gewerbe ist der Rückgang ähnlich stark: Von 43 % im Jahr 1950 auf 24 % im Jahr 2017 (DESTATIS 2018). Die weitere Automatisierung der Produktion, auch mithilfe der Künstlichen Intelligenz, wird den Anteil des produzierenden Gewerbes an der Beschäftigung in kommenden Jahrzehnten ebenfalls in Richtung Null senken. Ein Szenario, in dem intelligente Roboter die Produktion der benötigten Güter weitgehend übernehmen, ist noch in diesem Jahrhundert wahrscheinlich. Die Arbeitsproduktivität der wenigen in diesem Sektor noch tätigen Menschen wird somit dramatisch steigen. Die Erwerbstätigkeit wird sich dann weiter in den Tertiärsektor verlagern, auf den heute in Deutschland schon 75 % entfallen. Da die Automatisierung mithilfe der Künstlichen Intelligenz aber erstmals auch in diesem Sektor weitreichende Bedeutung erlangen wird, wagen wir die These, dass die Menschen aufgrund der zu erwartenden Produktivitätssprünge künftig deutlich weniger arbeiten müssen, trotzdem aber einen steigenden Output erwirtschaften.

2.3   Auswirkungen der Künstlichen Intelligenz auf den Arbeitsmarkt

Eine der zentralen Debatten rund um die Auswirkungen der Künstlichen Intelligenz auf die Wirtschaft betrifft die Folgen für den Arbeitsmarkt. Auch hier hat die Diskussion schon eine hohe Betriebstemperatur erreicht: Übernehmen Algorithmen künftig auch kognitive Routinetätigkeiten und setzen damit nicht nur Jobs mit einem niedrigen Qualifikationsniveau frei, sondern ersetzen sie erstmals in großem Stil auch hochqualifizierte Arbeitsplätze von Aktienhändlern bis zum Arzt, wie Frey und Osborne (2013) in ihrer vielzitierten Studie errechnet haben? Oder führt der Einsatz der Technologie wie in der Vergangenheit zu den erhofften Produktivitätssprüngen, die über höheres Wirtschaftswachstum am Ende zu mehr Beschäftigung führen, wie es MIT-Forscher David Autor als prominenter Verfechter vertritt (Autor und Salomons 2017)?

Eine klare Antwort auf diese Frage wird es so schnell nicht geben, da die Ursache der Änderungen, der KI-induzierte technische Fortschritt, heute kaum seriös vorhersagbar ist. Seit einigen Jahren beschleunigt sich der Fortschritt in der Künstlichen Intelligenz aufgrund höherer Rechenleistungen der Computer und gestiegener Datenmengen zwar erheblich, doch die Effekte auf die Ökonomie und den Arbeitsmarkt sind einschließlich der Anpassungsschritte der Beschäftigten bisher kaum quantifizierbar. Selbst Carl Benedikt Frey ist inzwischen vorsichtiger geworden: Die Automatisierung in der Wirtschaft habe bisher nicht zum Wegfall von Jobs, sondern lediglich zu Verschiebungen am Arbeitsmarkt geführt (siehe Abb. 2.4). Arbeitsplätze für Menschen mit mittlerem Qualifikationsniveau seien in allen OECD-Ländern auf dem Rückzug; parallel sei die Zahl der Positionen für Hochqualifizierte und Niedrigqualifizierte gestiegen (OECD 2017c; Schmidt 2018). Ob es für die Beschäftigten aus der Mittelschicht nach oben oder nach unten geht, hänge stark, aber nicht nur vom Bildungsniveau ab. Auch das Geschlecht spiele eine wichtige Rolle: Frauen reagierten flexibler auf die Anforderungen als Männer, die häufiger aus dem Arbeitsmarkt gedrängt werden, argumentiert Frey (2018).

Änderungen dieser Dimension sind aber nicht ungewöhnlich. Der Blick auf die vergangenen industriellen Revolutionen zeigt die Dynamik der Anpassungsprozesse auf dem Arbeitsmarkt: Zwar ist beim Übergang von der Industrie- zur Dienstleistungsgesellschaft die Zahl der Industriejobs aufgrund des technischen Fortschritts stetig gesunken, doch parallel sind korrespondierende Dienstleistungen entstanden, die den Wegfall auf lange Sicht kompensiert haben (siehe Abb. 2.5).

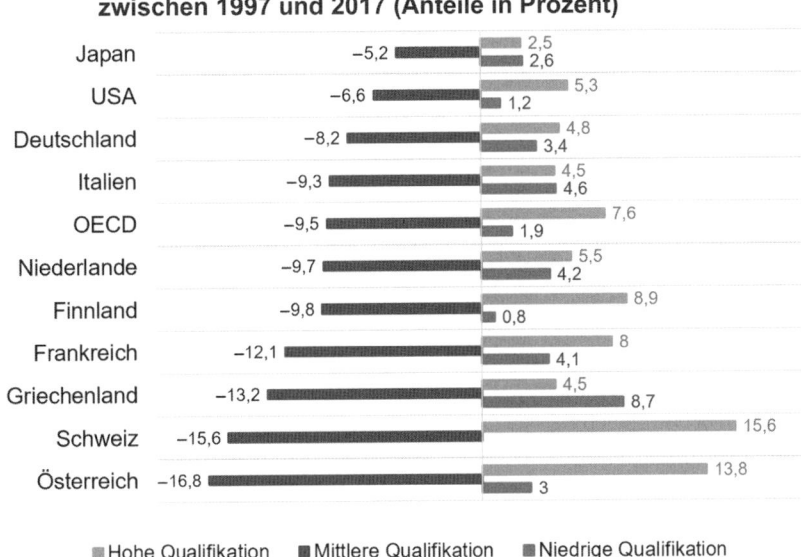

Änderungen der Beschäftigungsverhältnisse zwischen 1997 und 2017 (Anteile in Prozent)

■ Hohe Qualifikation   ■ Mittlere Qualifikation   ■ Niedrige Qualifikation

Abb. 2.4 Die Mittelschicht bricht weg. (Quelle: OECD 2017c)

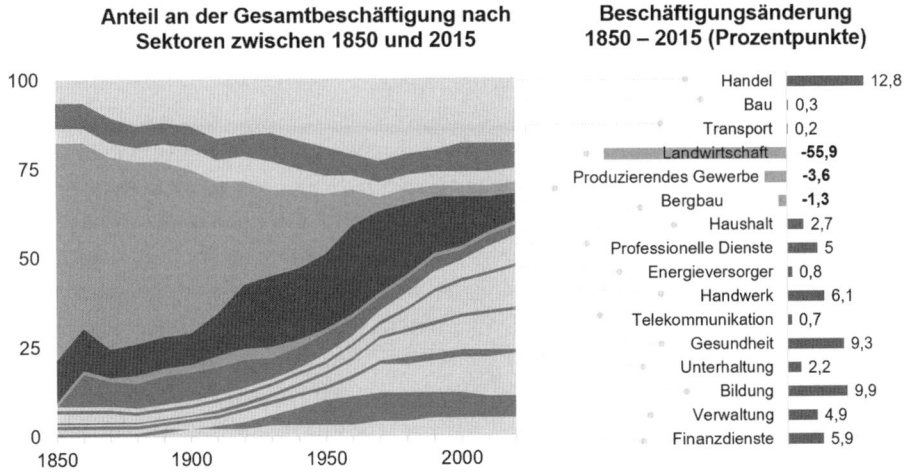

Anteil an der Gesamtbeschäftigung nach Sektoren zwischen 1850 und 2015

Beschäftigungsänderung 1850 – 2015 (Prozentpunkte)

Abb. 2.5 Änderung der Beschäftigungsstruktur in den USA zwischen 1850 und 2015. (Quelle: Lund und Manyika 2017)

Grafisch zeigt die Abb. 2.5 den Wandel auf dem US-Arbeitsmarkt zwischen 1850 und 2015, wie zuerst die industrielle Revolution die Menschen von den Äckern in die Fabriken gebracht hat und wie danach die Produktivitätsfortschritte in der Industrie zu vielen korrespondierenden Dienstleistungsberufen geführt haben, die heute etwa drei Viertel aller Beschäftigten ernähren. Autor und Salomons (2017) haben in ihrer empirischen Studie für die Europäische Zentralbank diesen theoretisch gut bekannten Zusammenhang für 19 OECD-Länder überprüft und weitgehend bestätigt. Dem Wissen über wegfallende Jobs steht somit die Hoffnung auf neue Beschäftigungsmöglichkeiten gegenüber, die wir heute größtenteils noch nicht kennen. Diese Hoffnung reicht den meisten Menschen allerdings nicht aus, um der Zukunft optimistisch entgegenzublicken. Zwei Drittel der Menschen in Deutschland erwarten, dass moderne Technologien, wie Algorithmen zum Maschinellen Lernen oder Roboter, in Summe mehr Arbeitsplätze vernichten als neue Stellen schaffen. Entsprechend gering ist ihre Bereitschaft, die Digitalisierung mit dem nötigen Elan anzugehen, den eine solche Transformation benötigt (BMBF 2017).

Beide Fragestellungen, also die Auswirkungen auf Produktivität und Arbeitsmarkt, besitzen eine hohe volkswirtschaftliche Relevanz: Sollte Künstliche Intelligenz die Bedeutung einer Basistechnologie besitzen, könnten die Vorreiterländer/–unternehmen erhebliche Wettbewerbsvorteile erzielen. Viele Unternehmen spekulieren auf diese Vorteile, wie das aktuell stattfindende globale „Wettrüsten" der KI-Investoren zeigt. Die tatsächlichen und erwarteten Beschäftigungseffekte sind sowohl für die gesellschaftliche Akzeptanz als auch die Bereitschaft der Mitarbeiter für den notwendigen kulturellen Wandel in den Unternehmen gleichermaßen wichtig. Gerade diese „soften" Faktoren sind nicht zu unterschätzen: Vier von fünf Deutschen befürchten, vom technischen Fortschritt abgehängt zu werden. Diese negativen Erwartungen machen den digitalen Kulturwandel zu einem schwierigen Prozess. Begeisterung für die Digitalisierung lässt sich in Deutschland bisher kaum beobachten. Sie ist aber notwendig, um auf den bevorstehenden technischen Fortschritt vorbereitet zu sein.

Die Auswirkungen der Künstlichen Intelligenz auf die Zahl und die Qualität der Arbeitsplätze wird – wie oben dargestellt – meist nur verkürzt als Substitution menschlicher Arbeit durch maschinelle Arbeit gesehen. Eine gewisse Substitution wird ohne Zweifel erfolgen: Mehr als 100.000 „intelligente" Lagerroboter fahren inzwischen durch die Logistikcenter von Amazon und erhöhen deren Produktivität um etwa 20 %. Ein weiterer Ersatz menschlicher Arbeit wird mit besseren Algorithmen zur Steuerung der Roboter zu erwarten sein. Ob dieser Effekt am Ende auch zu weniger Lagerarbeitern bei Amazon führt, lässt sich aber nicht so einfach beantworten, da Amazon aufgrund seiner gestiegenen Produktivität und seines Wachstums auch zusätzliche Lagerarbeiter einstellt. Die ökonomischen Implikationen der Künstlichen Intelligenz auf den Arbeitsmarkt sind somit weit komplexer als ein simpler Ersatz des Menschen durch die Maschine. Insgesamt lassen sich sechs Einflussfaktoren unterscheiden (Brynjolfsson und Mitchell 2017):

1. **Substitution**

   Der klassische Fall: Künstliche Intelligenz wird menschliche Tätigkeiten ersetzen, meist weil sie Daten schneller und besser verarbeiten kann als ein Mensch. Algorithmen zur Künstlichen Intelligenz können Krankheiten auf Röntgenbildern besser (und vor allem schneller) erkennen als ein Arzt. Eine Künstliche Intelligenz kann auch ähnliche Gerichtsfälle schneller finden als ein Anwalt. Gegen diese Art der Substitution anzukämpfen, wäre für die Menschen wenig aussichtsreich. Maschinen sind in vielen dieser Aufgaben schon heute besser und werden ihren Vorsprung mit weiterem technischem Fortschritt ausbauen.

2. **Preiselastizität**

Eine KI-induzierte Automatisierung senkt in der Regel die Produktionskosten eines Produktes und – bei funktionierendem Wettbewerb – auch dessen Preis. Ist die Preiselastizität der Nachfrage nach diesem Produkt kleiner als –1, führt eine solche Preissenkung zu einer überproportional großen Nachfragesteigerung. Das Ergebnis, das sich als Produkt aus Preis und Menge ergibt, ist somit größer als zuvor, bedeutet also wachsende Märkte. Zum Beispiel werden autonom fahrende Taxis zu sinkenden Fahrpreisen und damit einer höheren Nachfrage der Konsumenten führen. Als Ergebnis wird der Taximarkt wachsen und wahrscheinlich zu positiven Beschäftigungseffekten bei den Betreibern der Taxiflotten führen. In Städten wie San Francisco, in denen der amerikanische Taxi-Plattformanbieter Uber sehr weit verbreitet ist, hat die Preissenkung das Marktvolumen deutlich erhöht, weil sich mehr Menschen eine Taxifahrt leisten. Dieser Effekt wird mit der Einführung von Roboter-Taxis verstärkt.

3. **Komplementaritäten**

Wird ein Produkt A automatisiert hergestellt und damit billiger, steigt automatisch die Nachfrage nach Komplementärprodukt B. Zum Beispiel wird eine KI-getriebene Automatisierung von Rechenleistungen die Nachfrage nach Programmierern erhöhen, die diese Maschinen bedienen können. Entsprechend steigen die Bildungsausgaben, die zu neuen Jobs in Bildungseinrichtungen führen.

4. **Einkommenselastizität**

Mit steigendem Einkommen eines Haushalts steigt häufig auch die Nachfrage nach Produkten. Steigt die Nachfrage nach einem Produkt überproportional zum Einkommen – was mathematisch einer Einkommenselastizität größer 1 entspricht – handelt es sich um ein Luxusgut. Mit wachsendem Wohlstand ist auch die Nachfrage nach diesen Luxusgütern in den vergangenen Jahren stark gestiegen, was sich an der Zahl hochklassiger Hotels, Premium-Autos oder teurer Smartphones gut erkennen lässt. Produktion und Betrieb dieser Produkte schaffen ebenfalls neue Arbeitsplätze.

5. **Elastizität des Arbeitsangebots**

Steigt die Nachfrage nach einer Tätigkeit am Arbeitsmarkt, gibt es zwei mögliche Effekte auf Beschäftigung oder Lohnhöhe: Existieren genügend Menschen mit der geforderten Qualifikation, steigt die Beschäftigung, während der Lohn weitgehend gleich bleibt. Ist die gewünschte Qualifikation nicht in ausreichendem Maße vorhanden, steigt der Lohn für diese begehrten Experten, nicht aber die Beschäftigung. Wie oben bereits angesprochen, ist die Nachfrage nach Digitalexperten wesentlich höher als das Angebot. Der digitale Job-Monitor des Handelsblatts zeigt seit Anfang 2016 einen Anstieg der Zahl der ausgeschriebenen Stellen für Digital-Experten in Deutschland um etwa 50 %. Die tatsächliche Nachfrage dürfte noch höher liegen, da viele Positionen nicht ausgeschrieben werden. Besonders ausgeprägt ist der Nachfrageüberhang auf dem Arbeitsmarkt für KI-Experten. Da zudem die Nachfrage zahlungskräftiger Digitalunternehmen aus dem Ausland sehr hoch ist, steigen die Vergütungen für KI-Experten aufgrund der geringen Elastizität des Arbeitsangebotes gerade rasant an.

6. **Redesign von Produktionsprozessen**

Produktionsprozesse, die meist aus der Kombination verschiedener Produktionsfaktoren bestehen, lassen sich auf lange Frist immer einfacher ändern als kurzfristig. Arbeitnehmer reagieren auf steigende Löhne in einem Fachgebiet oder einer Region meist mit einiger Verzögerung, indem sie sich die geforderte Qualifikation aneignen oder in die Region umziehen. Ebenso führen neue, KI-induzierte Produktionstechnologien erst mit Verzögerung zu neuen Produktionsprozessen, wenn die neue Technik erprobt wurde und der Einsatz sich als lohnend erwiesen hat. Beide Faktoren führen dazu, dass neue Technologien Zeit benötigen, bis ihre Wirkung voll in den Produktionsprozessen ankommt.

Die Diskussion zeigt, warum es Jahre oder gar Jahrzehnte dauern kann, bis sich die Wirkung von Künstlicher Intelligenz in vollem Umfang in der Wirtschaft und am Arbeitsmarkt niederschlagen wird. Oft werden in der öffentlichen Diskussion nur die eher kurzfristig wirkenden Substitutionseffekte betrachtet, zum Beispiel in der häufig zitierten Studie von Frey und Osborne (2013), während die komplexeren Produktivitätseffekte unbeachtet bleiben. Gerade sie haben in der Vergangenheit meist für mehr Beschäftigung gesorgt, waren allerdings auch oft mit schmerzhaften und langwierigen Anpassungsprozessen verbunden. Während der industriellen Revolution in England stagnierte der Reallohn vieler Arbeitnehmer jahrzehntelang, obwohl die Produktivität aufgrund des technischen Fortschritts spürbar stieg. Diese Verteilungseffekte werden für die gesellschaftliche Akzeptanz der Künstlichen Intelligenz eine wichtige Rolle spielen.

Die Gesamtwirkung der verschiedenen Effekte auf den Arbeitsmarkt lässt sich heute kaum seriös vorhersagen, da der technische Fortschritt in der Künstlichen Intelligenz nur vage prognostiziert werden kann. Eine quantitative Analyse wegfallender bzw. neu geschaffener Arbeitsplätze muss zudem vor dem Hintergrund der demografischen Entwicklung in Deutschland gesehen werden, die wahrscheinlich zu einer sinkenden Zahl an Erwerbstätigen in den kommenden Jahrzehnten führen wird. Die KI-induzierten Produktivitätseffekte könnten im besten Fall also genau zur richtigen Zeit kommen, wenn weniger Menschen erwerbstätig sind und – bei Beibehaltung des aktuellen Rentensystems – mehr Rentner mitversorgen müssen.

Produktivitätseffekte werden an vielen Stellen in Unternehmen auftreten und damit heutige Tätigkeiten ersetzen. Doch Produktivitätsfortschritte aufzuhalten, war noch nie eine gute Idee und auch noch nie dauerhaft erfolgreich. Daher sind Investitionen in die Ausbildung, einerseits von KI-Experten, andererseits von Menschen, deren Tätigkeiten mit hoher Wahrscheinlichkeit bald von KI-basierten Algorithmen erledigt werden, die richtige Antwort auf die Herausforderungen am Arbeitsmarkt. Mit der erforderlichen

Bildungsoffensive sollten wir auf jeden Fall sofort beginnen, denn der Wettbewerb um diese Spezialisten ist extrem intensiv. Zum Beispiel hat Apple im April 2018 seinem Konkurrenten Google den KI-Chef John Giannandrea abgeworben, um ihm die Leitung der Abteilung für Maschinelles Lernen und KI-Entwicklung zu übertragen (Handelsblatt 2018). Der Wechsel stellt aber nur die Spitze des Eisbergs dar: KI-Experten können sich ihre Arbeitgeber heute aussuchen und die Konditionen diktieren. In China sind eine Million US-Dollar Jahresgehalt für KI-Experten keine Seltenheit. Bei der Google-Tochter DeepMind in London verdienen die 400 Mitarbeiter durchschnittlich 345.000 US$ im Jahr. Verbunden mit exzellenten Arbeitsbedingungen gelingt es den Tech-Konzernen daher immer wieder, bestens ausgebildete deutsche KI-Forscher abzuwerben. Auch Beteiligungen an Forschungszentren, wie Googles Einstieg beim DFKI in Saarbrücken (DFKI und Google 2015) oder Amazons Engagement beim „Cyber Valley" in Stuttgart/ Tübingen, zeigen die hohe Anerkennung für deutsche Forschungsleistungen, immer natürlich verbunden mit der Gefahr eines weiteren „Brain Drains" der KI-Elite zu ausländischen Unternehmen. Diese Experten selbst einzustellen oder auszubilden und ihnen dann die nötigen Freiräume für Weiterbildung und Forschung zu geben, sollte also im Interesse der deutschen Unternehmen liegen.

Literatur

Autor, D., & Salomons, A. (2017). Does productivity growth threaten employment? "Robocalypse Now?" http://www.ecb.europa.eu/pub/conferences/shared/pdf/20170626_ecb_forum/Autor-Salomons-Productivity-Presentation.pdf. Zugegriffen: 4. Apr. 2018.

Bitkom. (2018). Deutsche Unternehmen beim Einsatz neuer Technologien zurückhaltend [Pressemeldung]. https://www.bitkom.org/Presse/Presseinformation/Deutsche-Unternehmen-beim-Einsatz-neuer-Technologien-zurueckhaltend.html. Zugegriffen: 10. März 2018.

BMBF. (2017). ZukunftsMonitor IV: Wissen schaffen – Denken und Arbeiten in der Welt von morgen. https://www.bmbf.de/files/zukunftsmonitor_Wissen-schaffen-denken-und-arbeiten-in-der-welt-von-morgen.pdf. Zugegriffen: 4. Apr. 2018.

Brynjolfsson, E., & Mitchell, T. (2017). What can machine·learning do? *Workforce Implications. Science, 358*(6370), 1530–1534. https://doi.org/10.1126/science.aap8062.

Brynjolfsson, E., Rock, D., & Syverson, C. (2017). Artificial intelligence and the modern productivity paradox: A clash of expectations and statistics. http://www.nber.org/papers/w24001. Zugegriffen: 1. Apr. 2018.

Capgemini. (2017). Turning AI into concrete value: The successful implementers' toolkit. https://www.capgemini.com/wp-content/uploads/2017/09/dti-ai-report_final1.pdf. Zugegriffen: 2. Febr. 2018.

CB Insights. (2018). Top artificial intelligence trends to watch in 2018. https://www.cbinsights.com/research/report/artificial-intelligence-trends-2018/.

Choudhury, P., Starr, E., & Agarwal, R. (2018). Different strokes for different folks: Experimental evidence on complementarities between human capital and machine learning. Harvard Business School. http://www.hbs.edu/faculty/Publication%20Files/18-065_d6c7b808-1a3e-4515-9852-9fb52d4be9a3.pdf. Zugegriffen: 4. Apr. 2018.

Deep Mind. (2016). DeepMind AI reduces google data centre cooling bill by 40%. https://deepmind.com/blog/deepmind-ai-reduces-google-data-centre-cooling-bill-40/. Zugegriffen: 4. Apr. 2018.

DESTATIS. (2018). Arbeitsmarkt. https://www.destatis.de/DE/ZahlenFakten/Indikatoren/LangeReihen/Arbeitsmarkt/lrerw013.html. Zugegriffen: 4. Apr. 2018.

DFKI, & Google. (2015). Google ist neuer Gesellschafter des DFKI [Pressemeldung]. https://www.dfki.de/web/presse/pressemitteilungen_intern/2015/google-ist-neuer-gesellschafter-des-dfki/. Zugegriffen: 18. Apr. 2018.

Frey, C. B. (2018). Automation & the future of work. https://www.youtube.com/watch?v=Mq56KWmXLGk. Zugegriffen: 25. Mai 2018.

Frey, C. B., & Osborne, M. A. (2013). The future of employment. https://www.oxfordmartin.ox.ac.uk/downloads/academic/future-of-employment.pdf. Zugegriffen: 10. März 2018.

Handelsblatt. (2018). Apple landet personellen Coup und verpflichtet Googles KI-Chef. Handelsblatt. http://www.handelsblatt.com/unternehmen/management/john-giannandrea-apple-landet-personellen-coup-und-verpflichtet-googles-ki-chef/21139054.html. Zugegriffen: 18. Apr. 2018.

Jansen, J. (2018). Zalando baut radikal um. Frankfurter Allgemeine Zeitung. http://www.faz.net/aktuell/wirtschaft/diginomics/zalando-will-werbefachleute-durch-entwickler-ersetzen-15483592.html. Zugegriffen: 23. März 2018.

Lund, S., & Manyika, J. (2017). Five lessons from history on AI, automation, and employment. https://www.mckinsey.com/global-themes/future-of-organizations-and-work/five-lessons-from-history-on-ai-automation-and-employment. Zugegriffen: 18. Jan. 2018.

OECD. (2017a). OECD compendium of productivity indicators 2017. https://read.oecd-ilibrary.org/economics/oecd-compendium-of-productivity-indicators-2017_pdtvy-2017-en. Zugegriffen: 2. März 2018.

OECD. (2017b). OECD digital economy outlook 2017. https://read.oecd-ilibrary.org/science-and-technology/oecd-digital-economy-outlook-2017_9789264276284-en. Zugegriffen: 4. Apr. 2018.

OECD. (2017c). OECD employment outlook 2017. https://read.oecd-ilibrary.org/employment/oecd-employment-outlook-2017_empl_outlook-2017-en. Zugegriffen: 4. Apr. 2018.

Purdy, M., & Daugherty, P. (2016). Why artificial intelligence is the future of growth. Dublin, Ireland. https://www.accenture.com/lv-en/_acnmedia/PDF-33/Accenture-Why-AI-is-the-Future-of-Growth.pdf. Zugegriffen: 10. Febr. 2018.

Remes, J., Manyika, J., Bughin, J., Woetzel, J., Mischke, J., & Krishnan, M. (2018). Solving the productivity puzzle: The role of demand and the promise of digitization. https://www.mckinsey.com/global-themes/meeting-societys-expectations/solving-the-productivity-puzzle. Zugegriffen: 4. Apr. 2018.

Schmidt, H. (2017). Mobileye-Gründer Shashua: „Die Zahl der benötigten Autos wird dramatisch fallen". https://netzoekonom.de/2017/03/06/die-zahl-der-benoetigten-autos-wird-dramatisch-fallen/. Zugegriffen: 4. Apr. 2018.

Schmidt, H. (2018). Oxford-Ökonom Frey: Digitalisierung lässt die Jobs der Mittelklasse verschwinden. https://netzoekonom.de/2018/01/21/oxford-oekonom-frey-digitalisierung-laesst-die-jobs-der-mittelklasse-verschwinden/. Zugegriffen: 4. Apr. 2018.

Triplet, J. E. (1999). The solow productivity paradox: What do computers do to productivity? *The Canadian Journal of Economics, 32*(2), 309–334. https://doi.org/10.2307/136425.

Prof. Dr. Peter Buxmann   ist Inhaber des Lehrstuhls für Wirtschaftsinformatik | Software & Digital Business an der Technischen Universität Darmstadt und leitet dort das Innovations- und Gründungszentrum HIGHEST. Darüber hinaus ist er Mitglied in mehreren Leitungs- und Aufsichtsgremien. Seine Forschungsschwerpunkte sind die Digitalisierung von Wirtschaft und Gesellschaft, Methoden und Anwendungen der Künstlichen Intelligenz, die Entwicklung innovativer Geschäftsmodelle sowie die ökonomische Analyse von Cybersecurity-Investitionen und Privatsphäre.

Dr. Holger Schmidt   erklärt als international gefragter Keynote-Speaker die Auswirkungen der Digitalisierung auf Wirtschaft und Arbeit. Als Journalist hat er zwei Jahrzehnte über die digitale Transformation geschrieben, davon 15 Jahre für die Frankfurter Allgemeine Zeitung. Der Volkswirt unterrichtet heute als Dozent an der TU Darmstadt Masterstudenten im Fach „Digitale Transformation" und schreibt als Kolumnist für das Handelsblatt über die digitale Ökonomie. Sein Blog „Netzoekonom.de" gehört zu den populärsten Publikationen der digitalen Wirtschaft in Deutschland. Erfinder des Plattform-Index.

Teil II

Künstliche Intelligenz: Cases aus der Praxis

Das intelligente Unternehmen: Maschinelles Lernen mit SAP zielgerichtet einsetzen

3

Bernd Leukert, Jürgen Müller und Markus Noga

3.1 Innovationsstrategie von SAP

Um die Bedeutung von Künstlicher Intelligenz für SAP zu verstehen, bietet sich zunächst der Blick auf unsere Innovationsstrategie an. Unternehmen gleich welcher Größe und Branche müssen eine anhaltende Innovationskraft sicherstellen, um nachhaltig wachsen zu können. Doch Innovation ist nicht gleich Innovation. SAP unterscheidet zwischen drei Innovationstypen nach dem Grad ihrer Markt- und Technologiereife (siehe Abb. 3.1):

1. **Kontinuierliche Innovation** beschreibt die inkrementelle Verbesserung von existierenden Produkten mittels etablierter Technologien in bestehenden Märkten. Diese Veränderungen sind beispielsweise für klassische Enterprise-Ressource-Planning-(ERP-)Systeme relevant.
2. **Erweiternde Innovation** bezeichnet die Ausdehnung des bestehenden Produktportfolios mittels neuerer Technologien oder die Erschließung von angrenzenden Märkten mit etablierten Technologien, zum Beispiel intelligente ERP-Systeme, welche Maschinelles Lernen verwenden, um Unternehmenskernprozesse effektiver zu gestalten.
3. **Transformative Innovation** beschreibt die Nutzung gänzlich neuer Technologien oder Geschäftsmodelle, um revolutionäre Produkte und Dienstleistungen zu entwickeln und völlig neue Märkte zu erschließen. Ein Beispiel hierfür wäre momentan ein vollständig automatisiertes ERP-System, das ausschließlich von digitalen Agenten gesteuert wird.

B. Leukert (✉)
SAP SE, Walldorf, Deutschland

© Springer-Verlag GmbH Deutschland, ein Teil von Springer Nature 2019
P. Buxmann und H. Schmidt (Hrsg.), *Künstliche Intelligenz,*
https://doi.org/10.1007/978-3-662-57568-0_3

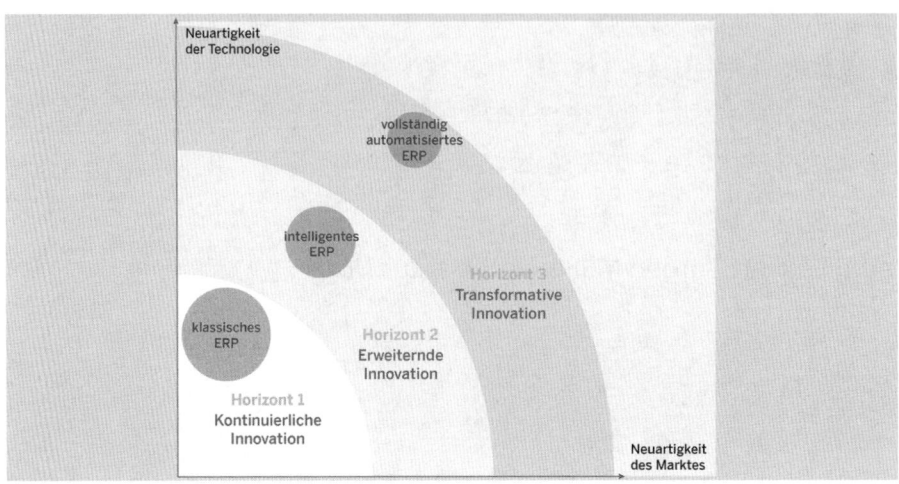

Abb. 3.1 Die unterschiedlichen Innovationstypen von SAP. (Quelle: eigene Darstellung, angeleht an: Nagji und Tuff 2012)

Angelehnt an diese Innovationstypologie stellen wir die Balance zwischen dem Decken der heutigen Nachfrage und dem Wecken der Nachfrage von morgen sicher. Dabei ist wichtig, dass die Themen in den verschiedenen Innovationshorizonten nicht statisch sind. Im Normalfall werden die technologische und kommerzielle Unsicherheit von transformativen Themen über die Zeit abgebaut. Themen bewegen sich also im besten Fall vom dritten (transformative Innovation) über den zweiten zum ersten Horizont (kontinuierliche Innovation). Der Fokus der Innovation unterscheidet sich in den jeweiligen Horizonten: Während zum Beispiel im dritten Horizont der Schwerpunkt auf dem explorativen Erkenntnisgewinn liegt, ist im ersten Horizont vor allem die kommerzielle Nutzung für einen breiten Markt relevant.

Die Innovationsstrategie von SAP konzentriert sich sowohl auf das Erschließen neuer Märkte als auch auf die Implementierung disruptiver Technologien. Eine wichtige treibende Kraft für Innovation ist KI, insbesondere ihre Unterkategorie Maschinelles Lernen (ML), und deren Integration in das bestehende und zukünftige Produktportfolio von SAP. Je nach technologischer und kommerzieller Unsicherheit befinden sich diese Themen gegenwärtig noch in den zwei äußeren Innovationshorizonten (s. Abb. 3.1).

3.1.1 Die Evolution von Unternehmenssystemen

In den vergangenen Jahrzehnten hat SAP weltweit Unternehmen bei der Ausrichtung ihrer Kerngeschäftsprozesse unterstützt. Im Vergleich zu den vergangenen Jahrzehnten werden sich Geschäftsmodelle und Prozesse von Unternehmen in den nächsten zehn Jahren durch technologische Innovationen noch einmal fundamental verändern. Analog zum selbstfahrenden Auto, das zunehmend Situationen im Straßenverkehr eigenständig bewältigen kann, werden auch die IT-Systeme der Unternehmen intelligenter und damit selbstständiger (siehe Abb. 3.2).

Das digitale Unternehmen ist die derzeitige Evolutionsstufe innerhalb eines Paradigmenwechsels hin zum selbstlernenden Unternehmen. Ähnlich wie Fahrer eines modernen Wagens, die durch Spurhalteassistent, Tempomat und Einparkhilfe unterstützt werden, haben die Menschen im digitalen Unternehmen stets die Kontrolle über das System, profitieren aber von Daten und reichhaltigen Geschäftsanalysemethoden. Große Datenmengen bilden die Basis für wertvolle Einblicke in Geschäftsprozesse und ermöglichen fundierte Entscheidungen und Prognosen. Während IT-Systeme in der Vergangenheit die Informationsbereitstellung durch Standardisierung möglich machten, fungierte der Mensch als ausführende oder definierende Instanz. Zukünftig werden sich Unternehmen zu intelligenten oder in einem nächsten Schritt sogar zu sich selbst optimierenden Organisationen weiterentwickeln. Im selbstlernenden, von Künstlicher Intelligenz unterstützten, Unternehmen wird der Mensch in repetitiven Prozessen eine anleitende und überwachende Rolle einnehmen und vom weitgehend selbstständig arbeitenden System vor allem in Ausnahmefällen und besonderen Situationen einbezogen werden. Indem IT-Systeme ein Verständnis für Geschäftsprozesse wie Buchhaltung oder Beschaffung entwickeln können, werden unterstützende Funktionen eines Unternehmens wie der Bestellvorgang von Materialien zukünftig größtenteils automatisiert ablaufen.

Selbstlernende Unternehmenssysteme lernen von Daten und generieren Empfehlungen, die auf komplexen Simulationen und Algorithmen basieren. Diese großen Datenmengen, auch Big Data genannt, sind wichtiger Bestandteil für das Training intelligenter Modelle. Der Begriff ML-Modell bezieht sich hierbei auf das Artefakt, das durch den

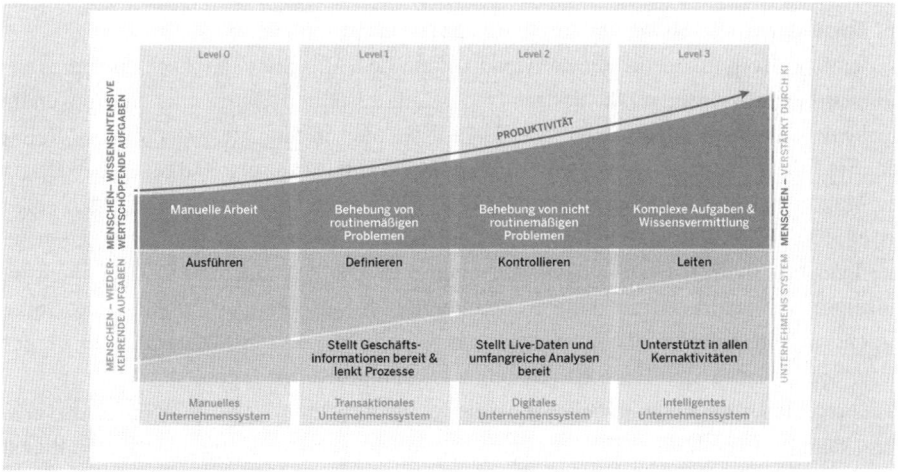

Abb. 3.2 Evolution des Unternehmens

Trainingsprozess von Algorithmen entsteht. Die Systeme sind durch die Verwendung von unternehmensspezifischen Daten in höchstem Maße individualisiert und berücksichtigen jegliche Form von relevanten Geschäfts- und Nutzerzusammenhängen. Dank moderner sowie intelligenter Sprachassistenten und Bots sind IT-Systeme bereits heute in der Lage, mit ihren Anwendern in natürlicher Sprache zu kommunizieren und kontextsensitive Handlungsempfehlungen zu geben. In Zukunft werden intelligente Benutzeroberflächen und Sprachassistenten Anwendern einen engen Austausch mit autonom agierenden Systemen und den verbundenen Endgeräten ermöglichen und so die Interaktion erleichtern.

Nach Schätzungen werden bis 2030 mehr als 50 % der Unternehmen autonome und selbstadaptierende Geschäftsmodule und kundenspezifische ERP Systeme einsetzen (IDC 2016a, b). Zu diesem Zeitpunkt wird Künstliche Intelligenz einen Großteil der klassischen Routineaufgaben übernommen haben (Manyika et al. 2017) und werden die meisten Aktivitäten eine Interaktion zwischen Mensch und Maschine enthalten (Gartner 2017). Dies nehmen wir zum Anlass, ein Portfolio zu entwickeln, das diese neuen Technologien berücksichtigt.

3.1.2 Maschinelles Lernen bei SAP

Regelbasierte Systeme verwalten schon heute eine Vielzahl der Geschäftsprozesse. Diese Systeme sind jedoch zum einen in der Verarbeitung von komplexen Prozessen limitiert und zum anderen ist es für Mitarbeiter zeitaufwendig, die einzelnen Prozessschritte auszuführen und zu steuern. Maschinelles Lernen hingegen ist in der Lage, Muster in den zugrunde liegenden Daten zu erkennen und die entsprechenden Prozesse zu automatisieren. Durch den Einsatz von Maschinellem Lernen im Unternehmen können menschliche Qualitäten nicht nur unterstützt, sondern erweitert werden. Während wiederkehrende Prozesse und Aufgaben zunehmend automatisiert werden, verlagert sich der Fokus der Unternehmen auf komplexere Geschäftsmöglichkeiten.

Zentrale Bedeutung für die Anwendbarkeit des Maschinellen Lernens im Unternehmen besitzen die Qualität der zur Verfügung gestellten Daten und die notwendige Rechenleistung, um Algorithmen auf Basis der Daten in angemessener Zeit zu trainieren. Sind diese Bedingungen gegeben, kann Maschinelles Lernen Aufgaben bewältigen, die Menschen unter anderem aufgrund des Datenumfangs heute an ihre Grenzen stoßen lassen. Die Integrationsfähigkeit von Maschinellem Lernen ermöglicht es, mit neuen intelligenten Applikationen zu experimentieren. So ist das sukzessive Zusammenspiel einzelner Applikationen innerhalb eines integrierten Systems die Grundlage des selbstlernenden Unternehmens. Das Angebot von SAP im Bereich des Maschinellen Lernens ist unter der Marke SAP Leonardo Machine Learning zusammengefasst.

Doch auch wenn Maschinelles Lernen im Unternehmen vielseitig eingesetzt werden kann, ist nicht jedes Unternehmensproblem zwangsläufig durch intelligente Automatisierung zu lösen. Das größte Potenzial für Maschinelles Lernen liegt in der Automatisierung umfangreicher Aufgaben mit komplexen Regeln sowie der Verarbeitung unstrukturierter Daten. Eine klare Problem- und Erfolgsdefinition, wiederkehrende Muster innerhalb der Prozesse und die Berücksichtigung regelbasierter Automatisierungsalternativen müssen als wichtige Aspekte im Vorfeld eines KI-Projektes in Betracht gezogen werden. Maßgeblich sind hier die individuellen Bedürfnisse und der situative Kontext des Anwenders, die unterschiedliche Lösungsansätze verlangen.

Wir haben drei Gruppen von ML-Anwendern im Geschäftsumfeld identifiziert:

- Unternehmen ohne interne Softwareentwickler und ML-Expertise,
- Unternehmen mit hausinternen Softwareentwicklern ohne spezifische ML-Expertise,
- Unternehmen mit eigenständigen Data-Science-Abteilungen und auf ML spezialisierten Softwareentwicklern, welche eigene datengetriebene Lösungen innerhalb des Unternehmens erarbeiten.

Zukünftig wird der Wunsch der Unternehmen größer, intelligente Applikationen zu entwickeln, die ihre individuellen Problemstellungen lösen und deshalb nicht als Standard am Markt verfügbar sind. Dies bedeutet allerdings nicht, dass diese Unternehmen die entsprechenden Fähigkeiten innerhalb ihrer Organisation selbst aufbauen müssen. Softwareanbieter wie SAP stellen die Expertise über IT-Systeme und industriespezifisches Wissen bereit, um Prozesse im Unternehmen zu identifizieren, die von einer Automatisierung profitieren können.

Um allen Anforderungen gerecht zu werden und auf den individuellen Wissensstand jedes Kunden einzugehen, stützt sich das ML-Portfolio von SAP auf drei Hauptsäulen:

- Für Kunden, die nicht über innerbetriebliche ML-Expertise verfügen, stellen wir Applikationen bereit, die Routineaufgaben der IT-Systeme automatisieren und Einblicke in unstrukturiert vorliegende Unternehmensdaten geben. Diese Einblicke befähigen Unternehmen, strategische Entscheidungen schneller und fundierter zu treffen und die Produktivität in Bereichen wie Finanzen, Verkauf, Service oder Personalwesen zu steigern. Die einfache Einführung von Maschinellem Lernen für Unternehmen ermöglichen wir durch eigenständige Lösungen, aber auch als integrierte Elemente in Standardlösungen von SAP.
- Verfügt ein Kunde über hausinterne Softwareentwickler ohne spezifische ML-Kenntnisse, ermöglicht der Zugang zu einer ML-Plattform die schnelle, kosteneffiziente und anwendungsspezifische Kombination von vortrainierten ML-Funktionalitäten wie Bild-, Text- oder Sprach-Services. Diese Services können von unterschiedlichen Softwareanbietern bereitgestellt werden oder vom Unternehmen selbst stammen und auf der ML-Plattform für eine Kombination mit anderen funktionalen Services hinterlegt werden. Im Zentrum dieser ML-Plattform stehen sogenannte Programmierschnittstellen (Application Programming Interfaces, APIs). APIs erlauben es Entwicklern, externe Services für die Erstellung von eigenen Produkten zu verwenden, ohne den komplexen Code im Kern des Dienstes bis ins Detail kennen zu müssen.

- Für Unternehmen, die neben Softwareentwicklern auch Data-Science-Experten beschäftigen, bietet SAP die Möglichkeit, selbst entwickelte ML-Modelle auf Basis der ML-Plattform in Anwendungen zu betreiben. Die ML-Plattform unterstützt den gesamten Lebenszyklus von ML-Modellen – das stetige Trainieren durch Daten sowie den Betrieb und die Verwendung der Modelle in Applikationen. Data-Science-Experten und Softwareentwickler profitieren von der Integration mit der SAP Cloud Platform und dem Platform-as-a-Service-(PaaS–)Angebot der SAP.

Heute können Nutzer mit Geschäftsanwendungen in natürlicher Sprache kommunizieren. Künftig werden digitale Assistenten zu jeder Zeit und an jedem Ort abrufbar sein, auch im Unternehmenskontext. Diese intelligenten Interaktionsmöglichkeiten, sogenannte Conversational-User-Experience-(UX-)Funktionalitäten, verbinden Daten, Prozesse, Anwendungen, Endgeräte und Menschen und bilden die Grundlage für eine neue vernetzte Arbeitswelt. In diesem Zusammenhang entwickelt SAP Conversational-UX-Technologien und Benutzeroberflächen, die eine Interaktion in natürlicher Sprache mit IT-Systemen ermöglichen.

Zusammenfassend stellen wir selbstlernende Unternehmenssysteme bereit, die Unternehmensprozesse automatisieren und auf Veränderungen in Echtzeit reagieren. Daten, die unsere Kunden für die Anwendung von Maschinellem Lernen benötigen, liegen bereits in ihren Systemen vor und könnten für Maschinelles Lernen nutzbar gemacht werden. Um Applikationen intelligent zu gestalten, bedarf es zudem eines starken Partner- und Co-Innovationsnetzwerkes.

3.2   KI-Anwendungsbeispiele bei SAP

3.2.1   Maschinelles Lernen für repetitive Aufgaben

Heute werden wiederkehrende manuelle Tätigkeiten und Prozesse eines Unternehmens häufig in sogenannten Shared Service Centern betrieben. Hierzu gehört in Finanzabteilungen und genauer in der Debitorenbuchhaltung die Zuordnung eingehender Zahlungen zu offenen Rechnungen. Die von Buchhaltern ausgeführte Tätigkeit ist häufig sehr zeitaufwendig und aufgrund ihrer ständigen Wiederkehr fehleranfällig. Auch aufgrund des hohen Maßes an Standardisierung eignet sich KI für die Automatisierung dieses Geschäftsprozesses besonders (vgl. Abb. 3.3). Nach einer Berechnung von McKinsey sind bei 60 % aller Beschäftigungen bereits 30 % der Aktivitäten automatisierbar (Manyika et al. 2017).

Ein Unternehmen erhält täglich etliche Zahlungen, die von einem Shared Service Center mit offenen Rechnungen abgeglichen werden müssen. Dabei werden nicht immer die für eine Zuordnung benötigten Informationen wie Rechnungsnummer, Kundennummer oder andere Referenzen angegeben, sodass Buchhalter die Zahlung zurückverfolgen müssen. Abweichende Beträge, Sammelüberweisungen, unterschiedliche Währungen und

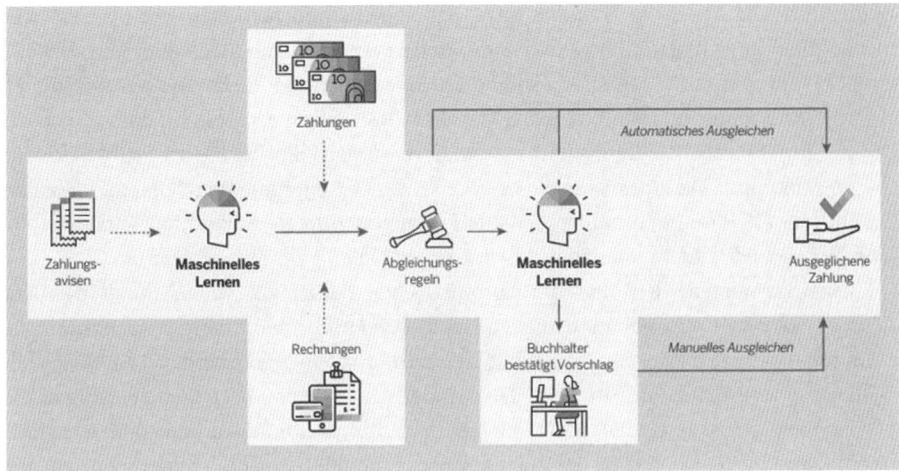

Abb. 3.3 Automatisierung von repetitiven Aufgaben

Zahlungsmodalitäten der Länder oder Rabatte erschweren die Zuordnung oft zusätzlich. Vor allem für umfangreiche Fakturierungen werden im Vorfeld Zahlungsavisen versendet, die auf eine bevorstehende oder bereits getätigte Überweisung offener Posten hinweisen und zusätzliche Informationen enthalten. Die Informationen gelangen in unterschiedlicher Form und mit verschiedenem Detailgrad an das Shared Service Center, in dem sie geprüft und verarbeitet werden. Dies geschieht heute größtenteils noch manuell und ist sehr zeitintensiv.

3.2.1.1 SAP Cash Application

SAP Cash Application ist eine cloudbasierte Anwendung für die intelligente Zahlungsverarbeitung, die Vorschläge für die schnellere Zuordnung offener Posten und eingehender Zahlungen erzeugt. Auf Basis historischer Daten erfolgreich zugeordneter und gebuchter Posten trainieren wir ein ML-Modell, das Vorschläge für zukünftige Zuordnungen erstellt und ab einem vordefinierten Prozentsatz an Zugehörigkeit automatisch bucht. Dabei lernt das Modell auf Basis von Zuordnungskriterien, die sich aus den historischen Daten jedes Kunden ergeben. Die Modelle werden kunden- und länderspezifisch erstellt, sodass sie Kriterien und Spezifika einzelner Unternehmen und Länder einbeziehen. Daraus wird eine Zuordnungsrate generiert, die bestimmt, wie stark zwei Komponenten einander ähneln und wie exakt die Zuordnungskriterien erfüllt werden. Wird der zuvor angegebene Prozentsatz an Zugehörigkeit nicht erreicht, bietet die Anwendung Vorschläge, die von Buchhaltern manuell ausgewählt und gebucht werden können. Dies beschleunigt die Zahlungsverarbeitung um ein Vielfaches.

Sowohl die Zuordnung eingehender Zahlungen zu offenen Posten als auch das intelligente Auslesen der Zahlungsavisen ist Teil des Funktionsumfangs von SAP Cash

Application. Die meist in Tabellenform angelegten Informationen auf Avisen werden extrahiert und in strukturierter Form wiedergegeben. Dabei werden zum Beispiel Beträge, Nummern und Namen als solche erkannt und direkt in das System übertragen, um in die Zuordnung mit einzufließen. Maschinelles Lernen ermöglicht, dass diejenigen Bereiche im Dokument erkannt und klassifiziert werden, die für die zu erfüllende Aufgabe relevant sind. Daraufhin setzen wir optische Zeichenerkennung (Optical Character Recognition, OCR) und computergestützte Lösungen zum Erkennen und Verstehen von neuen Texten und Bildern anhand aus historischen Daten gelernter Muster ein.

Bereits vorhandene Regeln zum automatischen Ausgleich sollen durch die Nutzung von SAP Cash Application nicht ersetzt, sondern ergänzt werden. Zuordnungen, die mittels des regelbasierten Ansatzes nicht erfolgreich waren, werden von SAP Cash Application verarbeitet und mithilfe des Modells auf Basis vergangener erfolgreicher Zuordnungen gelöst. Im Gegensatz zu regelbasierter Automatisierung sind wir durch Maschinelles Lernen heute in der Lage, wiederkehrende Muster zu erkennen, zu deuten und daraus Ableitungen zu treffen. Der heutige Prozess von der Beobachtung über die explizite Programmierung bis hin zur Verifizierung wird durch Trainingsprozesse abgelöst. Ein weiterer Vorteil des Maschinellen Lernens gegenüber klassischer Programmierung ist die Fähigkeit, flexibel auf Veränderungen zu reagieren, ohne den Algorithmus regelmäßig anzupassen und auf dem neuesten Stand zu halten. Das Modell wird kontinuierlich mit historischen Daten versorgt und reagiert automatisch auf Veränderungen.

3.2.1.2 Weitere Anwendungsmöglichkeiten

Neben der SAP Cash Application sind weitere Software-Lösungen denkbar, die Mitarbeiter im Shared Service Center bei manuellen Tätigkeiten unterstützen, wie beispielsweise im Finanzbereich automatisierte Vorschläge für Verkauf, Lieferung, Rechnungsstellung und Inkasso. Die IT-Analyse- und -Beratungsfirma Gartner geht davon aus, dass bis 2020 Algorithmen das Verhalten von über einer Milliarde Arbeitnehmern weltweit positiv verändern werden. Tätigkeitsbereiche und Schwerpunkte in einzelnen Unternehmensbereichen verändern sich zur Zufriedenheit der Mitarbeiter, da zeitintensive Routineaufgaben durch Künstliche Intelligenz automatisiert werden können. Zusätzlich lassen sich die Effizienz von Kundendienstzentren und die Qualität ihrer Dienstleistungen steigern (Gartner 2016). Unternehmen können so wachsen, ohne dass die damit einhergehenden Verwaltungsaufgaben zunehmen.

3.2.2 Maschinelles Lernen für Kundenbeziehungen (Customer Relationship Management, CRM) und E-Commerce

Zufriedene Kunden sind ein Wettbewerbsvorteil für jedes Unternehmen. Daher versuchen immer mehr Unternehmen, ihren Kunden ein möglichst positives Erlebnis bei der Interaktion mit ihrem Unternehmen und ihrer Marke zu vermitteln, unabhängig davon, wann und wo diese Interaktion stattfindet. Diese Optimierung der Kundenerfahrung gewinnt an strategischer Bedeutung, weil digitale Technologien die Interaktionen der Unternehmen mit ihren Kunden geändert haben. Kunden möchten sich zu jeder Zeit und an jedem Ort über die besten Angebote informieren. Sie erwarten einen guten Service und die Freiheit, verschiedene Kanäle wie E-Mail, Internetseite, Smartphone App oder Telefonanruf zu nutzen. Der Bereich Customer Engagement und Commerce bei SAP umfasst deshalb alle Aktivitäten für die Interaktion mit den Kunden, von der Unterstützung von kurzfristigen Verkaufstaktiken bis zur langfristigen Kundenbindung.

Kunden eine nahtlose Erfahrung zu bieten, ist allerdings mit Herausforderungen verbunden. Umfragen zeigen, dass 81 % der Unternehmen die Kundenerfahrung als Unterscheidungsmerkmal im Wettbewerb einschätzen, aber nur 13 % sind überzeugt, ihren Kunden tatsächlich eine großartige Erfahrung zu bieten (Dimension Data 2017). Künstliche Intelligenz und Maschinelles Lernen besitzen das Potenzial, die Prozesse und Anwendungen im Bereich Customer Engagement und Commerce weitreichend zu verbessern. Die Fülle der digitalen Interaktionspunkte mit Kunden bietet die Grundlage für die Gewinnung neuer Einsichten in das Kundenverhalten, eine Personalisierung und damit Verbesserung der Kundenerfahrung. Eine Verarbeitung dieser Informationen ohne Künstliche Intelligenz ist aufgrund des Datenumfangs manuell nicht möglich (s. Abb. 3.4).

3.2.3   Maschinelles Lernen im Marketing

Als Teilbereich von Customer Engagement und Commerce ist es ein Kernziel im Marketing, die Kontakte mit dem größten Kaufinteresse, der höchsten Kaufwahrscheinlichkeit

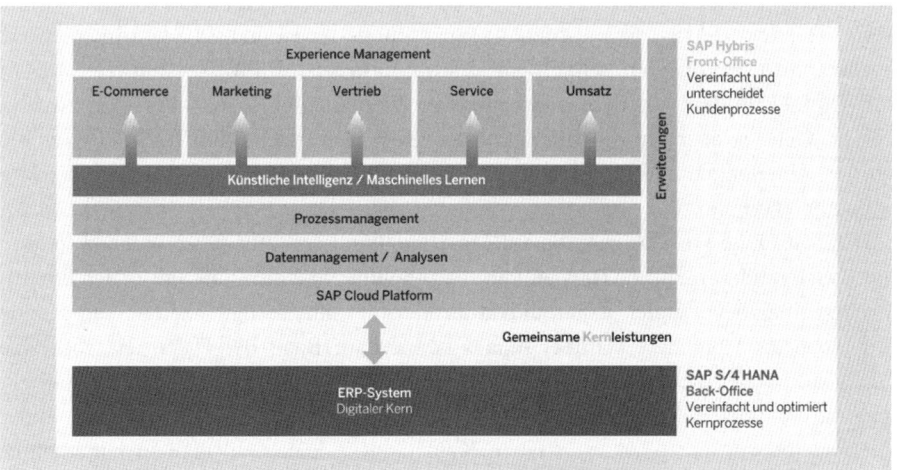

Abb. 3.4 Maschinelles Lernen für ein verbessertes Kundenerlebnis

und dem höchsten Umsatzpotenzial zu identifizieren. Dieses Wissen hilft Unternehmen, Interessenten zugeschnittene Angebote für die relevanten Produkte zu einem optimalen Preis einschließlich ansprechender Bilder, Videos und Texte über den bevorzugten Kommunikationskanal zum idealen Zeitpunkt zukommen zu lassen. Das Ziel: Die Interessenten werden zu kaufenden Kunden. Da hierbei verschiedene Produkte, Kanäle und Kampagnen in Konkurrenz stehen, muss der richtige Mix gefunden werden, um die Marge und somit den Return on Investment (ROI) des Marketings zu optimieren. SAP Brand Impact bietet eine ML-Lösung, die Unternehmen durch automatische Echtzeit-Analysen von Film-, Video- und Fernsehinhalten unterstützt, ihre Markendarstellung und -wirkung zu messen.

Sowohl im B2B-Bereich als auch im B2C-Bereich, in dem es um signifikante Investitionen oder langjährige Verträge geht, arbeiten Marketing und Vertrieb Hand in Hand. Die Marketingabteilung generiert und qualifiziert Neukundenkontakte (Leads), die der Vertrieb in konkrete Angebote und abgeschlossene Kaufverträge überführt. Da sowohl der Lead-Qualifizierungsprozess als auch der Vertriebsprozess sehr personalintensiv sind, wenn zum Beispiel ein Call-Center nachfassen muss oder Außendienstmitarbeiter die Kunden besuchen, bestehen hohe Sparpotenziale, wenn Mitarbeiter ihre Tätigkeit auf die vielversprechenden Kontakte konzentrieren können. Insgesamt geht im Marketing der Trend weg von einer verallgemeinernden Kundensegmentierung hin zu einem individuellen Profiling, das die Komplexität einzelner Kundenbedürfnisse berücksichtigt und mehr Attribute und Facetten einbezieht.

Im Marketing spielt Maschinelles Lernen daher eine zunehmend wichtige Rolle. Insbesondere dort, wo aufgrund der großen Menge und Komplexität der Daten der Zusammenfluss der in sich strukturierten Einzelinformationen zu einem komplexen und unstrukturiert wirkenden Gesamtbild des Kunden führt, aus dem sich nur schwer Verhaltensmuster ableiten lassen. So sind die Reaktionen eines Kunden auf einem Kanal wie der E-Mail-Kommunikation noch gut überschaubar und bewertbar. Sobald aber die Web-, Telefon-, SMS-, Social-Media-, Smartphone-App- und In-Store-Interaktionen hinzukommen, ergibt sich schnell ein schwer erfassbares Profil. Ähnlich ist es im B2B-Umfeld, in dem Vertriebsmitarbeiter ihre individuellen Kundenkontakte zwar gut kennen. Geht es aber um die Beurteilung aggregierter Daten, zum Beispiel über Mitarbeiter, Abteilungen und Projekte hinweg, ist eine Bewertung und Erkennung der Muster deutlich komplexer.

Datengestützte Vorhersagen, die auf Maschinellem Lernen basieren, können Intuition und Bauchgefühl ergänzen. Dies enthält die individuelle Ermittlung optimaler Produktangebote und bevorzugter Kommunikationskanäle, -inhalte und –zeiten, um Kunden individuell anzusprechen. Darüber hinaus können auf Basis der Daten aus vorherigen Kundenaktivitäten Modelle trainiert werden, die Marketing- oder Vertriebsmitarbeiter über die Wahrscheinlichkeit informieren, ob ein Neukundenkontakt Interesse äußert, ein Angebot wünscht oder sogar einen Kauf tätigt. Gleichwohl können Unternehmen die Wahrscheinlichkeit analysieren, ob ein Vertrag gekündigt wird oder Kunden sich für Konkurrenzprodukte entscheiden. Ferner können IT-Systeme mithilfe Künstlicher

Intelligenz Aktionen vorschlagen, um mit einem Kunden durch „Anstupsen" (Nudging) in Verbindung zu treten. Durch diese intelligenten Vorschläge kann nicht nur die Kaufwahrscheinlichkeit erhöht, sondern auch die Abwanderungswahrscheinlichkeit der Kunden verringert werden.

Künstliche Intelligenz kann also einerseits helfen, Teilprozesse im Marketing, insbesondere im digitalen Marketing, zu automatisieren und durch intelligente Vorschläge zu unterstützen. Andererseits erlaubt es den Marketing- und Vertriebsmitarbeitern, sich auf die wichtigsten Kunden und Möglichkeiten zur Kundengewinnung zu fokussieren. Als Ergebnis lassen sich mit denselben Ressourcen in der gleichen Zeit mehr Kunden effizienter und personalisierter ansprechen, wodurch Umsatz, Marge und Marketing-ROI steigen können.

3.2.4 Maschinelles Lernen im Service und Vertrieb

Maschinell trainierte Verkaufssysteme können Service- und Vertriebsmitarbeiter auf Basis historischer Daten wichtige Informationen über Kunden liefern. So können beispielsweise für SAP-Hybris-Lösungen Empfehlungen abgeleitet werden, die Vertriebsmitarbeiter dabei unterstützen, ihre Kunden zielgerichtet anzusprechen. In ähnlicher Weise werden Vertriebsmitarbeiter von SAP Hybris Cloud for Customer mit automatisch berechneten Angaben über Verkaufschancen unterstützt. Ähnliches Potenzial sehen wir im Service-Bereich, in dem Service-Mitarbeiter vor allem an der Kundenzufriedenheit gemessen werden. In SAP Hybris Cloud for Customer kann ein maschinell trainiertes System beispielsweise darüber informieren, welchem Bereich und welchem Service-Team eine neue Kundenanfrage zugeordnet werden soll. Kundenanfragen werden als Ticket im System erfasst und automatisch auf Basis historischer Daten der richtigen Abteilung und dem Mitarbeiter mit der geeigneten Qualifikation zugeordnet. Während zuvor manuell gepflegte statische Regeln und Schlagwortlisten für die Weiterleitung der Kundenanfragen notwendig waren, kann der Einsatz von Maschinellem Lernen den Zuordungsprozess vereinfachen. Zusätzlich kann das intelligente System Lösungsansätze für die Kundenanfrage liefern. Ausgestattet mit diesen Vorschlägen können Service-Mitarbeiter Kundenanfragen schneller und qualifizierter beantworten, was zu einer höheren Kundenzufriedenheit führt.

Zukünftig werden digitale Assistenten und Chatbots im Customer Engagement und Commerce an Bedeutung gewinnen. Moderne Kunden erwarten heute eine Interaktion mit der bevorzugten Marke nach ihren Bedürfnissen. Da viele Produkte heute online verfügbar sind, kann der Kaufprozess zu jeder Zeit online abgeschlossen werden. Wenn Kunden außerhalb der Geschäftszeiten Fragen zu ihrer Bestellung haben, können intelligente Chatbots helfen, diese Fragen zu beantworten. Statt nach den Informationen zu suchen, können Kunden in natürlicher Sprache in den Dialog mit dem System treten. Eine schnelle Antwort auf ihre Fragen führt zu einem positiven Service-Erlebnis.

3.2.5   Maschinelles Lernen im Personalwesen

In den vergangenen zwei Jahrzehnten hat sich die IT für das Personalwesen von vorwiegend prozessgesteuerten Systemen zu Systemen entwickelt, die den Mitarbeiter in den Mittelpunkt rücken. Marktführende Unternehmen suchen nach innovativen technologiegestützten Systemen, die das Engagement der Mitarbeiter, eine faire und soziale Arbeitskultur sowie ein offenes Feedback-Umfeld fördern und sich dabei an der Geschäftsstrategie ausrichten. Diese Systeme ermöglichen den Aufbau einer mitarbeiterzentrierten Organisationsstruktur, um Anforderungen der heutigen Arbeitswelt, die von Volatilität, Unsicherheit, Komplexität und Ambiguität geprägt ist, zu begegnen. Gleichzeitig erfordern diese neuen Systeme ein intelligentes und datengestütztes Personalsystem, das die Mitarbeiter in jedem Prozessschritt und in allen Bereichen des Personalwesens unterstützt. Fortschrittliche ML-basierte Prognose- und Empfehlungstechnologien können dazu beitragen, den Fokus von zeitaufwendigen Prozessen auf die Entwicklung wachstumsfördernder Strategien für die Personalentwicklung zu verlagern.

Um Unternehmen dabei zu unterstützen, diesen neuen Anforderungen im Personalbereich gerecht zu werden, enthalten die Lösungen von SAP SuccessFactors verschiedenen ML-Funktionen. SAP arbeitet an der Entwicklung verschiedener Anwendungsfälle für diese HR-Lösungen, um unterschiedliche Prozesse von der Kandidatenrekrutierung bis hin zur Mitarbeiterentwicklung voranzutreiben (s. Abb. 3.5).

3.2.5.1   Effiziente Einstellungsprozesse
Die Einstellung geeigneter Mitarbeiter ist ein wesentlicher Bestandteil einer Geschäftsstrategie. Traditionelle Einstellungsprozesse können Gender Bias enthalten, zeitaufwendig, arbeits- und kostenintensiv sein. Laut einer Umfrage von Bersin by Deloitte

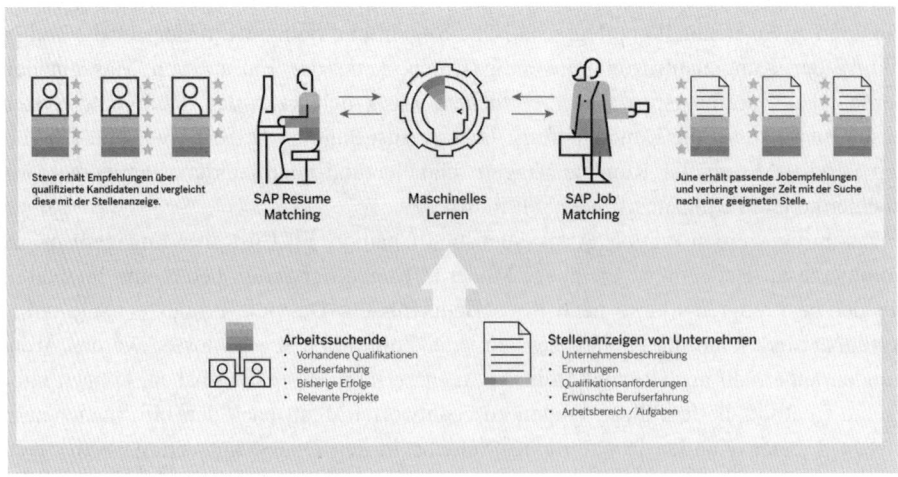

Abb. 3.5 Maschinelles Lernen bei der Rekrutierung

benötigen Unternehmen durchschnittlich 52 Tage und investieren rund 4000 US-Dollar, um eine offene Position zu besetzen (Krider et al. 2015). Um beispielsweise die Sichtung von Kandidaten zu automatisieren, haben wir für SAP Resume Matching einen Algorithmus entwickelt, der Personalvermittlern hilft, basierend auf der Auswertung der eingereichten Lebensläufe Kandidaten mit den besten Fähigkeiten zu finden. Die Anwendung ermöglicht es, die Gefahr einer – möglicherweise unbewussten – persönlichen Voreingenommenheit der Personalvermittler bei der Bewertung der Kandidaten zu verringern. Somit wird auch die Wahrscheinlichkeit vermindert, qualifizierte Kandidaten zu übersehen. Zusätzlich liefert das System standardisierte Stellenbeschreibungen für mehr als 1100 Berufe, um Personalvermittler bei der Erstellung von neuen Stellenausschreibungen zu unterstützen und ihnen tiefe und aktuelle Einblicke in den Arbeitsmarkt zu geben.

Ein weiterer ML-Service ist SAP Job Matching. Dieser Service bietet Arbeitssuchenden eine Liste empfohlener Positionen, die ihren Fähigkeiten, Qualifikationen, Standorten und Karrierestufen entsprechen. Gleichzeitig hilft er Unternehmen, passende Kandidaten anzusprechen.

3.2.5.2 Lernen im Unternehmen

Organisationen, die eine starke Lernkultur im Unternehmen verankert haben, verschaffen sich einen Wettbewerbsvorteil. Laut Bersin by Deloitte ist es für Unternehmen mit einer ausgeprägten Lernkultur um 46 % wahrscheinlicher, sich zum Innovationsführer zu entwickeln. Die Mitarbeiterproduktivität ist um 37 % höher als in anderen Unternehmen und sie sind in 58 % der Fälle besser auf die künftige Nachfrage vorbereitet. Darüber hinaus sind diese lernorientierten Unternehmen mit 17 % Marktanteil Marktführer (Krider et al. 2015). Eine häufige Herausforderung für Mitarbeiter ist jedoch der Umgang mit der überwältigenden Menge an verfügbaren Informationen, um nützliche Lerninhalte gezielt zu finden.

Durch den Einsatz von Maschinellem Lernen für den Learning Recommendations Service von SAP können personalisierte Lerninhalte empfohlen werden, die über die traditionellen Kurskataloge hinausgehen und persönlichen Lern- und Karrierezielen der Mitarbeiter entsprechen. Die Empfehlungen werden von einem ML-basierten Algorithmus generiert, der als Service in das Learning Management System von SAP SuccessFactors integriert ist. Dieser Algorithmus wird unter anderem durch die Lernhistorie des Benutzers sowie persönliche Präferenzen trainiert. Die auf Maschinellem Lernen basierenden Funktionen helfen Unternehmen, eine aktive und personalisierte Lernkultur zu etablieren und zu steuern.

3.3   Die Plattform von SAP für Maschinelles Lernen

Die SAP Leonardo Machine Learning Foundation ist eine ML-Plattform, die sowohl für Lösungen von SAP zum Einsatz kommt als auch unsere Partner und Kunden bei der Entwicklung eigener ML-Applikationen unterstützt (siehe Abb. 3.6). Die ML-Platt-

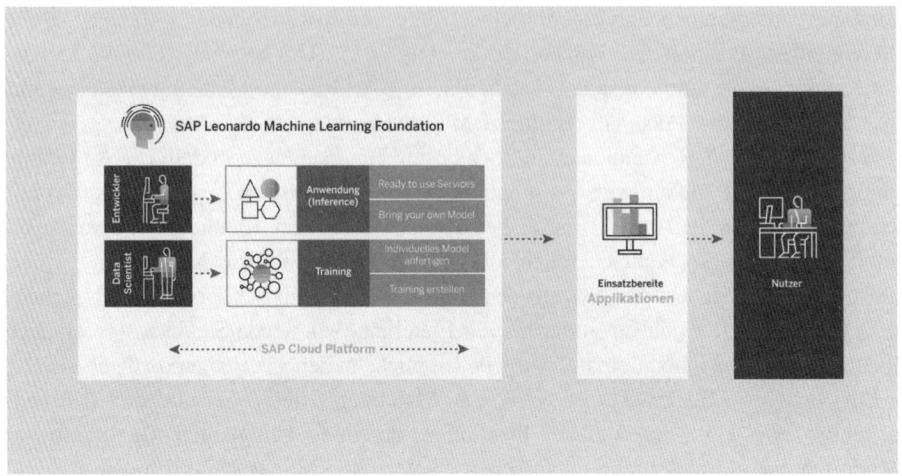

Abb. 3.6 SAP Leonardo Machine Learning Foundation

form ermöglicht die Nutzung von Algorithmen sowie eine Integration mit SAP-Systemen und ist offen für weitere Technologien des Maschinellen Lernens wie Googles KI-Programmbibliothek TensorFlow.

3.3.1 Die SAP Leonardo Machine Learning Foundation

Technische Grundlage für die SAP Leonardo Machine Learning Foundation ist die SAP Cloud Platform, eine skalierbare Plattform, die es ermöglicht, bestehende Lösungen zu integrieren und zu erweitern. Unternehmensanwendungen können mit Funktionen des Maschinellen Lernens auf einer einzigen Technologieplattform aufgebaut werden. Insbesondere die Integration mit bestehenden SAP-Systemen wie SAP S/4HANA bietet existierenden Kunden den Vorteil, Daten aus SAP-Systemen zur Umsetzung zahlreicher ML-Szenarien zu verwenden.

Komplexe ML-Verfahren, insbesondere Deep Learning, erfordern oft den Einsatz spezieller Hardware, um große Datenmengen in einem angemessenen Zeitraum zu verarbeiten. Die Partnerschaft von SAP mit dem Technologieunternehmen NVIDIA gewährleistet die Verfügbarkeit hochleistungsfähiger GPU-Hardware in den Rechenzentren von SAP, um den Anforderungen gerecht zu werden.

Die SAP Leonardo Machine Learning Foundation unterstützt einen großen Teil des ML-Lebenszyklus, vom Training bis zur Anwendung (Inference) von trainierten Modellen. Hier unterstützt die ML-Plattform zwei Arten des Trainings: Erstens das Trainieren von ML-Algorithmen mit eigenen Daten und eigener Programmlogik und zweitens das Re-Training von vortrainierten, auf Maschinellem Lernen basierenden Modellen, um diese zum Beispiel mit neuen kundenspezifischen Daten anzureichern. Kunden können beispielsweise ein vortrainiertes Modell zur Kategorisierung von Bildern mit eigenen Klassen und Bildern neu trainieren.

Im Anwendungsteil (Inference) können von SAP vorkonfigurierte Modelle genutzt oder ein vom Kunden oder Partner eigens trainiertes Modell auf der ML-Plattform zur produktiven Nutzung bereitgestellt werden. Das Abrufen der Modelle erfolgt dabei zum Beispiel über Representational-State-Transfer-(REST–)basierte Webservices, die eine Integration in beliebige Applikationen ermöglichen und somit auch für Entwickler ohne ML-Kenntnisse nutzbar sind. Beispielsweise kann der Topic-Detection-Service durch den Aufruf eines einzigen Webservices Themenfelder in einem Textdokument erkennen und somit einen schnellen Überblick über die Inhalte eines Textes geben. Mit der Bring-Your-Own-Model-Funktionalität kann man Modelle zunächst extern trainieren und im Anschluss eine unabhängige Trainingsinfrastruktur auf der ML-Plattform nutzen, um Modelle zu trainieren und anschließend auf der SAP Leonardo Machine Learning Foundation anzuwenden. Dies ist von Interesse, wenn sensible Daten die Systeme des Unternehmens nicht verlassen sollen (s. Abb. 3.7).

3.3.2   Anwendungsbeispiel

Eine Beispielimplementierung kann am folgenden Anwendungsfall verdeutlicht werden: Ein Unternehmen betreibt ein Reparaturcenter, in dem Mitarbeiter eingehende defekte Teile mit hohem manuellen Aufwand einer eindeutigen Produktnummer aus einem Produktkatalog zuordnen. Um diesen Prozess zu beschleunigen, soll das Produkt mittels Bilderkennung automatisch erkannt und die ähnlichsten Produkte vorgeschlagen werden.

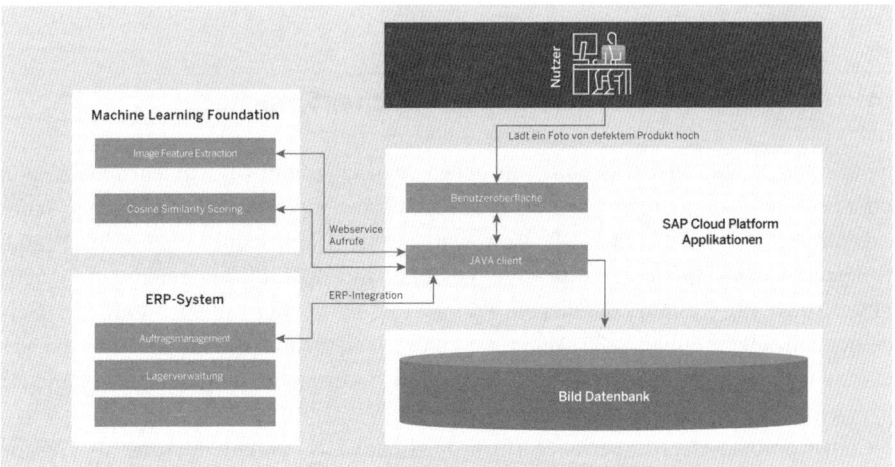

Abb. 3.7   Anwendungsbeispiel SAP Leonardo Machine Learning Foundation

Die zugrunde liegende Architektur besteht aus einer Datenbank, einem Java Client und einer Benutzeroberfläche auf Basis der SAP Cloud Platform. In dieser Lösung wird der vorhandene Produktkatalog in der Datenbank gespeichert. Ein einfacher Java Client koordiniert die Aufrufe an die Datenbank, Aufrufe an die ML-Plattform und REST-Webservices.

Kunden können ein Bild ihres defekten Produkts an den Hersteller schicken, indem sie es über die Benutzeroberfläche hochladen. Der Image-Feature-Extraction-Service, die Bilderkennung, der ML-Plattform berechnet daraufhin einen Merkmalsvektor des Bildes, der seine charakteristischen Merkmale erfasst. Ein weiterer Service der SAP Leonardo Machine Learning Foundation, das Similarity Scoring, vergleicht folgend den Merkmalsvektor mit dem bestehenden Produktkatalog und stuft die Produkte nach ihrer Ähnlichkeit mit dem defekten Teil ein. Das passende Produkt kann dann über die Benutzeroberfläche ausgewählt und der Bestellvorgang für das erforderliche Ersatzteil eingeleitet werden. Statt eines langwierigen manuellen Prozesses kann der Hersteller das Ersatzteil schnell finden und die Reparatur einleiten. Diese Kerndienste unterstützen auch Einzelhändler beispielsweise bei der Vereinfachung der Suche im Produktkatalog, indem sie ein vom Kunden bereitgestelltes Bild des Zielelements mit den ähnlichsten Elementen in ihrem Inventar vergleichen.

Die SAP Leonardo Machine Learning Foundation kann industrieübergreifend viele Unternehmensbereiche effizienter gestalten. Online-Shops mit einem stetig neuen Produktportfolio können von einem ML-Service profitieren, der neue Produkte auf Basis von Textbeschreibungen automatisch in Produktkategorien klassifiziert und einordnet. Weitere ML-Services analysieren auch unstrukturierte Daten (numerische Daten, Texte, Bilder, Sprache) und beschleunigen damit Entscheidungsprozesse im Unternehmen. Mit dem Einsatz von Zeitreihenanalysen können frühzeitig Erkenntnisse über die Geschäfts-entwicklung gewonnen werden, um gegebenenfalls Änderungen der Absatznachfrage oder Lagerbestände zu identifizieren.

3.4   Maschinelle Verarbeitung natürlicher Sprache

Digitale Assistenten und Chatbots, mit denen Menschen und Maschinen mittels natür-licher Sprache interagieren, haben als neuer Anwendungstyp in den vergangenen Jahren Endverbraucher in vielen Bereichen erreicht. Dieser Trend manifestiert sich ebenfalls im Unternehmensumfeld. Die heutige Qualität von Künstlicher Intelligenz ermög-licht es, dass wir Systeme entwickeln können, die Anwender mittels natürlicher Spra-che domänenübergreifend selbst durch komplexe Unternehmensprozesse begleiten, ihre eigenen und auch domänenspezifischen Ausdrucksweisen verstehen, sich automatisch anpassen und personalisieren lassen.

Conversational-User-Experience (Conversational UX) enthält für uns als Gesamt-konzept intelligente Benutzerinteraktionen, sprachgesteuerte Dialoge, einen holistischen Kontextbezug sowie ein semantisches und syntaktisches Sprachverständnis. Diese werden in einer systemübergreifenden und integrierten Art und Weise bereitgestellt. Früher mussten die Nutzer lernen, mit IT-Systemen zu interagieren. Die mittels Conversational UX entwickelten dialogorientierten Anwendungen sind ein neues Paradigma, bei dem SAP-Systeme lernen, zu verstehen, wie Nutzer denken und kommunizieren (s. Abb. 3.8).

Als Teil von SAP Leonardo Machine Learning bieten wir eine ML-Plattform zur Entwicklung von dialogorientierten Anwendungen an sowie einen dedizierten digitalen Assistenten für Geschäftsszenarien, den SAP CoPilot. Die ML-Plattform ermöglicht es Entwicklern, existierende Geschäftsanwendungen mit einem natürlich sprachlichen Verständnis auszustatten und zusätzlich neuartige Applikationen wie Chatbots im E-Commerce zu entwickeln. SAP CoPilot erlaubt es Anwendern, Funktionen aus dem gesamten Lösungsportfolio von SAP mittels einer einzigen, natürlich sprachlichen Benutzeroberfläche zu erreichen und mit existierenden Geschäftsanwendungen individuell und kontextuell über verschiedene Sprach- und Textkommunikationskanäle zu interagieren.

3.4.1   Der Wert von Conversational UX im Unternehmen

Im Unternehmensumfeld lässt sich Conversational UX in vielfältigen Szenarien einsetzen. Mitarbeiter können mit Chatbots häufig wiederkehrende Aufgaben mittels natürlicher Spracheingabe erledigen. Diese Funktionen können beispielsweise in der Zeiterfassung und Urlaubsplanung, bei komplexen Aufgaben im Einkauf und Personalwesen oder bei der Kundenbetreuung eingesetzt werden.

Gerade interne IT- oder Personal-Service-Bereiche können mittels dieser intelligenten dialogorientierten Anwendungen eine schnellere und bessere Unterstützung für Mitarbeiter anbieten. Informationen können im Vergleich zu traditionellen grafischen

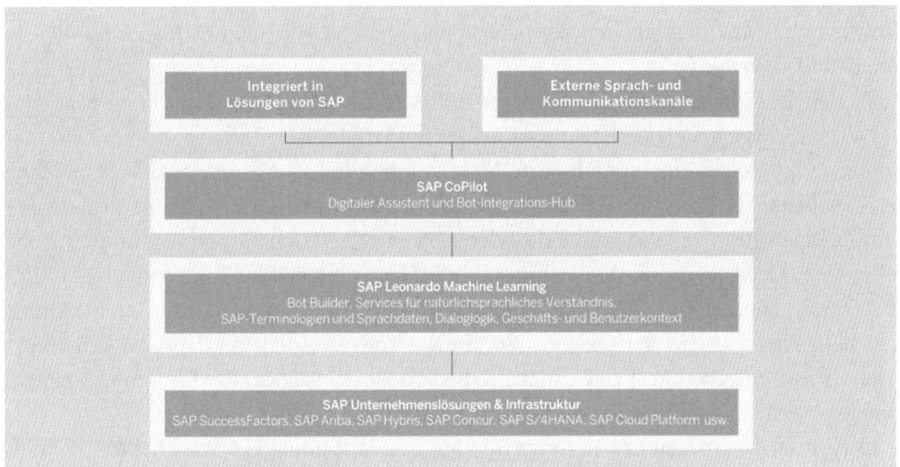

Abb. 3.8 Conversational UX im Unternehmensumfeld

Benutzeroberflächen schneller und einfacher bereitgestellt werden, ob aus Datenbanken oder in Echtzeit direkt aus ERP-Systemen. Chatbots lassen sich zudem leicht in existierende Kommunikationsinfrastrukturen von Unternehmen integrieren, beispielsweise in Slack oder anderen Messenger-Plattformen, und auch durch grafische Elemente ergänzen.

Im Service- und Support-Bereich ist aufgrund der stetig steigenden Zahl von Kundeninteraktionen über digitale Kanäle (z. B. E-Mail, Facebook, Twitter) eine umfassende und zeitnahe Reaktion von Unternehmen essenziell, um Kundenbeziehungen gezielt zu pflegen. Zukünftig wird SAP es ermöglichen, einen Großteil der textbasierten Anfragen automatisch zu klassifizieren (z. B. Produktkategorien, Support-Anfragen, Feedback) und teilweise sogar automatisiert zu verarbeiten. Support-Mitarbeiter können sich so auf komplexe Fälle konzentrieren; Kunden erhalten eine schnelle und personalisierte Unterstützung.

Der Paradigmenwechsel von klassischen Benutzeroberflächen zu Conversational UX schafft in Unternehmen neuartige Anwendungspotenziale. Kombiniert mit multimodalen Inhalten (Bilder, Video, Diagramme, Tabellen), Augmented und Virtual Reality ermöglicht Conversational UX unter anderem die Neuausrichtung von analytischen Interaktionen mit proaktiver Anwenderunterstützung. Der permanent verfügbare, selbstlernende Assistent stellt bei Bedarf selbstständig Kontextinformationen bereit, unabhängig vom Standort des Nutzers und der Art der Interaktion.

3.4.2 Technologien für Conversational UX

Im Bereich Conversational UX kommt bei SAP ein Ensemble aus klassischen Technologien aus der Computerlinguistik sowie neuartigen Deep-Learning-Verfahren zur Verarbeitung großer und unstrukturierter Textinhalte zum Einsatz. Das traditionell komplexe Auflösen von Mehrdeutigkeiten der natürlichen Sprache wird durch Deep Learning und Kontextbezug vereinfacht.

Zu den Basisfunktionalitäten zählen das Erkennen von Absichten (Intent-Matching) und Gesprächsgegenständen (Entity-Recognition). Die Benutzerintention hinter einer Aussage wird gegen eine vordefinierte Liste von möglichen Absichten, oft entsprechend der gegebenen Backend-Funktionalitäten, geprüft und klassifiziert. Hintergrundwissen wie domänenspezifische Dokumente oder semantisch gleichwertige Trainingseingaben helfen dem Deep-Learning-Algorithmus, ein robustes Intent-Matching-Model zu trainieren. Die Erkennung von Gesprächsgegenständen hilft, Aussagen genauer zu bestimmen beziehungsweise zu parametrisieren. So können zum Beispiel aus der natürlich sprachlichen Nutzereingabe der Name eines Produkts oder das Datum der Lieferung sowie die Menge und Mengeneinheit zur genaueren Verarbeitung extrahiert werden.

Der Einsatz von Deep Learning im Bereich Conversational UX wird bei uns nicht nur auf Dialogsysteme und Chatbots begrenzt, sondern kann bereits eingeschränkt verwendet werden, ein Textverständnis im Rahmen von Frage-Antwort-Systemen zu trainieren.

Dabei werden Beispielfragen und deren Antworten in umfangreichen Textpassagen markiert und ein Modell trainiert, das die Grundzüge von Fragestellungen und deren Antworten im Text lernt. So können auch unbekannte Fragen korrekt beantwortet werden. Um skalierbare Lösungen zu erzielen, werden bereits vortrainierte Sprachmodelle, Ontologien und Chatbots für Unternehmensbereiche angeboten. Dies erfolgt in Verbindung mit integrierten Entwicklerumgebungen, sogenannten Bot Buildern, um Chatbots und andere dialogorientierte Anwendungen zu erstellen, Dialoge zu verwalten und in existierende Systemlandschaften zu integrieren.

Für die Anwendung von Maschinellem Lernen sind Daten der Schlüssel zu Qualität, auch im Bereich Conversational UX, wenn Chatbots beispielsweise vergangene Interaktionen analysieren und automatisch nutzen, um sich selbst zu verbessern. So können individuelle Benutzer- und kundenspezifische Sprachmodelle allein durch die Verwendung der Technologie erlernt und optimiert werden.

Für Künstliche Intelligenz in SAP-Produkten wird Conversational UX eine wesentliche Rolle spielen. Zukünftige dialogorientierte Anwendungen werden dynamisch auch mit neuen Situationen umgehen können, die von Entwicklern ursprünglich nicht vorgesehen und vordefiniert waren – und das durch logischen, auf dem Systemzustand und dem sprachlichen Kontext der Anwender basierenden Schlussfolgerungen. Das Kontextverständnis wird dabei automatisch gepflegt und ermöglicht sowohl Mitarbeitern als auch Endverbrauchern bei der Interaktion mit Unternehmen neuartige digitale Umgangsformen.

3.5 Gesellschaftliche Implikationen

Bei SAP sind wir überzeugt, dass Künstliche Intelligenz viele Aspekte der Wirtschaft und Gesellschaft revolutionieren kann. Besonders vielversprechend ist der Einsatz von Künstlicher Intelligenz in der menschlichen Interaktion, der Situationserkennung, der Entscheidungsunterstützung und der Entwicklung von Prognosen (Bitkom 2017). Neben zahlreichen Chancen bergen die KI-basierten Veränderungen allerdings auch Herausforderungen. Diese betreffen den einzelnen Menschen, das soziale Gefüge sowie den Wert der Arbeit und der öffentlichen Meinungsbildung, die es im engen Schulterschluss von Wirtschaft, Politik und Gesellschaft zu adressieren gilt. Wir sehen uns und andere Branchenführer in der Pflicht, industrieübergreifende Verfahren zu etablieren, die uns dabei helfen, Künstliche Intelligenz bestmöglich zu nutzen, um menschliche Fähigkeiten zu erweitern und nicht einzuschränken. Dazu müssen intelligente Systeme anwendernah und wertorientiert gestaltet werden, sodass menschliche Grundrechte stets gewahrt werden.

3.5.1 Lebenslanges Lernen

Letzten Endes werden die Berufe der Zukunft mehr Flexibilität und Veränderungen im Bildungssektor erfordern. Um dies zu gewährleisten, müssen die Regierungen, der

Bildungssektor und der öffentliche Sektor gemeinsam sicherstellen, dass junge Leute die nötigen Fähigkeiten für den digitalen Arbeitsmarkt erlernen und Arbeitnehmer an die neuen Herausforderungen herangeführt werden. Deshalb investieren wir durch Weiterbildung und Training in unsere Mitarbeiter und fördern den Ansatz des lebenslangen Lernens.

Im nationalen Kontext bedeutet dies, dass digitale Kompetenzen zum zentralen Faktor für die digitale Transformation in Deutschland und die Anwendung von Künstlicher Intelligenz werden. Schulen, Universitäten und andere Ausbildungsstätten sollten den Fokus auf die Vermittlung von menschlichen Fähigkeiten wie Kommunikation, soziale Interaktion und Kreativität legen und somit die reine Vermittlung von (Fakten-) Wissen sinnvoll ergänzen. Neue Anforderungsprofile wie das des Data Scientist werden in Zukunft stärker nachgefragt, diese werden jedoch in Deutschland erst seit 2013 universitär ausgebildet. Entsprechend groß ist der Bedarf an Fachkräften mit Berufserfahrung in diesem Bereich. Eine Zusammenarbeit zwischen Bildungsstätten und der Industrie ist bei der optimalen Ausgestaltung der Curricula im Bereich Künstliche Intelligenz daher unumgänglich.

3.5.2 Partnerschaften von SAP im Bereich der Künstlichen Intelligenz

Um der sozialen und ethischen Verantwortung im Hinblick auf Künstliche Intelligenz gerecht zu werden, sind wir der Partnership on AI (PAI) beigetreten – einer gemeinnützigen Organisation, in der Unternehmen, Forschungsinstitute und Nichtregierungsorganisationen gemeinsam Vorgehensweisen für die Entwicklung, Erprobung und Bereitstellung von Künstlicher Intelligenz erarbeiten. Zudem unterstützen wir die Arbeitsgruppe Künstliche Intelligenz des deutschen Digitalverbandes Bitkom. Der Verband setzt sich federführend für eine innovative Wirtschaftspolitik, die Modernisierung des Bildungssystems und für eine zukunftsorientierte Netzpolitik ein, die von Sicherheit und Datenschutz geprägt ist. Gemeinsam mit anderen Bitkom-Mitgliedern möchten wir die gesellschaftliche Wahrnehmung von Künstlicher Intelligenz und Maschinellem Lernen verbessern. Dadurch unterstützen wir die Schaffung von Rahmenbedingungen, die einen verantwortlichen Einsatz von Künstlicher Intelligenz in der deutschen Wirtschaft und Öffentlichkeit ermöglichen.

Acknowledgments Dirk Jendroska, Katrin Schneider, Karsten Schmidt, Till Pieper, Sebastian Schrötel, Lena Grothaus, Daniel Dahlmeier, Georg Glantschnig, Tobias Hoppe-Böken, Erwin Tenhumberg, Madhur Mayank Sharma, Kwok Peng Lai, Sebastian Wieczorek, Susanne Nosky, Hannah Vogt, Frederic Koppenberg, Tanja Becker, Christiane Kubach, Martina Bahrke, Jessica Baxmann, Florian Kunzke, Dzenita Sinancevic, Sophia Hägerich, Jana Pannier

Literatur

Bitkom. (2017). Entscheidungsunterstützung mit Künstlicher Intelligenz: Wirtschaftliche Bedeutung, gesellschaftliche Herausforderungen, menschliche Verantwortung. https://www.bitkom.org/Bitkom/Publikationen/Entscheidungsunterstuetzung-mit-Kuenstlicher-Intelligenz-Wirtschaftliche-Bedeutung-gesellschaftliche-Herausforderungen-menschliche-Verantwortung.html. Zugegriffen: 20. März 2018.

Dimension Data. (2017). *Global Customer Experience (CX) benchmarking report.* https://dimensiondatacx.com/. Zugegriffen: 20. März 2018.

Gartner. (2016). Top strategic predictions for 2017 and beyond: surviving the storm winds of digital disruption. https://www.gartner.com/doc/3471568/top-strategic-predictions-surviving-storm. Zugegriffen: 20. März 2018.

Gartner. (2017). Top trends in the gartner hype cycle for emerging technologies, 2017. https://www.gartner.com/smarterwithgartner/top-trends-in-the-gartner-hype-cycle-for-emerging-technologies-2017/. Zugegriffen: 20. März 2018.

IDC. (2016a). IDC FutureScape: Worldwide analytics, cognitive/AI, and big data 2017 predictions. https://www.idc.com/getdoc.jsp?containerId=US41866016. Zugegriffen: 20. März 2018.

IDC. (2016b). IDC FutureScape: Worldwide intelligent ERP 2017 predictions. https://www.idc.com/getdoc.jsp?containerId=US41870215. Zugegriffen: 20. März 2018.

Krider, J., O'Leonard, K., & Erickson, R. (2015). Talent acquisition factbook 2015. http://resources.glassdoor.com/talent-acquisition-factbook-2015.html. Zugegriffen: 20. März 2018.

Manyika, J., Chui, M., Miremadi, M., Bughin, J., George, K., Willmott, P., & Dewhurst, M. (2017). Harnessing automation for a future that works. https://www.mckinsey.com/global-themes/digital-disruption/harnessing-automation-for-a-future-that-works. Zugegriffen: 5. Apr. 2018.

Nagji, B., & Tuff, G. (2012). Managing your innovation portfolio. *Harvard Business Review.* https://hbr.org/2012/05/managing-your-innovation-portfolio. Zugegriffen: 20. März 2018.

Bernd Leukert ist Mitglied des Vorstands der SAP SE mit globaler Verantwortung für die Entwicklung und Auslieferung der Produkte des SAP-Portfolios. Dazu gehören die technologische Grundlage sämtlicher SAP-Produkte und die gesamte Entwicklung von Anwendungen für Geschäftsbereiche. Zudem leitet er strategische Innovationsinitiativen und erschließt gemeinsam mit der Entwicklungs- und der Vertriebsorganisation neue Wachstumsmöglichkeiten für SAP, unter anderem in den Bereichen Internet der Dinge, Industrie 4.0, SAP S/4HANA und SAP Cloud Platform. Leukert zeichnet außerdem verantwortlich für User Experience und das Design der Benutzeroberflächen von SAP-Software.

Dr. Jürgen Müller Als Chief Innovation Officer leitet Jürgen Müller die Innovationsagenda der SAP. In seiner Rolle erkundet er neue Technologien und bringt diejenigen zur Marktreife, die signifikanten Mehrwert für SAP, ihre Kunden und Partner bieten (z. B. Maschinelles Lernen). Jürgen Müller ist des Weiteren für die Entwicklung und den Ausbau neuer Geschäftsmodelle und marktorientierter Innovationen zuständig. Hier geht es unter anderem auch darum, potenziell bahnbrechende Ideen schnell zu iterieren und am Markt zu validieren. Er berichtet an den Vorstandsvorsitzenden, Bill McDermott, und berät den Vorstand darüber hinaus in allen Angelegenheiten rund um das Thema Innovation.

Dr. Markus Noga leitet den Bereich Machine Learning bei SAP. Seine Vision ist es, alle Unternehmen durch Maschinelles Lernen intelligent zu machen. Markus Nogas Team wendet Deep Learning in intelligenten Standardlösungen für Geschäftsprozesse an, transformiert den Dialog mit Anwendern und Endkunden durch Chatbots und stellt mit der Leonardo Machine Learning Foundation einen Werkzeugkasten für kundenspezifische intelligente Lösungen bereit. Er berichtet an den Chief Innovation Officer Jürgen Müller.

Künstliche Intelligenz bei Amazon Spitzentechnologie im Dienste des Kunden

4

Ralf Herbrich

4.1 Eine Schachpartie verändert das Spiel

Garri Kasparovs Bekanntheit liegt zum einen daran, dass er mehr als zehn Jahre lang Schachweltmeister war – zum anderen aber auch an einer verlorenen Partie am 10. Februar 1996. Sein Gegner war ein Computer namens Deep Blue. In der ersten Runde gewann Maschine gegen Mensch – eine Sensation! Aber um überhaupt in der Lage zu sein, gegen andere Spieler anzutreten, braucht der Schachcomputer eine Anleitung – verständliche Anweisungen, die ihm vorgeben, was zu tun ist. Welche Züge darf ein Springer machen? Was passiert, wenn ein Bauer am gegnerischen Spielfeldrand ankommt? Wann ist eine Rochade zulässig? Diese Anleitung ist ein Algorithmus, in dem jeder Schritt für die Maschine vorgegeben ist. Doch das alleine reicht noch nicht, um von Künstlicher Intelligenz zu sprechen.

Von Künstlicher Intelligenz sprechen wir, wenn – um beim Schach-Beispiel zu bleiben – die Maschine nicht nur „weiß", wie das Spielprinzip funktioniert, sondern mit jeder Partie auch „lernt", was sie zum Sieg führt und welcher Zug bei welcher Stellung mit einer Niederlage endet. Generell sind Maschinen für solche Rechenoperationen gut aufgestellt – nicht, weil sie schlauer wären, sondern weil es ihnen schlichtweg möglich ist, viel mehr Daten in viel kürzerer Zeit zu verarbeiten. Das ist die Grundlage von Künstlicher Intelligenz, einem der vielversprechendsten Forschungsfelder in der Informatik.

R. Herbrich (✉)
Amazon Development Center Germany GmbH, Berlin, Deutschland

© Springer-Verlag GmbH Deutschland, ein Teil von Springer Nature 2019
P. Buxmann und H. Schmidt (Hrsg.), *Künstliche Intelligenz,*
https://doi.org/10.1007/978-3-662-57568-0_4

4.2   Künstliche Intelligenz und Maschinelles Lernen –
Grundlagen und Definitionen

Wer verstehen will, wie Künstliche Intelligenz entstanden ist, der muss mit einer Unterscheidung beginnen: Die Idee der denkenden Maschine ist relativ jung, die Grundlagen dafür wurden aber schon in den vergangenen 2500 Jahren geschaffen. Mathematik, Statistik, Logik, Philosophie, Psychologie und Sprachwissenschaften: in all diesen Disziplinen wird seit jeher geforscht, oft mit Ergebnissen, die auch für die heutigen Entwicklungen in der Künstlichen Intelligenz wichtig sind.

Während die Grundlagen zum Teil schon im antiken Griechenland erforscht wurden, dauerte es aber bis in die jüngste Vergangenheit, um wirkliche Fortschritte bei der Entwicklung Künstlicher Intelligenz zu erzielen. Sie gehen unter anderem zurück auf einen Mann, der zu den bedeutendsten Mathematikern der Neuzeit gehört: Alan Turing. 1936 entwarf er ein Konzept für eine Maschine, die heutigen Computern verblüffend ähnelt und die damit die Grundlagen für all das legte, was mit Künstlicher Intelligenz umschrieben wird. Später entwickelte er einen Test, der seiner Meinung nach die Intelligenz einer Maschine messbar machen sollte. Dafür sollte ein Mensch unwissentlich mit einer Maschine kommunizieren, zum Beispiel über Schrift, und dabei erkennen, ob es sich bei dem Gesprächspartner um einen Menschen oder eine Maschine handelt. Hält er die Maschine für einen Menschen, ist sie nach dem sogenannten „Turing-Test" intelligent.

Trotzdem war es aber nicht Alan Turing, sondern John McCarthy, ein Wissenschaftler der Universität Stanford, der den Begriff der „Künstlichen Intelligenz" einführte. 1956 lud er zum „Dartmouth Summer Research Project on Artificial Intelligence", einer Konferenz, die heute oft als Startpunkt der KI-Forschung gesehen wird. Bereits in den 1960er Jahren entstand dann die „Mutter aller Chatbots" (Woelk 2016) unter dem Namen ELIZA: Das Computerprogramm konnte Personen in einem Chat nachahmen, zum Beispiel einen Psychotherapeuten. Zwar konnte das System den Turing-Test nicht vollständig bestehen, denn die Maschine scheiterte bei Fragen außerhalb ihres beschränkten Wissensschatzes. Trotzdem war es der Beginn von dem, was wir heute Künstliche Intelligenz nennen (siehe zur Geschichte der Künstlichen Intelligenz auch Kap. 1 dieses Buches).

4.3   Technologische Grundlagen für die Künstliche Intelligenz

Konkrete Anwendungen von Künstlicher Intelligenz sind recht jung – lange waren die theoretischen Erwartungen hoch, die Praxis aber ließ auf sich warten. Noch Mitte der 1990er Jahre gab es zu wenige Daten, und die nötigen Rechenkapazitäten fehlten. Das hat sich seitdem grundlegend geändert: Daten sind heute viel besser verfügbar, und eine einfache Smart-Watch hat mehr Rechenleistung als die Maschinen von damals. Um sich die rasante Entwicklung von Rechenleistung zu vergegenwärtigen, reicht ein Blick 25 Jahre zurück. Mitte der 1990er Jahre lag die Taktrate von Computerprozessoren noch bei 60 MHz, bis Mitte der 2000er Jahre stieg sie um das 63-fache auf bis zu 3800 MHz an. Gleichzeitig entspricht der Arbeitsspeicher in regulären Computern heute etwa der Kapazität der leistungsfähigsten Festplatten aus den 1990er Jahren: beste Voraussetzungen für die Analyse großer Datensätze. Denn das Grundprinzip hinter Maschinellem Lernen ist die Erkennung von Mustern und Gesetzmäßigkeiten in Big Data – also großen Datensätzen.

Wirklich ermöglicht hat aber erst die Cloud den Vormarsch der Künstlichen Intelligenz. Nur die Cloud kann die Datenmengen verarbeiten, die KI benötigt, um verlässliche Vorhersagen zu treffen; das gilt ebenso für den Teilbereich des Maschinellen Lernens, der sich mit selbstlernenden Systemen befasst. Durch die breite Verfügbarkeit der Cloud ist die Rechenleistung heute verlässlich und flexibel wie Strom aus der Steckdose oder Wasser aus dem Wasserhahn beziehbar. So wird es möglich, jetzt Idee für Idee umzusetzen – und wir können „Zukunft unternehmen", indem wir viele unserer Entscheidungen verbessern.

4.4   Künstliche Intelligenz im Einsatz bei Amazon

Deutschland ist ein attraktiver Standort für KI-Experten aus aller Welt, und auch Amazon beschäftigt hier ein internationales Team. Seit ihrer Gründung 2013 unterstützt die Amazon Development Center GmbH nicht nur die Entwicklung von Betriebssystemen, Management-Tools und weiteren Anwendungen für Amazon Web Services (AWS), sondern auch die Entwicklung selbstlernender Technologien. In Deutschland gibt es vier Standorte, in denen wir Spitzenforschung vorantreiben. Am größten Standort, in den Krausenhöfen in Berlin-Mitte, arbeiten in 20 Teams Menschen aus über 50 Ländern insbesondere zu Maschinellem Lernen. Die Forschung von Amazon ist mittlerweile fest in Berlin verwurzelt. In Europa forscht Amazon in Cambridge, Barcelona, Edinburgh und Danzig; weltweit gibt es Standorte in Seattle, Boston, New York, Los Angeles, Palo Alto und San Francisco.

Weitere Standorte des Amazon Development Centers in Deutschland liegen in Aachen und Dresden. In unmittelbarer Nähe zur RWTH Aachen eröffnete Anfang 2017 ein Development Center, in dem Amazon insbesondere die Forschung zu Algorithmen und Sprachtechnologien vorantreibt, die intelligente Nutzung von Daten ermöglichen. Im Development Center in Dresden forschen und entwickeln die Mitarbeiter von Amazon Web Services (AWS) primär für die AWS-Infrastruktur und Automatisierungs-Systeme.

Forschungskooperationen helfen Amazon und seinen lokalen Partnern, den Austausch von Wissenschaft und Praxis weiter zu vertiefen und Innovationen voranzutreiben. Teil dessen ist zum Beispiel das gemeinsame Post-Doc-Programm von Amazon und der TU Berlin, in dem die Teilnehmer zugleich bei Amazon und in der Forschung am „Berlin Big Data Center" (BBDC) der Technischen Universität arbeiten.

Spitzenforschung und Unternehmergeist zusammenbringen – das ist Ziel aller Kooperationen von Amazon mit Forschungseinrichtungen. Das jüngste Beispiel dafür: die strategische Partnerschaft mit der Max-Planck-Gesellschaft. „Cyber Valley" nennt sich ein Cluster von Forschungseinrichtungen in der Region Stuttgart-Tübingen, die auf dem Gebiet der Künstlichen Intelligenz tätig sind. Als Teil des Netzwerks baut Amazon derzeit ein Forschungszentrum nahe dem Max-Planck-Institut für Intelligente Systeme in Tübingen auf. Das Team, welches das Unternehmen dort in den nächsten fünf Jahren mit bis zu 100 Wissenschaftlern aufbauen wird, wird dort zu computergestützter Fotografie und maschinellem Sehen forschen.

Anwendungsfelder der Forschung sind unter anderem die Sprachassistentin Alexa, die automatische Übersetzung von Produkttexten sowie die Optimierung von Amazons Logistik durch Nachfrage-Prognosen und Reifegrad-Erkennung von Obst und Gemüse.

4.5   Leitgedanke der KI-Forschung

Künstliche Intelligenz kann uns allen dabei helfen, bessere Entscheidungen zu treffen, und sie kann konkreten gesellschaftlichen Nutzen schaffen – sei es in ökonomischer, ökologischer oder auch gesundheitlicher Hinsicht. Kurzum: Mit Künstlicher Intelligenz können wir – davon sind wir bei Amazon überzeugt – das Leben ein Stück besser machen. Und mit eben dieser Haltung betreibt Amazon seine Entwicklungsarbeit: Das Unternehmen konzentriert sich auf konkrete Einsatzzwecke, auf klar greifbare Verbesserungen, die man realistisch mit Künstlicher Intelligenz angehen kann.

Dieser Kundenfokus ist die primäre Triebfeder unserer Forschung. Wir nennen das „Customer Obsession". Der Begriff beschreibt, worum es bei Amazon geht: unsere Kunden begeistern, das kundenorientierteste Unternehmen der Welt zu sein. „Customer Obsession" ist das zentrale der 14 Führungsprinzipien, die unsere Unternehmenskultur prägen. Das heißt konkret, dass wir mit allem, was wir tun, immer beim Kunden anfangen und von ihm dann rückwärts denken. Wir schauen uns also sehr konkret an, wo man das Leben von Kunden noch besser, noch leichter machen kann – und ob dort neue Ideen, Produkte, Ansätze liegen. Dort, wo das Leben beschwerlich oder von unnötigem Aufwand gekennzeichnet ist, da wird es für uns erst so richtig spannend. Denn solche Situationen sind ja Gelegenheiten für Verbesserung.

4.5.1   Beispiel: Supermarkt der Zukunft

Amazons jüngste Innovationen sind auf diese Art und Weise entstanden – oft verbunden mit erheblichem technologischen Entwicklungsaufwand. „Amazon Go" ist ein Beispiel dafür, der kassenlose Supermarkt, den Amazon zurzeit mit Mitarbeitern in Seattle testet. Die Idee dazu entstand aus der Beobachtung, dass Supermarktkunden große Teile ihrer Zeit mit Warten und Packen verbringen: aus dem Regal in den Einkaufswagen, aus dem Einkaufswagen auf das Kassenband, vom Kassenband wieder in den Einkaufswagen, schließlich vom Einkaufswagen in die Einkaufstasche oder den Kofferraum. Das

Konzept von Amazon Go eliminiert die Lästigkeit des Ein- und Auspackens und reduziert sie auf einen Schritt: aus dem Regal nehmen und in die Tasche stecken – fertig! Der Kunde kann den Supermarkt wieder verlassen, das Bezahlen wird digital erledigt. Der technologische Aufwand bzw. die entspreche Entwicklungsarbeit sind beträchtlich. Zum Einsatz kommt eine ausgefeilte Kombination unterschiedlicher Sensortechnologien. Und doch denken wir, dass sich die Arbeit lohnt. Denn sie entlastet Kunden von etwas, das niemand wirklich gern macht: in einer Warteschlange stehen und Artikel hin und her räumen. Die technologische Entwicklungsarbeit ist also auf eine konkrete Verbesserung des Lebens der Kunden ausgerichtet. Sie spielt sich nicht in abstrakten Sphären ab oder ist auf eine ferne Zukunft ausgerichtet, sondern will lieber morgen als übermorgen unser aller Alltag mit einem konkreten Beitrag erleichtern.

4.5.2 Beispiel: Neuer Weg der Paketzustellung

Ein anderes Beispiel, bei dem komplexe Technologie für konkrete Alltagsverbesserungen eingesetzt wird: In einigen Ländern experimentiert Amazon mit der Zustellung durch Drohnen. Damit will Amazon perspektivisch in der Lage sein, Kunden in dünner besiedelten Gegenden eine besonders rasche Lieferung anzubieten. Denn stellen Sie sich vor: Sie wohnen auf dem Land, das nächste Geschäft meilenweit entfernt. Sie kochen Nudeln – und haben die Tomatensoße vergessen. Sie bestellen online. Eine Drohne liefert flink in den Vorgarten. Das wäre eine große Erleichterung und eine konsequente Weiterentwicklung des Prime-Now-Angebots, mit dem sich Prime-Mitglieder in ausgewählten Städten ihre Bestellungen schon jetzt entweder innerhalb einer Stunde oder innerhalb eines wählbaren Zwei-Stunden-Fensters liefern lassen können. Klar – einen Lieferdienst per Drohne aufzubauen, der alle Ansprüche an Zuverlässigkeit, Sicherheit sowie die rechtlichen Vorgaben erfüllt, ist kein leichtes Unterfangen. Aber auch hier sagen wir: Der Aufwand lohnt sich. Denn er sorgt schlichtweg dafür, dass wir auf einen zentralen Kundenwunsch eingehen können: dem nach einer äußerst eiligen Zustellung von Bestellungen.

Ob kassenloser Supermarkt oder Lieferung per Drohne – die Beispiele machen klar, warum Amazon immer wieder technologische Entwicklungsvorhaben startet, die vielleicht zunächst ambitioniert daherkommen. Letztlich sind sie aber konzeptionell verankert im Alltag unserer Kunden – mit einem klaren Fokus auf konkreten Mehrwert. Und genauso verhält es sich mit unserem Engagement im Bereich Künstliche Intelligenz. Im dritten Teil dieses Kapitels werden konkrete Einsatzzwecke und Anwendungsperspektiven von Künstlicher Intelligenz bei Amazon vorgestellt – zum Beispiel die Vorhersage von Nachfrage für Artikel in unseren Online-Shops, die automatische Erkennung des Reifegrads von Obst und Gemüse für unsere Lebensmittellieferungen oder die automatische Erkennung von Sprache durch unsere digitale Assistentin Alexa. Doch zuvor sollen einige konzeptionelle Grundlagen unserer Sicht auf Künstliche Intelligenz dargelegt werden: Wie definieren wir Künstliche Intelligenz? Auf welchen technischen Voraussetzungen fußt Künstliche Intelligenz und nach welchen Grundprinzipien funktioniert sie? Das Kapitel schließt mit einer Zusammenfassung der Potenziale und Limitationen von Künstlicher Intelligenz: Welche Effekte, welche gesellschaftlichen Perspektiven erschließt uns die Technologie? Und in welchem Modus sollte man sich ihr am besten nähern?

4.5.3 Wie Algorithmen Obst sortieren

Ein konkretes Einsatzfeld für Künstliche Intelligenz bei Amazon ist ein automatisiertes System, das mithilfe von Maschinellem Lernen und Algorithmen automatisch den Reifegrad von Obst und Gemüse bestimmen kann. Eine Innovation, die für Kunden noch mehr Verlässlichkeit beim Online-Lebensmittelkauf verheißt und die Ausschussrate von Lebensmitteln deutlich drosseln könnte. Denn jeder hat das schon erlebt: Die auf dem Wochenmarkt mit viel Liebe ausgewählten Erdbeeren entpuppen sich zu Hause als ziemlich wässrige Angelegenheit. Die roten Früchte, die im Supermarkt noch zum Anbeißen aussahen, zeigen bei näherem Hinsehen Druckstellen und erste Schimmelflusen.

Der Frischegrad von Lebensmitteln ist ein entscheidendes Kriterium beim Einkauf. Darum ist die Automatisierung und Verbesserung der Qualitätskontrolle von Frischwaren zentral. Um Amazon-Kunden Obst und Gemüse in einheitlichem Reifegrad zu liefern, haben sich die Machine-Learning-Experten mit dem Team von Amazon Fresh zusammengetan. Herausgekommen ist ein weltweit einzigartiges System, das den Reifegrad der Früchte besser als das menschliche Auge bestimmen kann – automatisch und ohne die Früchte zu berühren. Denn selbst für professionelle Obst- und Gemüse-Prüfer ist eine präzise und zweifelsfreie Bewertung schwierig. Ist der appetitlich glänzende Apfel wirklich ein Leckerbissen oder eher fad und mehlig? Es hat sich gezeigt: Auch bei Profis kann die Tagesform variieren. So kommt es vor, dass Tester bei Zweitprüfungen derselben Frucht in 20 % der Fälle zu unterschiedlichen Ergebnissen kommen.

Das automatisierte System zur Reifegraderkennung besteht aus einem Förderband, das die Lebensmittel in Behältern zu einem speziellen Sensor transportiert. Der Sensor ähnelt dabei einer normalen Kamera, die jedoch auch Informationen aufnehmen kann, die für das menschliche Auge unsichtbar sind. Letztlich bekommt die Maschine beigebracht, wie gute und schlechte Ware aussieht. Dazu wird sie täglich mit immer neuen Produktvarianten gefüttert, die manuell klassifiziert wurden. Die Produkte werden fotografiert und der Maschine als Daten zur Verfügung gestellt. So lernt sie nach und nach die Qualitätsstandards (s. Abb. 4.1).

Die Frischwaren sind in die vier Kategorien: „OK", „Beschädigt", „Stark beschädigt" und „Abgelaufen" unterteilt. Behälter mit den verschiedenen Reife-Kategorien werden der Maschine nach dem Zufallsprinzip zugeführt. Auch die Mitarbeiter erfahren erst auf einem Bildschirm, mit welcher Ware sie den ganzen Behälter befüllen sollen. So ist eben nicht jeder dritte Behälter mit „Abgelaufen"- oder jeder vierte Behälter mit „OK"-Ware gefüllt. Damit wird vermieden, dass die Maschine Muster lernt – sich also eine Reihenfolge einprägt, anstatt konkrete Produktprüfungen vorzunehmen.

Abb. 4.1 Automatische Sortierung bei Amazon Fresh

Die Entwicklungsmühen haben sich gelohnt. Denn das System zur Reifegraderkennung wird den Handel mit Obst und Gemüse sicherer, effizienter und damit kostengünstiger machen. Das Problem, dass Früchte, die eigentlich bedenkenlos verkauft werden könnten, irrtümlich auf dem Müll landen oder schlechte Ware den Weg zum Kunden findet, wäre damit Vergangenheit.

Ausgerechnet bei Erdbeeren, eine der beliebtesten Saisonobstsorten Deutschlands, ist das Ausfallrisiko besonders groß. Von 100 gepflückten Erdbeeren schaffen es nur 50 zum Kunden, ohne zu verderben. Die automatisierte Reifegraderkennung ist in der Lage, die Spreu vom Weizen zu trennen. Sprich: präzise Aussagen darüber zu machen, wie reif eine Frucht ist und wann sie verfällt. Und die Algorithmen werden ständig weiterentwickelt. Das nächste Ziel ist es, dass die Maschine nicht nur den Reifegrad einer Frucht bestimmen, sondern auch Aussagen über den Geschmack machen kann.

4.5.4 Nachfrageprognose

Amazon hat neben Millionen Produkten von Händlern, die Amazon als Verkaufsplattform nutzen, auch Millionen eigene Produkte, die jeden Tag in über elf Ländern nachbestellt werden müssen. Dazu gehören Artikel aus den Bereichen Mode, Bücher, Elektronik, Spielzeug oder Lebensmittel. Dass Lichterketten oder Baumschmuck zu Weihnachten in ganz Deutschland stark gefragt sind, kann jeder nachvollziehen und auch, dass zum Oktoberfest im Raum München Trachtenkleidung stark gefragt ist. Doch um das Kundenversprechen von Amazon einer möglichst schnellen Lieferung einhalten zu können, muss das System smarter sein. Es muss heute schon wissen, was Kunden in einer bestimmten Region in zehn Tagen kaufen wollen, um einen Lieferengpass zu vermeiden. Für diesen Zeitraum muss es also vorhersagen können, wie viele Menschen in einer bestimmten Region bestimmte Produkte kaufen wollen. Für diese Nachfrageprognose erstellen Algorithmen aus der wachsenden Zahl an Daten der Vergangenheit Vorhersagen für die Zukunft.

So kann man schätzen, wie viele T-Shirts einer bestimmten Farbe und Größe Kunden übermorgen nachfragen. Dazu muss das Nachfrage-System nicht wissen, was der einzelne Kunde kaufen wird, sondern was aggregiert über eine Lieferregion oder eine Kundengruppe gekauft werden wird. Das System aggregiert T-Shirts verschiedener Hersteller und deren Bestellmengen aus der Vergangenheit, Preisen, Werbeaktionen und Verfügbarkeitsdaten. Auf der Grundlage dieser Informationen erlernt das System einen Algorithmus zum Vorhersagen. Und mit jeder neuen Bestellung, mit jeder richtigen oder falschen Prognose, lernt das System dazu.

4.5.5   Alexa, die digitale Sprachassistentin

Ein weiteres Beispiel für den Einsatz Künstlicher Intelligenz ist die digitale Assistentin Alexa. Sie ist ein in der Cloud verfügbarer Sprachdienst (Chatbot), der sein Zuhause unter anderem im Amazon Echo hat, einem unscheinbaren, schlanken Gerät, das neben der intelligenten Sprachsteuerung auch über einen Lautsprecher verfügt. Wer durch einen der frei definierbaren Sprachbefehle „Alexa", „Amazon", „Computer" oder „Echo" eine Interaktion mit der Künstlichen Intelligenz in der Cloud beginnt, erhält Unterstützung bei der Organisation des Alltags und Antworten auf zahlreiche Fragen.

Wie alt ist Mario Götze? Die Frage klingt simpel. Für die Antwort muss Alexa jedoch eine ganze Reihe an Informationen finden und verarbeiten. Denn erst einmal muss man wissen, wer Mario Götze ist. Das lernt Alexa aus verschiedenen Informationsquellen im Internet. Auf der Wikipedia-Seite steht zum Beispiel sein Geburtsdatum. Dann muss man wissen, welches Datum heute ist, um das Alter ausrechnen zu können. Nicht zuletzt muss Alexa die Antwort sprachlich korrekt ausdrücken können.

Trotz der komplexen Abläufe im Hintergrund kommt die Antwort prompt: „Mario Götze ist 25 Jahre, sechs Monate und achtzehn Tage alt." Doch wie versteht die intelligente Lautsprecherbox überhaupt, was man von ihr will? Hierfür werden sehr viele Sprachbeispiele gesammelt und manuell mit den dazugehörigen Silben versehen. Dabei wird jede Silbe und jeder Buchstabe auf die Goldwaage gelegt, damit Alexa nicht ein „e" mit einem „ä" verwechselt.

Was also im Umgang mit Alexa so einfach erscheint, basiert tatsächlich auf Tausenden von Lernprozessen, die Alexa bewältigen muss – damit sie zwischen englischer und deutscher Aussprache unterscheiden kann, Umgangssprache richtig interpretiert und zum Beispiel weiß, welches Stück denn nun gemeint ist: ein Stück Pizza? Das neue Stück von Adele? Oder ob sie einfach ein Stück lauter sprechen soll? Alexa lernt den Kontext aus kompletten Sätzen. So kann sie erkennen, dass die Kombination einer Musikanfrage mit einem Bandnamen und dem Wort „Stück" vermutlich auf einen Song hindeutet, anders als in der Kombination der Begriffe „Stück" und „Lautstärke". Alexa weiß natürlich längst nicht alles. Aber durch die wiederholte Eingabe von Begriffen füllen sich ihre Wissenslücken. Alexa lernt dazu, indem man sie ständig benutzt. Und so macht jeder Kunde Alexa besser.

So wie Entwickler Apps für Smartphones entwickeln, können sie auch für Alexa sogenannte Skills programmieren. Mittlerweile gibt es über 25.000 dieser Anwendungen für Alexa. Unter den Skill-Anbietern sind Unternehmen wie die Deutsche Bahn oder MyTaxi, die über diesen Weg ihre Fahrkarten verkaufen oder Taxibestellungen organisieren. Und wie bei der Nutzung von Kunden gilt auch für die Dienste von Drittanbietern: Je mehr von ihnen Dienste anbieten, desto interessanter ist der Service (siehe hierzu auch Kap. 5 dieses Buches).

4.5.6 X-Ray-Funktion im Kindle

Als Service für Autoren, Verleger und nicht zuletzt Leser der E-Books hat Amazon mithilfe von Machine Learning die Erstellung von inhaltsbasierten Sachregistern in der Kindle-Version von Büchern automatisiert. Dies umfasst beispielsweise Namen und Orte, die sich der Leser kontextbezogen anzeigen lassen kann. Mit dieser Funktion navigiert er einfacher durch das Buch und entdeckt Charaktere und Verlinkungen an den relevanten Stellen im Verlauf des Lesetextes (siehe Abb. 4.2). Die Sprache, der Schreibstil oder der Kontext, in dem Personen oder Orte genannt werden, spielen dabei keine Rolle. Die X-Ray-Funktion durchleuchtet das Buch wie mit Röntgenstrahlen und erstellt automatisch einen Index. Vorher war dies eine zeitaufwendige und händische Aufgabe. Dabei erkennt X-Ray auch, ob ein Wort sich auf einen Namen oder einen Ort bezieht, der nicht indexiert werden soll.

Algorithmen machen sich bei dieser Funktion die Struktur von Sprache zunutze. Sie lernen, in welcher Wortumgebung ein Name oder ein Ort typischerweise auftaucht und klassifizieren den Begriff. Eine Anzeige stellt dar, an welchen Stellen im Buch die Person oder der Ort genannt wird. Mit jeder Korrektur lernt das System und wird besser.

4.6 Chancen und Grenzen von Künstlicher Intelligenz

Für Amazon ist Künstliche Intelligenz und insbesondere Maschinelles Lernen integraler Bestandteil des Geschäfts, da diese Systeme den Service für Kunden weiter verbessern. Amazon kann Preise reduzieren, weil mittels Nachfrageprognose Lagerkosten gesenkt werden. Amazon kann durch automatische Übersetzung von Produktinformationen die Vielfalt der Produktauswahl für Kunden erhöhen, insbesondere in Europa, wo mehr als 20 Sprachen gesprochen werden. Und Amazon kann seine Umweltbilanz verbessern, indem Nahrungsmittelabfälle durch automatische Reifegradeinschätzung von Frischwaren

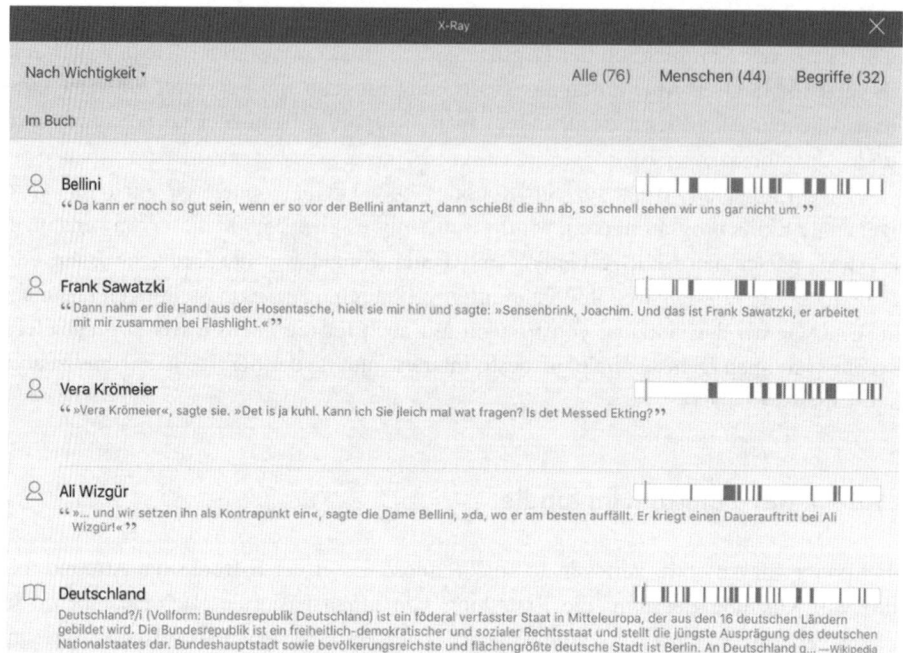

Abb. 4.2 X-Ray-Funktion im Amazon Kindle

reduziert werden. Diese zuvor ausgeführten Beispiele zeigen, welchen Stellenwert Künstliche Intelligenz schon heute für uns hat – und wir gehen davon aus, dass diese Entwicklung so weitergehen wird.

4.6.1 Interessantere und vielfältigere Jobs durch Künstliche Intelligenz

Trotz dieser optimistischen Perspektive auf Künstliche Intelligenz und ihre Auswirkungen auf die Gesellschaft ist Amazon nicht blind fortschrittsgläubig. Wir wissen, dass Künstliche Intelligenz durchaus kontrovers diskutiert wird – insbesondere auch hinsichtlich ihrer Auswirkungen für die Zukunft der Arbeit. Dabei glauben wir nicht, dass menschliche Arbeit durch Künstliche Intelligenz überflüssig wird – im Gegenteil: Wir glauben, dass viele Jobs sehr viel interessanter werden. Aufgrund des technischen Fortschritts können körperlich anstrengende und Routinearbeiten von Maschinen übernommen werden. Das öffnet Raum für Kreativität und gibt uns Zeit, anspruchsvolle Aufgaben zu übernehmen.

Auch viele klassische Bürojobs werden sich verändern. In einer Finanzabteilung können zum Beispiel große Teile des Controllings und der Planung durch Maschinelles Lernen unterstützt werden, sodass Mitarbeiter mehr Freiraum haben, die Geschäftsentwicklung voranzutreiben. Nicht zuletzt entstehen auch im Kernbereich der Künstlichen Intelligenz viele neue Jobmöglichkeiten für hochqualifizierte Fachkräfte, insbesondere aus den Bereichen IT, Statistik, Mathematik und Physik, und KI schafft ganz neue Jobprofile wie den „Localization Engineer", der bei Amazon maschinelle Übersetzungen auf Korrektheit prüft, anpasst und maschinelle Übersetzungssysteme mit Daten füttert.

4.6.2 Mensch und Maschine

Und auch Befürchtungen, dass Künstliche Intelligenz letztendlich „das Kommando übernehmen" werde, halten wir für unbegründet. Hatten Sie heute schon eine Tasse in der Hand? Haben Sie sich vielleicht Kaffee eingeschenkt, ein wenig Platz für Milch und Zucker gelassen, die beiden Zutaten ergänzt, und mit einem kleinen Löffel verrührt? Wenn ja, dann haben Sie heute bereits etwas vollbracht, das für eine Maschine enorm schwierig ist. Schon 1980 beschrieb der bekannte Roboterforscher Hans Moravec in seiner Dissertationsschrift dieses Problem der Maschinen: Zwar könnten sie komplizierte Rechnungen in Bruchteilen von Sekunden lösen, einfache Bewegungen wahrzunehmen und auszuführen stelle sich für sie aber als eine weitaus größere Herausforderung dar (Moravec 1980). Bereits ein Kleinkind ist jedem noch so ausgetüftelten Fußball-Roboter überlegen, dasselbe gilt für die einfachsten Dinge wie Treppen steigen, Gegenstände heben oder eben ein Getränk einschenken.

Das Beispiel der Tasse zeigt auch, dass Menschen besser wahrnehmen können. Obwohl sie eine spezielle Tasse vielleicht noch nie zuvor gesehen haben, sie eine etwas komisch anmutende Form oder zum Beispiel keinen Henkel hat, werden sie die Tasse trotzdem als solche erkennen. Ein Mensch kann auch auf Grundlage einer sehr geringen Anzahl an Beispielen einfach eine vernünftige Entscheidung treffen. Dabei helfen ihm seine Sinne und Erfahrung. In seinen ersten zwei Lebensjahren etwa lernt ein Kleinkind aus einer halben Milliarde Bildern. Daraus lässt sich heute nicht ein einziger Algorithmus entwickeln, der ähnlich wie ein Zweijähriger beliebige Objekte erkennt. Ein Computer braucht 10.000 bis 100.000 Mal mehr Daten als eine Person, um Vergleichbares zu lernen. Wir sprechen also über ein theoretisches Gedankenmodell, wenn wir uns fragen, ob Maschinen die allgemeine Intelligenz von Menschen in absehbarer Zukunft erreichen können.

Hingegen hat ein Mensch in der Regel weder die Lust noch die Fähigkeit, in zehntausenden Datenreihen bestellter T-Shirts Muster zu erkennen. So hilft Maschinelles Lernen, fehleranfällige, repetitive Auswertungen zu optimieren. Das größte Risiko an Künstlicher Intelligenz ist also sicher nicht ein Science-Fiction-Szenario, in dem Maschinen Menschen lenken. Das letzte Wort in den Systemen hat immer der Mensch. Das Risiko ist eher, dass wir den Fortschritt fürchten, statt ihn aktiv zu gestalten, Neues zu lernen und Prinzipien für den verantwortungsvollen Einsatz der Technik offen zu diskutieren. Teilweise läuft diese Diskussion bereits: Wie sieht ein fairer Einsatz von Künstlicher Intelligenz aus? Was sollten Standards für Forschung in diesem Bereich sein? Wie lässt sich durch mehr Transparenz das Verständnis für die Technologie erhöhen? Und wie die gesellschaftliche Diskussion mitgestalten (siehe hierzu auch die Diskussion in Teil III dieses Buches)?

4.6.3   „Partnership on AI" adressiert Risiken von KI

All diese – auch kritischen – Fragen möchte die „Partnership on AI to benefit people and society" beantworten, zu Deutsch: „Partnerschaft zu Künstlicher Intelligenz zum Wohle von Menschen und Gesellschaft". Getragen wird sie von Firmen wie Apple, Facebook, Google, IBM, Microsoft und eben Amazon, aber auch von der „American Civil Liberties Union" sowie der Fachgesellschaft „Association for the Advancement of Artificial Intelligence". Wir sehen in der Partnerschaft die Chance, der Zukunft offen zu begegnen – und zugleich einen verantwortungsvollen Einsatz der Technologie zu fördern. Wir wollen, dass so viele Menschen wie möglich von der KI-Technologie profitieren und durch sie befähigt werden. Gleichzeitig sind Ethik, Transparenz und Vertrauen die Grundlagen dafür, dass Menschen technologischen Fortschritt nicht nur akzeptieren – sondern ihn mitgestalten wollen.

4.7   Fazit und Ausblick

Wir sehen: Künstliche Intelligenz verändert unser Leben nicht in einer fernen Zukunft, sondern bietet schon heute große Chancen; längst gibt es konkrete Anwendungsgebiete. Kunden bietet die Technologie günstigere Preise, weil wir nicht zu viel vorrätig halten und dadurch Kosten sparen, schnellere Lieferung, weil wir auch die lokale Nachfrage schätzen und Güter in der Nähe lagern können, und mehr Auswahl, etwa, weil wir Produktbeschreibungen für Waren aus dem Ausland automatisch übersetzen.

Durch Künstliche Intelligenz können wir Menschen auf Grundlage von Analysen großer Datenmengen bessere Entscheidungen treffen – im Sinne der Kunden, der Umwelt und der Wirtschaft. Für Zaghaftigkeit gibt es also keinen Grund! Mit unserer Arbeit stoßen wir überwiegend auf Neugier und offene Ohren. Die Zukunft passiert bereits jeden Tag. Es ist mittlerweile ein Bewusstsein dafür entstanden, dass Künstliche Intelligenz Menschen in vielerlei Hinsicht unterstützt und ihnen das Leben erleichtert.

Literatur

Moravec, H. (1980). Obstacle Avoidance and Navigation in the Real World by a Seeing Robot Rover. https://www.ri.cmu.edu/pub_files/pub4/moravec_hans_1980_1/moravec_hans_1980_1. pdf. Zugegriffen 23. Jan. 2018.

Woelk, U. (2016). „Das sagten Sie bereits". *DIE ZEIT*. http://www.zeit.de/2016/02/eliza-software-computer-konversation. Zugegriffen: 23. Jan. 2018.

Dr. Ralf Herbrich ist Director Machine Learning bei Amazon und Geschäftsführer des Amazon Development Center Germany in Berlin. Er leitet die weltweite Forschung des Unternehmens zu Maschinellem Lernen und ist damit verantwortlich für Teams an mehreren Standorten in den USA und Europa. Zuvor leitete er das Unified Ranking and Allocation-Team bei Facebook und war elf Jahre lang für Microsoft Research tätig. Ralf Herbrich verfügt über einen Diplomabschluss in Informatik, promovierte in Statistik und war Research Fellow am Darwin College in Cambridge.

Anwendung eines sprachbasierten KI-Dienstes in der Gesundheitsbranche am Beispiel der Entwicklung eines Alexa-Skills

Markus Reichel, Lorenz Baum und Peter Buxmann

5.1 Einleitung

Die zunehmende Digitalisierung sowie die allgegenwärtige Verfügbarkeit internetbasierter Dienste verändern das Wirtschaftsleben, den Alltag des Einzelnen und die Gesellschaft als Ganzes. Besonders dynamisch entwickeln sich sprachbasierte Systeme als Schnittstelle zwischen Nutzern und Geräten. Beispielsweise erkennt heute jedes Smartphone Eingaben über die menschliche Stimme und lässt sich auf diese Weise steuern. Viele Anbieter, wie Amazon, Microsoft und Google, bringen in immer kürzeren Zyklen neue und leistungsfähigere Systeme auf den Markt. Auf dieser Basis sind viele Anwendungsgebiete und neue Geschäftsmodelle denkbar.

Neben dem häufig angeführten Smart Home bilden pflege- und hilfsbedürftige Menschen eine interessante Zielgruppe für sprachbasierte Systeme. Mit Computern mittels Spracherkennung zu kommunizieren, stellt für diese Menschen, die den Umgang mit Smartphones und Computern häufig nicht gewohnt sind, eine neue Möglichkeit dar, um mit Ärzten, Pflegediensten oder versorgenden Unternehmen in Kontakt zu treten. Wir zeigen, wie Spracherkennung die Versorgung mit medizinischen Verbrauchs- und Hilfsmitteln erleichtern kann. Wir beschreiben hierbei die Implementierung einer Lösung, die auf Amazon Alexa aufbaut. Der Artikel basiert auf einer Kooperation zwischen Medi Markt und dem Fachgebiet Wirtschaftsinformatik – Software & Digital Business der Technischen Universität Darmstadt. Die Medi Markt Home Care Service

M. Reichel (✉)
MEDI MARKT Medizintechnik Vertriebs GmbH, Mannheim, Deutschland

P. Buxmann
TU Darmstadt, Darmstadt, Deutschland

© Springer-Verlag GmbH Deutschland, ein Teil von Springer Nature 2019
P. Buxmann und H. Schmidt (Hrsg.), *Künstliche Intelligenz*,
https://doi.org/10.1007/978-3-662-57568-0_5

GmbH ist ein in Mannheim angesiedeltes mittelständisches Unternehmen, das seit Jahrzehnten in der Patienten-Versorgung mit medizinischen Hilfsmitteln tätig ist (s. http://www.seniohilfe.de/).

Der zweite Abschnitt des Artikels gibt einen Überblick über die Grundlagen und Anwendungsmöglichkeiten sprachbasierter Dienste. Gegenstand des dritten Abschnitts ist die Beschreibung der Entwicklung eines Alexa Skills am Beispiel von „Medi Markt". Der Artikel schließt mit einem Ausblick auf die Zukunft sprachbasierter Systeme.

5.2   Grundlagen und Anwendungen der Spracherkennung

Spracherkennung ist keineswegs neu. Seit den ersten Studien über dieses Thema in den Jahren 1930 bis 1950 sind schon mehrere Jahrzehnte vergangen. Die Leistungsfähigkeit der Anwendungen hat aber in den vergangenen Jahren drastisch zugenommen. Der Grund liegt nicht nur in einer verstärkten Leistungsfähigkeit der Rechner und Prozessoren. Vielmehr hat auch ein Paradigmenwechsel stattgefunden: Während frühere Anwendungen überwiegend auf regelbasiertem Lernen aufbauten, kommen heutzutage bevorzugt Algorithmen zum Einsatz, die auf dem Maschinellen Lernen basieren.

Das Ziel der Spracherkennung besteht grundsätzlich in der möglichst genauen Erkennung dessen, was in einem Audio-Signal mit gesprochener Sprache (Sprachsignal) gesagt wurde. In englischer Literatur wird diese Aufgabe *automatic speech recognition* genannt (Benetsy et al. 2008, S. 3; Sinha 2010, S. 143).

Spracherkennung verfolgt verschiedene Ziele aus unterschiedlichen Anwendungsgebieten:

- **Sprecher-unabhängige Spracherkennung:** Dabei soll das Spracherkennungssystem (Spracherkenner) die Sprache unterschiedlicher Sprecher erkennen, da potenziell jeder Benutzer das System verwenden können soll und keine Sicherheitsprobleme als Folge einer falschen Zuordnung entstehen sollten (Sinha 2010, S. 144).
- **Sprecher-spezifische Spracherkennung:** Systeme, die für einen einzelnen Benutzer konzipiert oder angepasst wurden, haben häufig eine höhere Erkennungsgenauigkeit im Vergleich zu Sprecher-unabhängigen Systemen. Diese Verbesserung kann auch über einen Trainingsmechanismus erreicht werden, über den der Benutzer Sprachproben für häufig genutzte Befehle erzeugen kann (Sinha 2010, S. 145).
- **Keyword-Spotting:** Oft genügt es, lediglich das Vorkommen einzelner Schlüsselwörter zu prüfen. Will man etwa eine große Menge an Audiodateien nach einem bestimmten Thema durchsuchen, kann mit dieser Methode der Aufwand gesenkt werden (Euler 2006, S. 15).
- **Sprechererkennung:** Dabei wird das Sprachsignal mit anderen Sprechern verglichen, um den Sprecher eindeutig zu identifizieren. Das Sprachmuster einer Person

ist ähnlich charakteristisch wie ein Fingerabdruck und ermöglicht die Auswahl des am besten zum Signal passenden Sprechers. Auf Grund dieser Auswahl können etwa individuelle Einstellungen aktiviert werden (Benetsy et al. 2008, Kap. 36; Euler 2006, S. 15–16; Sinha 2010, S. 146).

- **Sprecherverifikation:** Im Gegensatz zur Sprechererkennung soll bei der Verifikation nicht entschieden werden, welche Person spricht, sondern, ob es sich um eine bestimmte Person handelt. Die Sprecherverifikation geschieht entweder mit einem festgelegten Text oder textunabhängig, wobei die erste Methode das deutlich einfachere Verfahren ist und im Vergleich zur zweiten einige Schwachstellen aufweist.
- **Sprachenidentifikation:** Häufig ist die Sprache eines Audiosignals nicht bekannt und muss erst bestimmt werden. „Die Sprachenidentifikation wirkt dann als Auswahlschalter für die eigentliche Spracherkennung" (Euler 2006). Dabei soll die Komplexität von menschlicher Sprache soweit reduziert werden, dass ein automatischer Algorithmus anhand einer knappen Audioprobe die Sprache identifizieren kann (Navrátil 2006, S. 233–235).

Trotz der großen Unterschiede im Einsatzzweck und den Erkennungsmöglichkeiten sind die Realisierungen aller Verfahren ähnlich und bauen auf den gleichen Stufen in der Verarbeitung auf.

5.2.1 Spracherkennung in der Praxis

Für die Spracherkennung bieten sich viele Anwendungsbereiche an. Tab. 5.1 bietet einen exemplarischen Überblick zur Verwendung von Spracherkennungssystemen in der Praxis.

Diese Liste erhebt keinen Anspruch auf Vollständigkeit, sondern soll einen Überblick über die grundsätzlichen Nutzungspotenziale geben.

5.2.2 Sprachassistenzsysteme und Sprachdialogsysteme

Sprachassistenzsysteme sind spezielle Sprachdialogsysteme, die nicht nur für den gelegentlichen Gebrauch ausgelegt sind, sondern einen persönlichen Assistenten ersetzen sollen. Über eine auf Dialogen basierende Konversation bieten Sprachassistenzsysteme den Nutzern Auskünfte, zum Beispiel Nachrichten, Wetterinformationen oder Antworten auf Wissensfragen. Daneben gehören auch Unterhaltungsinhalte wie Musik oder Radio zum Angebot. Die Steuerung von Geräten im Smart Home gehört bei den meisten Systemen ebenso zum Funktionsumfang. Services wie die Möglichkeit, Produkte zu bestellen, oder die Verwaltung eines Kalenders ergänzen die Systeme meistens zusätzlich. Die Ergebnisse seiner

Tab. 5.1 Beispielhafte Möglichkeiten zur Verwendung von Spracherkennungssystemen (da die meisten Anwendungen nicht einer einzigen Kategorie zuzuordnen sind, listet die Spalte Kategorie nur die wichtigsten Kategorien der jeweiligen Anwendung auf)

Anwendung	Erläuterung	Kategorie
Automobil-steuerung	In vielen neueren Autos ermöglicht Spracherkennung die Steuerung des Mobiltelefons für Anrufe oder Textnach-richten, der Musikanlage und des Navigationsgerätes (Schillo 2002, S. 58–59). Aktuell gehen Automobilhersteller häufig Kooperationen mit Anbietern von Sprachassistenten ein (Ford Media 2017)	Gerätesteuerung
Bedienungshilfen	Für Menschen mit Behinderungen können sprach-gesteuerte Geräte eine Erleichterung bedeuten. Solche Bedienhilfen erlauben häufig in Kombination mit Sprach-synthese die Steuerung und Verwendung von Smartphone (Google 2017), Computer oder anderen Geräten	
Diktiersysteme für Ärzte, Rechtsanwälte, Journalisten usw.	Spezialisierte Diktiersysteme für einzelne Branchen gibt es seit einiger Zeit auf dem Markt. Sie bieten eigene Wörter-bücher für ihr Anwendungsgebiet und lassen das direkte Diktieren (am Cursor) in Textfelder anderer Software zu (Nuance 2017).	
Sprachüber-setzung (speech to speech)	Eine relativ komplizierte Anwendung von Sprach-erkennung ist die Übersetzung des erkannten Textes und Ausgabe über Sprache direkt während oder nach dem Sprechen. Hier wird Spracherkennung und -synthese direkt mit der Übersetzung verbunden. Da Fehler von jedem Schritt in den nächsten übernommen werden, wird häufig noch Sprachverstehen genutzt, um die Übersetzung zu verbessern und Fehler in der Erkennung aufzudecken (Tan und Lindberg 2008, Kap. 15)	
Telefonisches Auskunftssystem	Bei solchen Systemen wird Spracherkennung entweder dazu verwendet, „Standardanfragen automatisch zu bedienen oder um einen passenden Agenten zu einem Anruf zu ermitteln" (Euler 2006, S. 18). Wie bei der Auswahl von Optionen über die Ziffern kann dann die gewünschte Information über Sprachbefehle ausgewählt werden	Sprachdialog-system
Telefon-Banking	Spracherkennung wird beim Telefon-Banking ähnlich wie bei den telefonischen Auskunftssystemen genutzt, um die Verwaltung der Finanzen über das Telefon zu erleichtern	
Reservierungs-system	Hotelzimmerbuchungen oder Tischreservierungen in Restaurants sind ebenso mit Spracherkennung möglich	
Sprachassistent	Ein Sprachassistent soll neben der Gerätesteuerung auch Informationen bereitstellen und sonstige Entertain-ment-Inhalte liefern. Dabei kommuniziert der Nutzer mithilfe ganzer Sätze mit dem Assistenten und erhält akus-tische, teilweise auch visuelle Antworten. Heutige Sprach-assistenten werden meist über ein Wake-Word aktiviert und reagieren dann auf den nachfolgend gesprochenen Satz	Sprachdialog-system, Geräte-steuerung

Anfragen erhält der Nutzer in gesprochener Form und, wenn es sinnvolle Visualisierungen zu den Ergebnissen gibt, ebenso in Form von Bildern, Grafiken oder Diagrammen.

Heutige Sprachassistenzsysteme reagieren neben der Aktivierung über Knöpfe meistens auf Aktivierungswörter. Im Hintergrund, während das System keine Anfragen bearbeitet, findet laufend eine Analyse der Audiosignale statt, die vom Mikrofon aufgezeichnet werden. Sobald ein Aktivierungswort erkannt wird, beginnt die eigentliche Spracherkennung mit der Arbeit. Häufig besitzen die Sprachassistenzsysteme Namen, die in der Anwendung als Aktivierungswörter dienen. Um das Problem von Namensähnlichkeiten der Nutzer mit den Namen der Systeme zu umgehen, bieten einige Systeme alternative, unmissverständliche Aktivierungswörter an.

Um einige Beispiele für Sprachassistenten zu nennen, listet Tab. 5.2 einige der populärsten Systeme und ihre Eigenschaften auf.

Die Verbreitung von Sprachassistenten wird in den nächsten Jahren laut Prognose stark zunehmen. Nach einer Studie von Global Market Insights wächst der Markt für Sprachassistenzsysteme wie Amazon Alexa oder Google Assistant in den nächsten sieben Jahren jährlich um etwa 35 %. Zu den Wachstumstreibern gehören vor allem die Automobil- und Gesundheitsbranche (Hebbalkar 2017).

5.2.3 Beispiel Amazon „Alexa"

Im Folgenden wollen wir näher auf Amazon Alexa (siehe hierzu Kap. 4 dieses Buches) eingehen, da es als Grundlage für die Entwicklung unserer Lösung bei Medi Markt verwendet wurde.

Tab. 5.2 Liste der bekanntesten Sprachassistenten mit einigen kompatiblen Geräten und aktuell unterstützten Sprachen (alternative Aktivierungswörter und noch nicht verfügbare Geräte sind kursiv formatiert)

System	Geräte	Aktivierungswörter
Amazon Alexa	Amazon Echo, Echo Dot, Fire TV, Autos (Ford Media, 2017)	„Alexa", *„Amazon"*, *„Computer"*, *„Echo"*
Apple Siri	*Apple Homepod,* iOS Geräte, Mac	„Hey Siri"
Google Assistant	Google Home, Android-Geräte, Android-Wear-Geräte, Google Allo App, iOS-Geräte	„Ok Google", „Hey Google"
Microsoft Cortana	Windows PC, *Harman Kardon Invoke,* Android- und iOS-Geräte	„Hey Cortana"
Mycroft	Mycroft Mark 1, Raspberry Pi	„Hey Mycroft", „?"[a]
Samsung Bixby	Samsung Galaxy S8, S8+	„Hi Bixby", „?"[a]
[a]Das Aktivierungswort lässt sich beliebig ändern		

Amazon Alexa ist ein Assistent und bietet alle Funktionalitäten eines typischen Sprachassistenten. Momentan sind von Amazon sieben Geräte mit Alexa in den USA verfügbar:

- Echo
- Echo Dot
- Echo Plus
- Echo Show
- Echo Spot
- Echo Look
- Tap

Diese Geräte besitzen für die Verwendung von Alexa wesentliche Voraussetzungen: die WLAN- und Bluetooth-Konnektivität für die Steuerung der Smart-Home-Geräte und für die Verbindung zum Internet sowie Lautsprecher und Mikrofone. Die Nutzung der Geräte erfordert deswegen eine Internetverbindung, weil die Spracherkennung, Sprachsynthese und Aufgabenbewältigung auf Servern in der Amazon-Cloud (Amazon Web Services) stattfindet. Ein wichtiges Merkmal ist die funktionierende Spracherkennung in schwierigen Umgebungen, wenn also beispielsweise Geräusche oder andere Stimmen im Hintergrund stören.

Der Funktionsumfang von Alexa kann, ähnlich wie es Apps auf Smartphones leisten, mithilfe sogenannter Skills erweitert werden. Um Skills zu verwenden, müssen diese in der Alexa App aktiviert werden. Entwickler können mithilfe des Alexa Skills Kit solche Skills entwickeln und veröffentlichen. Es gibt aktuell vier Typen von Skills, wobei im folgenden Abschnitt auf den Custom Skill eingegangen wird. Daneben gibt es noch Smart Home Skills, Flash Briefing Skills und Video Skills.

Smart Home Skills sind insbesondere dafür da, die Unterstützung von Alexa für Smart-Home-Geräte zu entwickeln. Flash Briefing ist ein spezieller Typ Skill, der tägliche Nachrichten für die Nutzer bereitstellt, die dann über den Befehl „Alexa, wie lautet meine tägliche Zusammenfassung?" gesammelt mit allen anderen aktivierten Flash Briefing Skills abgefragt werden. Video Skills sind ausschließlich für die Geräte Echo Show und Echo Spot gedacht. Sie bieten den Nutzern Videoinhalte über den Bildschirm an und ermöglichen die Steuerung desselben. Für alle anderen Anwendungsfälle, in denen keiner dieser speziellen Skill-Typen verwendet werden muss, werden Custom Skills entwickelt (siehe Abschn. 5.2.4).

Eine weitere Möglichkeit, Produkte für Amazon Alexa zu entwickeln, ist die Nutzung von Alexa Voice Service (AVS). Über diese Schnittstelle können neue Produkte (Geräte oder Services) zu Alexa-fähigen Geräten werden und ähnlich wie Amazon Echo u. a. funktionieren. Jeder Entwickler kann sowohl das Skills Kit als auch den Voice Service nutzen.

5.2.4 „Custom Skill"-Datenfluss

Bei der Aktivierung eines „Custom Skill" muss, falls die Verwendung des Skills es erfordert, die Verknüpfung zu einem externen Konto hergestellt werden. Externe Konten können bekannte Dienste wie Google, Facebook, Twitter oder Konten des Entwicklers – etwa das Medi-Markt-Konto – sein. Diese Verknüpfung erfolgt über das OAuth2-Protokoll und ermöglicht dem Skill, nutzerspezifische Inhalte von dem Konto des Nutzers abzufragen und diese für die Nutzung des Skills zu verwenden. (OAuth2 (open authentication) ist ein standardisiertes Protokoll zur Autorisierung. Der Nutzer meldet sich dabei auf einer Website des zu verknüpfenden Dienstes an und bestätigt dann etwa den Zugriff des Skills auf die Daten des Nutzers. Die Berechtigung wird in Form eines AccessTokens gespeichert, das den Nutzer eindeutig identifiziert.) Nachdem ein Nutzer einen Skill hinzugefügt hat, kann dieser über seinen Namen – etwa „Medi Markt" – angesprochen werden.

Ein Skill kann auf viele verschiedene Aussagen reagieren. Da einige Aussagen aber die gleiche Absicht haben, können bei der Entwicklung unterschiedliche Intents („Intent": engl. für Absicht [vgl. Intention] – alle Intents haben einen eindeutigen Name) erstellt und für jeden einige Beispielaussagen spezifiziert werden. Die Intents zusammen mit den Aussagen und weiteren Konfigurationen für die Interaktion werden im sogenannten Intent-Schema gespeichert.

Über Kommandos wie „Alexa, öffne Medi Markt" oder „Alexa, frage Medi Markt nach …" kann ein Skill aufgerufen werden. Abb. 5.1 beschreibt den weiteren Ablauf detailliert.

Ein Benutzer spricht den Satz „Alexa, sage Medi Markt, dass ich etwas bestellen möchte". Amazon Echo – stellvertretend für alle Alexa-fähigen Geräte – erkennt das Wort „Alexa" und übermittelt das Sprachsignal an den Alexa Dienst (AVS). Hier wird erkannt, dass der Skill „Medi Markt" angesprochen wurde und es wird das Intent-Schema dieses Skills abgerufen. Anschließend versucht AVS die Absicht des Gesagten zu ermitteln, indem die passende Beispielaussage aus dem Intent-Schema ausgewählt wird. Der Name des dazugehörigen Intents wird zusammen mit anderen Informationen über den Aufruf an den Skill übermittelt.

Die Anfrage wird vom Skill empfangen und verarbeitet. Der Programmcode eines Skills liegt entweder bei Amazon Web Services in einer AWS-Lambda-Funktion oder auf einem Server des Entwicklers. Was genau beim Skill stattfindet, ist abhängig vom Typ des Skills. Allerdings wird normalerweise anhand des Intent-Namens entschieden, welcher aufgabenspezifische Code ausgeführt werden muss. Als Ergebnis der Berechnungen werden der vom Amazon Echo auszugebende Text sowie weitere Informationen festgelegt. Diese werden an AVS zurückgegeben, mittels Sprachsynthese in ein Audiosignal konvertiert und anschließend an das Gerät gesendet. Amazon Echo gibt das Resultat dieses Prozesses anschließend über die Lautsprecher aus.

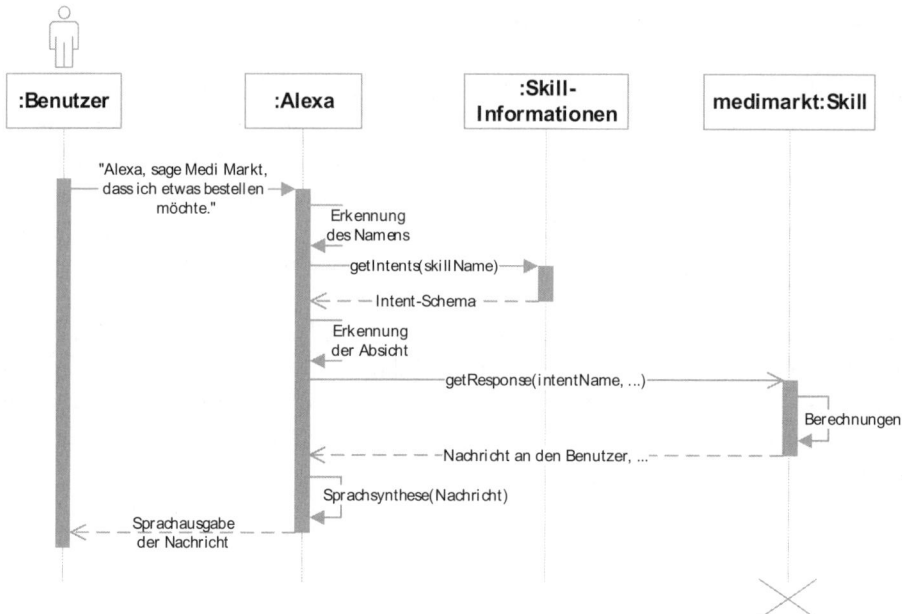

Abb. 5.1 Ablauf eines einfachen Intents bei einem Custom Skill als Sequenzdiagramm (das Alexa-fähige Gerät und der dahinterliegende Dienst [AVS] sind zur Vereinfachung zum Objekttyp „Alexa" zusammengefasst)

5.2.5   Programmiersprachen und -konzepte

Bei der Programmierung von Skills gibt es unter anderem zwei wiederkehrende Problemstellungen: Zum einen ist es das Warten auf Ergebnisse bei der Verwendung von Datenbanken, APIs (eine API – application programming interface – ist eine Programmierschnittstelle; über eine API können zum Beispiel Daten von einem Server abgefragt werden) und anderen asynchronen Aufrufen. Die Umsetzung dieser Aufgabe führte zur Wahl TypeScript, einer Programmiersprache, die die Möglichkeiten von Java-Script erweitert und zum Ausführen in JavaScript konvertiert wird. Der erzeugte Java-Script-Code wird dann von Node.js ausgeführt. Zum anderen ist die Festlegung des richtigen Kontextes bei Benutzeranfragen sicherzustellen.

Promise
In JavaScript ist eine Promise ein Objekt, das häufig zum asynchronen Warten auf Ergebnisse verwendet wird. Asynchron bedeutet, dass der Code, der das Promise angefordert hat, gleichzeitig mit der Berechnung des Ergebnisses weiterläuft. Sobald das Ergebnis vorliegt, wird der entsprechende Code ausgeführt, der das Resultat der Berechnungen benötigt.

Folgender JavaScript-Code demonstriert die Verwendung:

JavaScript-Code

```javascript
let promise = datenbankAbfrage();
promise.then(ergebnis1 => {
    console.log(ergebnis1);
    let promise2 = datenbankÄnderung(ergebnis1);
    promise2.then(ergebnis2 => {
        console.log(ergebnis2)
    })
});
```

Die Funktion im ersten then-Block wird ausgeführt, wenn das Ergebnis von datenbank-Abfrage vorliegt. Diese Funktion führt dann einen Aufruf von datenbankÄnderung durch. Der folgende zweite then-Block wird abschießend ausgeführt, sobald datenbank-Änderung ein Ergebnis zurückgibt.

Da bei der Programmierung von Skills häufig Ergebnisse von Datenbankabfragen oder API-Aufrufen benötigt werden, sollten dafür Promises verwendet werden. Allerdings ergibt sich bei Verwendung des obigen Schemas mit then und catch das Problem, dass sich der Programmcode immer weiter verschachtelt und der logische Aufbau des Programms dadurch gestört wird (Anweisungen, die im logischen Programmablauf nacheinander erfolgen, sollten zum besseren Verständnis und zur besseren Lesbarkeit in der gleichen Ebene untereinander angeordnet sein; vgl. Bergin 2008, Kap. „The Principles"). Wenn etwa mit dem Ergebnis eines Promises ein weiterer Aufruf erfolgt, auf den gewartet werden muss, wird das Programm schnell unübersichtlich.

Abhilfe schafft die Verwendung des await-Operators. Dieser ist in der aktuellen Version von Node.js aber nicht umgesetzt (6.11.2 LTS ist die aktuelle Version von Node. js; Kapke (2017) zeigt, dass await erst in neueren Versionen verfügbar ist). Mithilfe von TypeScript kann await allerdings schon in der aktuellen Version genutzt werden, indem im TypeScript-Code der Operator verwendet und in dem daraus erzeugten Java-Script-Programm durch einen äquivalenten Code ersetzt wird, den Node.js in der aktuellen Version unterstützt.

Der Operator await vor dem Aufruf der Funktion, die das Promise zurückgibt, bewirkt, dass der aufrufende Code erst in dem Moment fortgesetzt wird, in dem das Ergebnis vorliegt. Folgender Programmcode in TypeScript, mit derselben Funktion wie oben, demonstriert die Verwendung von await:

Programmcode in TypeScript

```typescript
let ergebnis1 = await datenbankAbfrage();
console.log(ergebnis1);
let ergebnis2 = await datenbankÄnderung(ergebnis1);
console.log(ergebnis2);
```

Im diesem alternativen Code fällt auf, dass der Programmcode durch die Verwendung von await nur noch aus einer Ebene besteht und so die Lesbarkeit deutlich verbessert. Außerdem kann ein effizienter Programmcode schneller geschrieben werden. Aus diesen Gründen fiel die Wahl auf TypeScript.

States

Ein Skill muss immer im richtigen Kontext auf die Äußerungen des Nutzers reagieren. Folgendes Beispiel verdeutlicht diese Notwendigkeit (siehe Tab. 5.3).

Wenn der Skill nicht den Kontext aus der ersten Aussage des Nutzers kennen würde, könnte er die Aussage „Ja" nicht richtig verarbeiten, da „Ja" in anderen Zusammenhängen andere Bedeutungen hat.

Um das Bewahren des Kontextes zu vereinfachen, gibt es im Alexa Skills Kit SDK für Node.js die Möglichkeit, den State (Zustand) des Skills über eine Konversation hinweg zu bewahren. Der Zustand wird dabei über einen String, der bei der Antwort des Skills an den Nutzer und bei der Antwort des Nutzers an den Skill zurückübertragen wird, eindeutig identifiziert. Das SDK leitet die Anfrage des Nutzers (zusammengefasst als Intent) dann automatisch an die zum State passende Stelle im Programmcode weiter. Folgendes Beispiel soll dies verdeutlichen:

Für den YesIntent, der Aussagen wie „Ja", „Ja bitte" usw. zusammenfasst, gibt es mehrere Handler (für jeden Intent gibt es mindestens einen Handler – engl. to handle –, der die Anfrage des Nutzers verarbeitet und eine Antwort zurückgibt): YesIntent für

Tab. 5.3 Beispielkonversation mit Alexa Skill

Akteur	Aussage
Nutzer	„Alexa, sage Medi Markt, dass ich etwas bestellen möchte."
Skill	„Um Produkte zu bestellen, werden die Schnellbestellungen durchgegangen und du entscheidest bei jedem Produkt, ob es zum Einkaufswagen hinzugefügt werden soll. Möchtest du Produkt 1 zu deinem Einkaufswagen hinzufügen?"
Nutzer	„Ja"
Skill	„Produkt 1 hinzugefügt."

Anfragen ohne State, YesIntent für Bestellungen, YesIntent für das Abbrechen von Notfall-meldungen usw. Da der Nutzer in der vorigen Aussage eine Bestellung initiiert hat, wurde „Bestellungen" als aktueller State festgelegt und der YesIntent wird an den Handler für Bestellungen weitergeleitet.

Über diese Verwaltung von Zuständen kann das Programmieren deutlich vereinfacht werden, da so die Bewahrung und das Verständnis des Kontextes schnell umgesetzt werden.

5.2.5.1 Produkte bestellen

Beispielaussage: „Alexa, sage Medi Markt, dass ich etwas bestellen möchte."
Ablauf der Konversation:

- Benutzer sendet eine Bestellanfrage.
- Skill fragt Medi Markt nach der Schnellbestellungsliste des Nutzers.
- Skill fragt für jeden Artikel in der Liste den Nutzer, ob dieser in den Warenkorb soll.
- Nutzer antwortet und die Entscheidung wird gespeichert (3. und 4. wiederholen, bis alle Artikel durchgegangen wurden).
- Skill fasst den Warenkorb zusammen und lässt sich die Bestellung bestätigen.
- Nutzer antwortet und Skill sendet eine E-Mail an den Kundendienst.

Schnittstellenanforderungen:

- Zugriff auf die Schnellbestellungsliste des Nutzers
- E-Mail-Versendung

5.3   Entwicklung des Skills

5.3.1   Überblick über die Funktionalitäten des Skills

Im Folgenden beschreiben wir Entwicklung und Funktionalitäten des Skills „Medi Markt". Die Funktionalitäten, die auf der Basis von Expertengesprächen definiert wurden, sind in Abb. 5.2 als Use-Case-Diagramm dargestellt.

5.3.1.1 Versandinformationen abfragen

Beispielaussage: „Alexa, öffne Medi Markt und frage, wann meine Bestellung ankommt."
Ablauf der Konversation:

- Benutzer fragt nach Lieferinformationen.
- Skill fragt Medi Markt nach aktuellen Bestellungen.
- Skill gibt Datum aus oder meldet, dass keine Bestellung vorliegt.

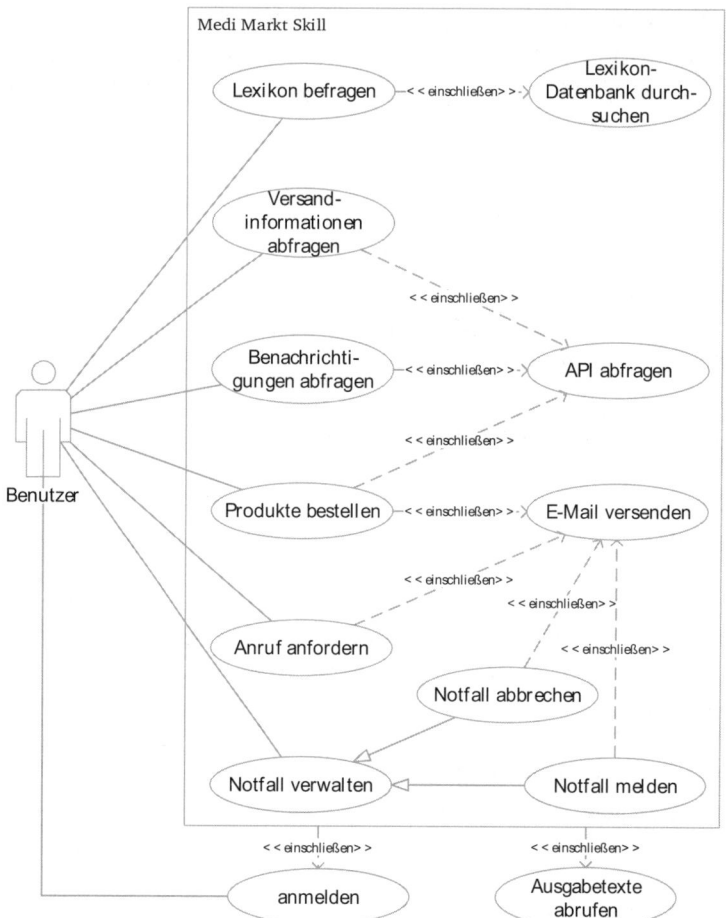

Abb. 5.2 Use-Case-Diagramm (beschreibt die Anwendungsfälle der Benutzer des Skills)

Schnittstellenanforderungen:

- Zugriff auf die Bestellungen eines Nutzers mit Lieferdatum

5.3.1.2 Benachrichtigungen abfragen
Beispielaussage: „Alexa, frage Medi Markt nach meinen Meldungen."
   Ablauf der Konversation:

- Benutzer fragt nach den Meldungen.
- Skill fragt Datenbank nach der Liste der Meldungen.
- Skill gibt die Meldungen aus.

Schnittstellenanforderungen:

- Zugriff auf die Liste der Meldungen des Nutzers

5.3.1.3 Anruf anfordern

Beispielaussage: „Alexa, sage Medi Markt, dass ich zurückgerufen werden will."
Ablauf der Konversation:

- Benutzer fragt Rückruf vom Kundendienst an.
- Skill sendet E-Mail an Kundendienst.

Schnittstellenanforderungen:

- E-Mail-Versendung

5.3.1.4 Notfall melden oder abbrechen

Beispielaussage: „Alexa, sage Medi Markt, dass ich Hilfe benötige."
Ablauf der Konversation:

- Benutzer sendet Hilferuf oder bricht diesen ab.
- Skill versendet E-Mail an Kundendienst mit dem Hilferuf oder dem Abbruch.

Schnittstellenanforderungen:

- E-Mail-Versendung

5.3.1.5 Zusätzliche Funktionen

Während des Kooperationsprojekts zeigte sich, dass zwei weitere Features zum Funktionsumfang des Skills hinzugefügt werden sollten. Die erste zusätzliche Funktion betrifft die Antworten des Skills. Diese waren ursprünglich im Programmcode festgelegt. Um diese zu einem späteren Zeitpunkt zu ändern, hätte die AWS Lambda-Funktion, in der der Programmcode liegt und ausgeführt wird, geändert werden müssen. Eine einfachere Möglichkeit, die Antworttexte zu aktualisieren, wäre, eine Datei mit allen Antworten editieren zu können und sie auf diese Weise vom Programmcode zu trennen. Deshalb wurde in einen S3-Online-Datenspeicher von Amazon Web Services eine Datei mit allen Texten geladen. Wenn ein Nutzer den Skill aufruft, wird die aktuelle Version der Antworten abgefragt und für die Generierung der Antwort verwendet.

Um bei der Verwendung des Skills durch die Nutzer Daten sammeln zu können, wurde das Analysetool VoiceLabs integriert. VoiceLabs sammelt und analysiert alle Daten, die dem Skill bei Anfragen über die Nutzer vorliegen, und die jeweiligen Antworten. So wird es später anhand der Analysen möglich sein, die Funktionalitäten zu verbessern, indem Anpassungen am Skill vorgenommen werden, die den durch

Bestellungen generierten Umsatz steigern. Etwa könnten Änderungen der Antworttexte über das erste zusätzliche Feature des Skills zu derartigen Veränderungen führen.

5.3.2 Programmierung

Neben der Programmierung der Funktionen der Skills sind weitere Konfigurationen nötig, um einen funktionierenden Skill zu entwickeln.

Zuerst musste der Skill registriert werden, damit Alexa die Anfragen des Skills weiterleiten kann. Dazu wurde in der Amazon Developer-Console ein neuer „Custom Skill" erstellt. Die wichtigste Konfiguration betraf neben der Angabe der Lambda-Funktion das Intent-Schema. Der folgende Abschnitt beschreibt das Schema dieses Skills.

5.3.2.1 Erklärung des Intent-Schemas

Da der Skill auf verschiedene Intentionen von Äußerungen reagieren soll, müssen diese festgelegt werden. Das Intent-Schema sammelt die Beispielaussagen für jeden Intent. Anhand der Beispielaussagen werden dann die Äußerungen der Nutzer den einzelnen Intents zugeordnet.

Es gibt zwei Arten von Intents bei Amazon Alexa Custom Skills. Entweder erstellt der Entwickler einen eigenen Intent mit eigenen Beispielaussagen oder er verwendet einen von Amazon konfigurierten. Dies hat den Vorteil, dass keine Beispielaussagen gesammelt werden müssen. Zu erkennen sind solche vorkonfigurierten Intents an dem Präfix „AMAZON."

Für jedes Produktfeature wird mindestens ein Intent benötigt. Tab. 5.4 zeigt diese und weitere Intents des Medi Markt Skills und nennt exemplarisch einige Beispielaussagen und die Produktfunktion, für die der Intent verwendet wird.

Neben drei allgemeinen Intents für die Hilfe zum Skill und das Abbrechen von Aktionen bzw. Beenden des Skills, gibt es noch weitere vorkonfigurierte Intents. Diese werden zur Navigation bei der Bestellung durch die einzelnen Artikel und bei dem Lexikon durch die Wissenselemente verwendet. Die beiden Intents für „Ja" und „Nein" am Ende der Liste von Tab. 5.4 dienen der Bestätigung von Aktionen.

5.4   Zusammenfassung und Ausblick

In diesem Beitrag haben wir die Entwicklung eines Alexa Skills gezeigt, der hilfsbedürftige Menschen bei der Bestellung von medizinischen Produkten unterstützen soll. Eine wesentliche verallgemeinerbare Erkenntnis besteht darin, dass der Entwicklungsaufwand aufgrund der Vielzahl der zur Verfügung stehenden Tools und Schnittstellen mittlerweile relativ gering ist.

Zukünftig soll der entsprechende Skill erweitert werden, beispielsweise um Kontaktfunktionen zum Unternehmen. Darüber soll dann die fachliche Beratung stattfinden

Tab. 5.4 Liste der Intents

Intent	Verwendung	Beispielaussagen
AMAZON.CancelIntent	Allgemein	„Abbruch", „Notruf abbrechen"
AMAZON.HelpIntent	Allgemein	„Hilfe", „Was kannst du?"
AMAZON.StopIntent	Allgemein	„Stopp", „Beenden", „Sei still"
GetInfoAboutParcelIntent	Sendungsinformation	„Wie ist mein Lieferstatus?", „Wo bleibt mein Paket?"
GetInfoAboutTopicIntent	Lexikon	„Öffne Lexikon", „Infos über {Thema}"
GetNewsIntent	Benachrichtigungen	„Was gibt es Neues?", „Hast du Nachrichten für mich?"
ReportEmergencyIntent	Notfall	„Ich habe einen Notfall", „Ich brauche Hilfe"
RequestCallIntent	Anruf	„Ich will angerufen werden", „Anruf zum Thema {Thema}"
RequestOrderIntent	Bestellung	„Ich möchte etwas bestellen", „Kann ich etwas ordern?"
AMAZON.NextIntent	Lexikon, Bestellung	„Weiter", „Nächster Artikel"
AMAZON.PreviousIntent	Lexikon, Bestellung	„Zurück", „Letzte Info"
AMAZON.RepeatIntent	Lexikon, Bestellung	„Nochmal", „Wiederhole das"
AMAZON.StartOverIntent	Lexikon, Bestellung	„Von vorne", „Neu beginnen"
YesIntent	Lexikon, Bestellung, Notfall	„Ja", „Gerne"
NoIntent	Lexikon, Bestellung, Notfall	„Nein", „Bitte nicht"

sowie Anfragen zu Produkten und Angeboten ermöglicht werden. Außerdem ist nach dem Verkaufsstart von Echo Show in Deutschland die Unterstützung der Sprachinteraktion durch visuelle Inhalte geplant. So könnte etwa das Lexikon von Hilfevideos profitieren und der Bestellprozess mithilfe von Bildern und Beschreibungstexten übersichtlicher gestaltet werden. Neben diesen und anderen Erweiterungen des Skills soll die (Video-)Telefonie des Alexa-Services in den Beratungs- und Kundensupportprozess des Unternehmens eingebunden werden, um zusammen mit dem Skill eine umfassende Betreuung für hilfsbedürftige Menschen anbieten zu können.

Eine weitgehend ungeklärte Fragestellung, die bei der Nutzung sprachbasierter Systeme immer wieder auftaucht, betrifft die Themenbereiche Datenschutz und Privatsphäre. Vor diesem Hintergrund besteht eine wesentliche Aufgabe der Anbieter und möglicherweise der Gesetzgeber darin, sicherzustellen, dass die Privatsphäreninteressen der Nutzerinnen und Nutzer gewährleistet werden. Dies ist insbesondere für den Bereich medizinischer Daten von großer Bedeutung.

Aber auch vor dem Hintergrund, dass sprachbasierte Systeme die Grundlage neuer Geschäftsmodelle sein sollen, werden Überlegungen zur Privatsphäre zukünftig weiterhin eine wichtige Rolle spielen. So kann man sicherlich davon ausgehen, dass Anfragen an Suchmaschinen zukünftig überwiegend per Spracheingabe gerichtet werden. Dabei wird es sich nicht nur um die Abfrage von „Keywords" handeln, vielmehr können sprachbasierte Anwendungen zukünftig die Funktion von „klassischen" Plattformen oder Intermediären übernehmen. Beispiele wären Abfragen wie „Alexa, suche mir die günstigste Krankenversicherung" oder „Hey Google, ich möchte ein Haus in Frankfurt kaufen, wer ist der günstigste Kreditanbieter für mich?". Je mehr diese sprachbasierten Plattformen über die Nutzer wissen, umso besser werden sie. Anbieter wie Amazon, Google oder Microsoft sind dabei, dieses lukrative Feld zu besetzen und haben die Nase vorn. Zurzeit sieht es wieder so aus, als wenn europäische Anbieter das Nachsehen haben.

Literatur

Benetsy, J., Sondhi, M. M., & Huang, Y. A. (2008). *Springer handbook of speech processing*. Berlin: Springer.

Bergin, J. (2008). Coding at the lowest levels: Coding patterns for beginners. http://csis.pace.edu/~bergin/patterns/codingpatterns.html. Zugegriffen: 19. Aug. 2017.

Euler, S. (2006). *Grundkurs Spracherkennung. Vom Sprachsignal zum Dialog – Grundlagen und Anwendung verstehen – Mit praktischen Übungen*. Wiesbaden: Vieweg.

Ford Media. (2017). *Alexa in the car: Ford, amazon enable shopping, searching, smart home access*. https://www.youtube.com/watch?v=cHWvpa8Ge58. Zugegriffen: 15. Aug. 2017.

Google. (2017). Übersicht über die Android-Bedienungshilfen. https://support.google.com/accessibility/android/answer/6006564?hl=de. Zugegriffen: 15. Aug. 2017.

Hebbalkar, S. (2017). Virtual assistant industry statistics. https://gminsights.wordpress.com/tag/virtual-assistant-industry-statistics/. Zugegriffen: 10. Aug. 2017.

Kapke, W. (2017). Node.js ES2017 Support. http://node.green/nightly.html#ES2017-features-async-functions. Zugegriffen: 19.08.2017.

Navrátil, J. (2006). Automatic language identification. In T. Schultz & K. Kirchhoff (Hrsg.), *Multilingual speech processing* (S. 233–272). Burlington: Academic.

Nuance. (2017). Dragon Medical – Spracherkennungs- und Diktatlösungen für Mediziner. https://doi.org/https://www.nuance.com/de-de/healthcare/physician-and-clinical-speech/dragon-medical.html. Zugegriffen: 15.08.2017.

Schillo, C. (2002). „Navigation – ich möchte nach Calw": Spracherkennung für große Lexika im Auto. Dissertation, Technische Fakultät, Universität Bielefeld.

Sinha, P. (2010). *Speech processing in embedded systems*. Boston: Springer.

Tan, Z.-H., & Lindberg, B. (2008). *Automatic speech recognition on mobile devices and over communication networks*. London: Springer.

Markus Reichel ist Geschäftsführer der Medi-Markt Home Care Service GmbH mit Sitz in Mannheim. Er beschäftigt sich neben der Optimierung des bestehenden Geschäftsmodells mit dessen digitaler Transformation. Weiterhin erprobt er den Einsatz der KI und IoT in der häuslichen Umgebung von alternden Menschen, um deren Leben zu erleichtern.

Lorenz Baum ist Master-Student der Wirtschaftsinformatik an der Technischen Universität Darmstadt. Seit seiner Abschlussarbeit zum Thema „Entwicklung eines Alexa Skills im Kontext von E-Commerce und Customer Service" beschäftigt er sich neben dem Studium mit der Entwicklung und Konzeption von Skills für persönliche Assistenten wie Amazon Alexa. Zuvor entwickelte er in Kooperation mit Simon Kucher & Partners ein Simulationsspiel zum Erlernen von Preissetzungsstrategien.

Dr. Peter Buxmann ist Inhaber des Lehrstuhls für Wirtschaftsinformatik | Software & Digital Business an der Technischen Universität Darmstadt und leitet dort das Innovations- und Gründungszentrum HIGHEST. Darüber hinaus ist er Mitglied in mehreren Leitungs- und Aufsichtsgremien. Seine Forschungsschwerpunkte sind die Digitalisierung von Wirtschaft und Gesellschaft, Methoden und Anwendungen der Künstlichen Intelligenz, die Entwicklung innovativer Geschäftsmodelle sowie die ökonomische Analyse von Cybersecurity-Investitionen und Privatsphäre.

Künstliche Intelligenz als Weg zur wahren digitalen Transformation

Oliver Gürtler

6.1 Eine Gesellschaft im Wandel

Vor etwa 20 Jahren fand das World Wide Web, zunächst nur ein Tool der akademischen Forschung, seinen Weg in die Wirtschaft und zu privaten Nutzern. Was damals noch langsam, teuer und teils von zweifelhaftem Nutzen war, ist heute ein selbstverständliches Werkzeug im Privat- wie im Berufsleben. Cloud Computing und mobiler Zugriff über Tablets und Smartphones haben Online-Anwendungen fast überall auf der Welt verfügbar und erschwinglich gemacht.

Und diese Entwicklung ist noch lange nicht zu Ende. Smart Homes, Smart Citys, Smart Factorys – die Digitalisierung aller Lebensbereiche, der Einsatz von Robotern und schließlich auch von Künstlicher Intelligenz sind nicht länger ein Versprechen auf eine bessere Zukunft, sondern Wirklichkeit. Der Universaltranslator, mit dem Captain Kirk die unendlichen Weiten des Weltraumes erforschte, ist zwar noch nicht Realität. Aber die App, die uns Straßen- und Hinweisschilder sowie einfache Sätze übersetzt oder gängige Phrasen in der Landessprache ausspricht, damit unser Gegenüber versteht, was wir von ihm wollen, die gibt es bereits. Und ständig kommen neue Anwendungen hinzu. Die Intelligenz der Systeme vergrößert sich und damit auch ihr Nutzen. Tatsächlich stehen wir noch ziemlich am Anfang dieser Entwicklung – aber wohin wird die Reise gehen?

An erster Stelle für Investitionen deutscher Unternehmen in Künstliche Intelligenz stand bisher die Erwartung, Prozesse effizienter gestalten und dadurch Kosten senken zu können. Schnellere Abläufe und eine Verbesserung der Qualität ermöglichten oft schon eine relevante Erhöhung der Produktivität. Veränderungen der Geschäftsprozesse oder

O. Gürtler (✉)
Microsoft Deutschland GmbH, München, Deutschland

© Springer-Verlag GmbH Deutschland, ein Teil von Springer Nature 2019
P. Buxmann und H. Schmidt (Hrsg.), *Künstliche Intelligenz,*
https://doi.org/10.1007/978-3-662-57568-0_6

gar neue Geschäftsmodelle waren dagegen eher selten vorgesehen. Stattdessen wurden – und werden – bestehende Abläufe mit neuer Technik umgesetzt, weil „Industrie 4.0" hauptsächlich als Infrastruktur-Thema gesehen wird, das über eine stärkere Vernetzung und Digitalisierung zu lösen ist.

Mit digitaler Transformation hat das wenig zu tun. Einer der entscheidenden Schritte ist es, das Unternehmen und sein Geschäftsmodell sowie die relevanten Prozesse vom Kunden her zu denken und neu zu gestalten. Doch gerade hier liegt das eigentliche Potenzial. Datengetriebene Services, Wertschöpfung aus Information, effizientere Betriebsabläufe auf Basis von komplexen Vorhersagemodellen sind die Schritte auf dem Weg in eine digitale Zukunft. Mithilfe von Künstlicher Intelligenz lässt sich dieser Weg schneller und einfacher beschreiten. In diesem Kapitel zeigen wir diesen Weg.

6.1.1 KI heute

Im ursprünglichen Sinne ist Künstliche Intelligenz ein technisches System, das sich anhand seines Antwortverhaltens nicht mehr vom Menschen unterscheidet, wie Alan Turing 1950 postulierte. Lange versuchte die Forschung ein solches universelles System zu schaffen, das alle Bereiche des menschlichen Geistes nachbildet.

Turing selbst hatte empfohlen: „Wir sollten nicht fragen, ob Maschinen denken können, sondern was Maschinen tun können!" Für Sabine Bendiek, Deutschland-Chefin von Microsoft, ist dieser Satz immer noch richtig, doch sie würde die Frage heute erweitern: „Was können Mensch und Maschine gemeinsam besser tun?" Die besonderen Fähigkeiten des Menschen – kreativ und innovativ, emotional und empathisch zu sein – sollten kombiniert werden mit der Fertigkeit der Computer, in riesigen Datenmengen rasend schnell Muster zu erkennen. Eine solche Zusammenarbeit sei unschlagbar, so Bendiek. Dementsprechend gehe es nicht darum, dass Künstliche Intelligenz den Menschen ersetzt, sondern seine Fertigkeiten verbessert und ihn produktiver macht (Bendiek 2017).

Tatsächlich hat die Forschung den universellen Ansatz inzwischen verworfen und konzentriert sich stattdessen auf einzelne Teilbereiche. Heute versteht man daher unter Künstlicher Intelligenz Technologien, die menschliche Fähigkeiten im Sehen, Hören, Analysieren, Entscheiden und Handeln ergänzen und stärken.

Spracherkennung und das Verstehen natürlicher Sprache, Bilderkennung und autonom agierende Maschinen, wie intelligente Roboter oder selbstfahrende Autos, sind nur einige Beispiele für intelligente Anwendungen, die es inzwischen gibt, Tendenz schnell steigend. Insbesondere der Bereich der selbstlernenden Systeme und Technologien – Cognitive Services und Machine Learning – erleben derzeit eine Blüte.

Denn inzwischen sind mit digitalen Sensoren, leistungsfähigen Supercomputern auf Basis von Grafikprozessoren, die sich für den Betrieb neuronaler Netze besser eignen als herkömmliche CPUs, und frei verfügbaren Treibern, Compilern und Bibliotheken die technischen Grundlagen für eine breite Anwendungsbasis gegeben. Ein Beispiel liefert das Microsoft Cognitive Toolkit, ein unter Open-Source-Lizenz angebotenes Deep-Learning-System, das sich für Aufgaben wie Bilderklassifizierung, Spracherkennung oder Suchen eignet.

Eng verknüpft ist Künstliche Intelligenz mit der Digitalisierung der Wirtschaft sowie dem Internet der Dinge (IoT). Um im IoT komplexe Entscheidungen in Echtzeit treffen zu können, müssen große Datenmengen aus unterschiedlichen Quellen in kurzer Zeit analysiert werden. Dies ist effektiv nur mit den Methoden des Machine Learnings möglich, einem Teilbereich der KI, wobei die Algorithmen nicht nur selbstlernend, sondern auch selbstheilend sind. Sie müssen also mit einer eingebauten Fehlertoleranz angelegt werden, um die Sicherheit von Maschinen oder Fahrzeugen zu gewährleisten.

6.1.2 Hohe Investitionen …

Seit September 2016 gibt es bei Microsoft einen vierten Entwicklungsbereich neben Windows, Office und Cloud: „AI and Research", also Künstliche Intelligenz und Forschung, sind hier zusammengefasst. Entwickler und Forscher aus den Bereichen Neuronale Netzwerke, Bild- und Spracherkennung, maschinelle Übersetzungen und Verhaltensforschung sowie anderen Basistechnologien der Künstlichen Intelligenz treffen hier auf Anwendungsentwickler, Data Scientists und Experten für die Interaktion zwischen Mensch und Maschine. Der Aufbau dieses Unternehmensbereiches ist mit erheblichen Investitionen verbunden. Aus ursprünglich 5000 Mitarbeitern wurden innerhalb eines Jahres rund 8000 Menschen, die daran arbeiten, Künstliche Intelligenz für Nutzer und Entwickler einfach anwendbar zu machen, zusätzliche Funktionen umzusetzen und neue Anwenderszenarien zu schaffen.

Ein entscheidender Teil dieser Entwicklung ist das Zusammenrücken von Produktentwicklung und Forschung – nicht nur innerhalb des eigenen Unternehmens. Ein Beispiel ist das „AI-for-Earth"-Projekt von Microsoft. Hier fließen in den kommenden fünf Jahren 50 Mio. US$ in Startups, die KI in den vier Schlüsselbereichen Klima, Wasser, Landwirtschaft und Biodiversität entwickeln (Smith 2017). Die riesigen Datenmengen, die einen umfassenden Überblick über den Gesundheitszustand des Planeten geben, können nur mithilfe Künstlicher Intelligenz in verwertbare Informationen umgewandelt werden.

Mit dem Aufbau des Forschungs- und Gründerzentrums „Microsoft Research AI", in das weitere zwei Millionen investiert werden, entsteht in Seattle ein Forschungszentrum, das zugleich als Inkubator für Neugründungen dient. Startups sind zudem mögliche Investitionsziele. Microsoft hat unter anderem die jungen Unternehmen Genee und Maluuba übernommen und in den AI-Unternehmensbereich eingegliedert sowie eine Beteiligung an Element AI erworben.

Auch andere Unternehmen stecken Hunderte Millionen US-Dollar in Übernahmen und Kooperationen, den Aufbau eigener Labs und spezielle Forschungsprogramme, um Künstliche Intelligenz voranzubringen. Die Artificial-Intelligence-Studie von McKinsey, die im Juni 2017 erschien (Bughin et al. 2017), schätzt die weltweiten Investitionen des Jahres 2016 in Künstliche Intelligenz auf 26 bis 39 Mrd. US$.

6.1.3 … und hohe Erwartungen

Die großen IT-, Finanz- und Industrie-Konzerne schaffen mit ihren Investitionen eine Infrastruktur für Künstliche Intelligenz, die jeden Tag breiter wird. Steigenden Anforderungen vonseiten der Kunden und dem hohen Wettbewerbsdruck begegnen schon jetzt immer mehr Unternehmen mit dem Einsatz Künstlicher Intelligenz. Aber lohnen sich die riesigen Investitionen auch?

In einer vernetzten Ökonomie, die auf Plattformen und Services beruht, schafft dies auch für kleinere und mittlere Player neue Chancen zu partizipieren. Microsoft fördert die Entstehung dieses Ökosystems aktiv mit frei verfügbaren Entwicklungswerkzeugen und Schnittstellen sowie zu Testzwecken kostenlosen Cloud-Ressourcen – in der festen Überzeugung, damit zu Wachstum und Wohlstand beizutragen.

Laut Branchenverband Bitkom werden sich die globalen Umsätze mit Cognitive Services und Machine Learning in diesem Jahr bereits um 92 % auf 4,3 Mrd. EUR erhöhen – Hardware, Software und Services zusammengenommen. In den kommenden drei Jahren soll sich dieser Betrag fast verfünffachen, auf 21,2 Mrd. EUR (Bitkom 2017b). Generell treiben sich Digitalisierung, IoT und Künstliche Intelligenz gegenseitig an. Bis 2025 sieht McKinsey für Deutschland ein ungeheures Digitalisierungspotenzial: „Wenn Deutschland sein digitales Potenzial optimal nutzen würde, könnte das Bruttoinlandsprodukt bis 2025 um einen Prozentpunkt jährlich zusätzlich wachsen – das sind umgerechnet insgesamt rund 500 Milliarden Euro", stellt McKinsey-Seniorpartner Karel Dörner fest (McKinsey Global Institute 2016).

Dafür müssen allerdings noch einige Weichen gestellt werden. Der Trendstudie „Digitalisierung – Deutschland endlich auf dem Sprung?" zufolge (Tata Consultancy Services 2017) sind 35 % der Befragten dem Thema Künstliche Intelligenz gegenüber aufgeschlossen. Doch wie die Befragung, die im Auftrag von Tata Consulting Services und Bitkom durchgeführt wurde, ebenfalls ergab, ist nur bei 23 % der Einsatz zumindest möglich: 6 % arbeiten bereits mit KI, weitere 6 % haben die Einführung konkret geplant und 11 % diskutieren den Einsatz noch.

Immerhin: Die Bevölkerung setzt hohe Erwartungen in den KI-Einsatz: 80 % sind der Meinung, dass Künstliche Intelligenz einen maßgeblichen Beitrag zur gesellschaftlichen und beruflichen Teilhabe von Menschen mit Behinderung leisten kann (Microsoft 2017a). In einer repräsentativen Bitkom-Studie (Bitkom 2017a) äußerten 69 % die Meinung, dass KI entscheidend für den weltweiten Erfolg deutscher Unternehmen sei. Trotzdem ist das Misstrauen groß: Machtmissbrauch befürchten 78 % und 67 % die Abbildung von Vorurteilen durch Programmierer. Rund die Hälfte hat Angst, von Maschinen entmündigt (50 %) oder angegriffen (54 %) zu werden. Deshalb solle die Politik hier Regeln vorgeben (siehe hierzu auch Teil III dieses Buches).

6.2   Sicherheit & Risiken

6.2.1   Die Kontrolle liegt im Design

Zwei große Fragen stehen hinter den Ängsten: Sind meine Daten, meine Privatsphäre, meine Geschäftsgeheimnisse sicher, wenn eine undurchschaubare Intelligenz Zugriff auf immer mehr Daten erlangt? Und aus welchen Gründen soll ich dieser Intelligenz vertrauen?

Genau diese Fragen sind es auch, die sich jeder stellen muss, der eine Künstliche Intelligenz entwickelt: Wie kann ich dafür sorgen, dass die Daten meiner Kunden sicher sind? Und wie kann ich dies glaubwürdig belegen, damit meine Kunden mir ihre Daten anvertrauen?

Die Lösung für diese Fragen muss – wie immer in Sachen Security – bereits im Konzept verankert sein. Alle Entwicklungsschritte müssen darauf abgestimmt werden, Sicherheit und Vertrauen zu gewährleisten. Microsoft hat daher für sich selbst bereits eine Reihe von Design-Prinzipien festgelegt, die den oben genannten Ängsten entgegentreten:

- KI muss **transparent** sein.
- KI muss **Effizienz steigern, ohne die Würde des Menschen zu verletzen.**
- KI muss intelligenten, umfassenden **Datenschutz und -sicherheit** gewährleisten.
- KI-Algorithmen müssen **nachvollziehbar und überprüfbar** sein. Es braucht einen **verantwortungsbewussten Umgang** mit Technologien, die das Erwartete und das Unerwartete managen können.
- KI-Technologien dürfen **keine Vorurteile und Verzerrungen** abbilden.
- KI soll **menschliche Fähigkeiten unterstützen, nicht ersetzen.**

Unser CEO Satya Nadella forderte einen verantwortungsvollen Umgang: Auf der einen Seite die Möglichkeiten Künstlicher Intelligenz dazu nutzen, Gutes für die Menschen zu tun. Auf der anderen Seite wachsam sein, dass die Technik keine unerwünschten Folgen nach sich zieht.

Immanente Vorurteile – zum Beispiel zu Geschlechterrollen – können sich manifestieren, wenn eine KI mit Alltagstexten gefüttert wird. Solche Fehlentwicklungen lassen sich zum Teil durch das Design der Lösung verhindern (Crawford und Calo 2016), hilfreich ist aber auch die Diversität des Entwicklerteams – ein Ansatz, der von Microsoft bewusst eingesetzt wird (Roach 2017). Um solche Probleme mit hoher Sicherheit auszuschließen, müssen im Entwicklungsprozess aber auch entsprechende Kontrollen vorgesehen und wie bei Microsoft mit seiner ganzheitlichen Strategie umgesetzt werden.

6.2.2 Cyber- und Datensicherheit

Satya Nadella hat sich ebenfalls der Forderung nach Einrichtung einer „Genfer Konvention für die digitale Welt" angeschlossen. Die wichtigste Forderung lautet, keine staatlichen Angriffe auf kritische Infrastrukturen zuzulassen, deren Ausfall die Sicherheit der Zivilbevölkerung beeinträchtigen würde. Ebenso sollen persönliche Daten oder Online-Konten von Journalisten vor staatlichen Attacken geschützt bleiben, gleiches gilt für private Personen im Rahmen von demokratischen Wahlen. Und nicht zuletzt fordert das Papier klare Regeln in Bezug auf die staatliche Sammlung, den Einsatz, die Sicherung und Meldung von IT-Sicherheitslücken, insbesondere im Verhältnis zum betroffenen Anbieter.

Aufseiten der Industrie arbeitet Microsoft an einer stärkeren Harmonisierung von Mindeststandards für vernetzte Produkte, insbesondere im Internet der Dinge (IoT). Der Vorschlag: Die Anschlussfähigkeit soll an etablierte technische Standards, wie zum Beispiel ISO 27001, den Datenschutzstandard für Cloud-Dienste ISO 27018 sowie die bereits weit verbreiteten Standardisierungsansätze des National Institute of Standards and Technology (NIST) hergestellt werden.

Damit liegt Microsoft exakt auf der Linie des Branchenverbandes Bitkom. Dieser bedauert, dass die Europäische Datenschutz-Grundverordnung (EU-DSGVO), die seit Mai 2018 wirksam ist, Künstliche Intelligenz nicht im Blick hatte. Als Lösung empfehle sich die „Regulierte Ko-Regulierung": Unternehmen sollen anhand von Best Practices Verhaltensregeln entwickeln, die die EU-Kommission oder die Aufsichtsbehörden als rechtskonform anerkennen und gegebenenfalls als allgemeingültig erklären können. Die Prozesse hierfür seien in der Grundverordnung bereits angelegt. Mit der SRIW (Selbstregulierung Informationswirtschaft e. V.) in Deutschland und der europäischen Tochter SCOPE (Self and Co-Regulation for an Optimized Policy Environment in Europe) in Belgien habe die Industrie zudem bereits Organisationen für die Verwaltung und Überwachung geschaffen.

6.2.3 Ein empfindliches Gut: Vertrauen

Transparenz schafft Vertrauen, doch was heißt Transparenz im Zusammenhang mit KI? Auch dafür hat Microsoft seine eigene Antwort gefunden. Erstens den offenen Dialog mit Politik und Gesellschaft über ethische Normen, Moral, Datenschutz und Sicherheit im Zusammenhang mit der Entwicklung und dem Einsatz Künstlicher Intelligenz.

Diesen Weg geht Microsoft nicht allein. Das Unternehmen hat zusammen mit Apple, Amazon, Facebook, den Alphabet-Töchtern Google und Deepmind sowie IBM die „Partnership on AI" ins Leben gerufen. Zu deren Zielen gehört es, das Verständnis für Künstliche Intelligenz in der Bevölkerung zu verbessern. Sie soll eine Plattform für einen offenen, breiten Diskurs bieten, wo Forscher und Unternehmen, Politiker, Juristen, Regierungsvertreter und Bürgerrechtsorganisationen zusammenkommen und sich über die Auswirkungen von AI auf die Gesellschaft – sowohl Chancen wie auch Risiken – austauschen.

Der zweite Punkt beinhaltet ein Konzept, das mit „Demokratisierung Künstlicher Intelligenz" (Microsoft 2018) beschrieben wird: Jeder Mensch und jede Organisation soll an Künstlicher Intelligenz teilhaben können. Bildung und Ausbildung für Schüler, Entwickler und Anwender gehören ebenso zu diesem Konzept wie der Zugang zu kostenlosen Entwicklerwerkzeugen, aber auch zu Expertenwissen, zu Cloud-Ressourcen und zu Industrie-Hardware im Rahmen seiner IoT & AI Insider Labs in Redmond, Shenzen und München.

Investitionen in die Initiative AI for Earth (Microsoft 2017b; Smith 2017), die Teilnahme am Projekt Partnership on Artificial Intelligence und das bereits schon seit einigen Jahren laufende deutsche Programm Code Your Life flankieren diesen Ansatz und tragen dazu bei, digitale Brücken in die Gesellschaft zu bauen und der digitalen Transformation eine breite Basis zu geben.

6.3   KI in der Praxis

6.3.1   Tools und Services

Angesichts zahlreicher Angebote ist es heute einfach, eigene Erfahrungen zu sammeln, um sich ein fundiertes Bild über die Leistungen verschiedener KI-Anwendungen und Services zu machen. Microsoft stellt dafür ein umfangreiches Portfolio bereit, das ständig erweitert wird. Inzwischen deckt es eine riesige Palette an Einsatz- und Anwendungsszenarios ab.

Ein Beispiel sind die Cognitive Services: 29 Microsoft-Dienste zur Bild-, Audio-, Text-, Sprach- und Emotionserkennung ermöglichen eine natürliche Kommunikation mit Computersystemen. Die Algorithmen, die über APIs (Application Programming Interface) eingebunden werden, bieten Entwicklern die Möglichkeit, Anwendungen das Sehen, Hören, Sprechen, Verstehen und Interpretieren menschlicher Bedürfnisse beizubringen. Zugangsdaten für begrenzte Tests stellt Microsoft kostenlos zur Verfügung. Das Microsoft Cognitive Toolkit ist ein kostenloses, benutzerfreundliches Open-Source-Toolkit, das Deep-Learning-Modelle mit massiven Datenmengen trainiert. Mit dem Azure Machine Learning Studio bieten wir eine browserbasierte Drag&Drop-Umgebung an, um Predictive-Analytics-Lösungen zu entwickeln. Die Interaktion zwischen Mensch und Maschine erledigt die digitale Assistentin Cortana, die zugehörige Intelligence Suite ermöglicht die Entwicklung von Apps und Bots für vorausschauende Services.

Auch in den eigenen Applikationen setzt Microsoft zunehmend KI ein. Excel aus der Office-365-Suite kann bereits Feldinhalte interpretieren, Dynamics 365, der Bing Translator und die Bing-Suche beruhen ebenfalls auf KI-Technologien. Die Suchmaschine kommt mit dem nächsten Update der AI-Engine mit natürlichsprachigen Anfragen besser zurecht, und auch die Ergebnisse sind vielfältiger (Bing 2017), denn Bing wird dem

Nutzer Antworten aus unterschiedlichen Perspektiven auf seine Frage anbieten. Auf diese Weise vermindert sich die Gefahr von Falschinformationen.

Microsoft erwartet, dass seine 30.000 Independent Software Vendors künftig auch auf diese Funktionen zurückgreifen, um eigene Applikationen aufzuwerten und damit die Digitalisierung in die Praxis umzusetzen. Wir bieten dafür Plattformen, Infrastrukturen und – gemeinsam mit unseren Partnern – Lösungen und Services, die Unternehmen brauchen, um sich digital neu erfinden und an der Digitalisierung teilhaben zu können.

Wo die Netz-Infrastruktur nicht zuverlässig ist oder eine Datenübertragung in eine Public Cloud unerwünscht ist, kann die KI auch auf Edge-Devices eingesetzt werden. Für Arduino und Raspberry PI ist ein Prototyp auf Github verfügbar.

6.3.2   KI – nützlicher Helfer in vielen Lebenslagen

Aber auch heute schon findet sich Künstliche Intelligenz in zahlreichen Anwendungen. Nicht immer ist offensichtlich, was dahintersteckt, wenn Systeme immer leistungsfähiger werden. Deshalb wollen wir einige ausgewählte Projekte zeigen:

6.3.2.1 Wie Emma ihr Leben zurückbekam

Emma Lawton, 33, ist Grafikerin. 2013 brach bei ihr Parkinson aus und ihre Hände fingen an, unkontrolliert zu zittern. Kein gerader Strich wollte mehr gelingen. Schließlich wurde der Tremor so schlimm, dass Emma nicht einmal mehr schreiben konnte. Das war für sie das berufliche Aus – bis 2016. Eine Microsoft-Entwicklerin befasste sich mehrere Monate mit den Folgen der Parkinson-Krankheit und fand schließlich eine Lösung. Eine vibrierende „Uhr", gesteuert über ein Tablet, wirkt dem Zittern entgegen.

Als Emma zum ersten Mal die Uhr anlegte, hoffte sie darauf, wenigstens eine kleinere Besserung zu erreichen. Als erstes begann sie, ihren Namen zu schreiben. Das E war gut gelungen – mit perfekten Kurven und Schwüngen. Und auch der Rest ihres Namens gelang. Und nicht nur das: gerade Linien, perfekte Quadrate, komplexe Figuren fanden den Weg aufs Papier. Den Stift konnte Emma zwar nicht direkt aufnehmen, sondern musste ihn mit der linken Hand zwischen die Finger ihrer Rechten schieben. Aber dann konnte sie wieder schreiben und zeichnen.

Was am Handgelenk wie eine Uhr aussieht, ist eine vibrierende Scheibe, die über das Tablet gesteuert wird. Entscheidend ist das Bewegungsmuster, das exakt auf Emma abgestimmt wurde. Es kompensiert die Kontraktionen, die durch das Parkinson-Syndrom in den Arm-Muskeln ausgelöst werden. Mittels Sensoren wurden diese Kontraktionen vermessen. Der Einsatz Künstlicher Intelligenz konnte aus diesen Daten eine wirksame Gegenbewegung generieren, die Emma ermöglicht, heute wieder mit ihrer rechten Hand zu arbeiten.

6.3.2.2 Digitalisierung der Landwirtschaft: KI schlägt Erfahrung

Auf den Canterburry-Ebenen in Neuseeland unterhält Craig Blackburn eine Farm mit 400 Hektar Weide- und Ackerflächen, 2100 Rindern und 800 Schafen. An einem sonnigen Tag streicht der Wind über die Felder, die Halme rascheln, im nahen Fluss plätschert das Wasser – doch die KI seines Bewässerungssystems kennt keine Romantik. Sonnenscheindauer und -intensität, Lufttemperatur und -feuchtigkeit, Windgeschwindigkeit, letzte Regenmenge und derzeitige Bodenfeuchte sind für sie lediglich notwendige Sensordaten. Der Kalender und Zusatzinfos von Blackburn liefern ergänzende Informationen zur derzeitigen Wachstumsphase der verschiedenen Feldfrüchte. Aus dieser komplexen Datenbasis errechnet die Künstliche Intelligenz den aktuellen Wasserbedarf und passt die Bewässerung entsprechend an.

Craig Blackburn ist ein erfahrener Farmer. Doch seit er der KI die Wasserversorgung seiner Ackerflächen anvertraut hat, sind die Erträge bei Futterrüben und Gerste spürbar gestiegen. Gleichzeitig verbraucht er nun weniger Wasser, an manchen Tagen bis zu 50 %.

Dabei ist die KI nur das letzte Glied in einer ganzen Kette von Veränderungen auf der neuseeländischen Farm. Herzstück der Entwicklung bei Blackburn ist die Anwendung SCADAfarm, die auf Microsoft Azure aufsetzt. Sie wurde von Schneider Electric in Zusammenarbeit mit einem lokalen Wasserwirtschaftsunternehmen entwickelt. Mit SCADAfarm kann Blackburn seine Bewässerungsgeräte und Pumpen remote überwachen. Früher war der Farmer viele Stunden unterwegs, beispielsweise um die Konsistenz des Bodens zu prüfen. Heute steuert er die gesamte Wasserlogistik nur noch mit seinem Laptop; zur Kontrolle genügt das Smartphone. Die benötigten Daten laufen in der Microsoft Azure Cloud zusammen.

Neben der intelligenten Bewässerung unterstützt SCADAfarm Blackburn auch in weiteren Bereichen. Das Wasser für die Bewässerung der Felder entnimmt Blackburn einem nahen Fluss. Doch die Menge, die er schöpfen und auf seinen Flächen ausbringen darf, wird von Umweltauflagen begrenzt. Zudem schwankt der Preis für das entnommene Wasser. Die Anwendung überwacht die Wasserspeicher und optimiert die Kosten, indem sie die Vorräte anhand der Preisentwicklung günstig ergänzt oder den Pumpvorgang so legt, dass der billigere Nachtstrom genutzt wird. Zudem übernimmt SCADAfarm die Dokumentationspflicht und schlägt Alarm, wenn es irgendwo Probleme gibt.

6.3.2.3 Das intelligente Auto lernt die Straße kennen

Der Technologie-Spezialist Bertrandt nutzt die „Automotive Analytics and Development Platform", mit der Fahrzeugdaten über Sensoren aufgezeichnet und in der Microsoft Cloud-Plattform Azure gespeichert sowie ausgewertet werden. Basis für diese Entwicklung ist ein Pkw, der mit Sensoren zur Fahrbahnerkennung und -klassifizierung ausgestattet ist und die Straßenbeschaffenheit aufnehmen kann. Die Daten werden per Mobilfunk in die Microsoft Cloud übermittelt.

Die Plattform vernetzt Fahrzeuge wie einen Schwarm miteinander. Fährt eines durch ein Schlagloch, wird die Position gespeichert und an die anderen übertragen. Die können das Tempo und die Fahrwerksabstimmung rechtzeitig anpassen – mehr Komfort für die Insassen, mehr Sicherheit und weniger Verschleiß am Fahrzeug. Ähnliches gilt bei schlechten Witterungsverhältnissen, wenn etwa Glatteis oder Aquaplaning drohen.

Die Sensordaten werden über die Microsoft Cloud-Plattform Azure zentral gespeichert. Azure Stream-Analytics analysiert die Daten und leitet anhand statistischer Algorithmen Vorhersagen ab. Diese betreffen nicht allein das Auto: auch die Straßenbeschaffenheit kann hochgerechnet werden. Für die zuständigen Behörden bietet dies die Möglichkeit, gezielter zu planen, wann die Straße repariert werden muss.

6.3.2.4 Die sehende App

Eine der spannendsten Anwendungen Künstlicher Intelligenz ist die „Seeing App": Sie interpretiert das Bild eines Smartphones und gibt ihre Erkenntnisse mittels einer menschlichen Stimme preis. „Ich denke, dies ist ein Mädchen, das ein Frisbee wirft", ist dann beispielsweise zu hören. Ursprünglich war diese App nur für Blinde und Sehschwache entwickelt worden.

Doch es zeigte sich schnell, dass dies nicht die einzige Einsatzmöglichkeit ist. Die App kann nämlich nicht nur Bilder, sondern auch Texte verstehen und vorlesen. Damit ist die App das ideale Tool für Legastheniker und Analphabeten. Ebenso kommt sie zum Einsatz beim Lernen von Fremdsprachen oder bei Kindern, die das Lesen erst noch lernen.

Inzwischen wurde der Einsatzbereich nochmals erweitert. Demenzkranke und Gesichts-Blinde, die sich nicht mehr an Gesichter erinnern können, erhalten mittels der App Informationen zu ihrem Gegenüber. Ein weiteres Einsatzfeld tut sich im Bereich des Autismus auf. Hier kann die App helfen, die Emotionen des Gesprächspartners zu interpretieren.

6.3.2.5 Die Industrie holt die KI aus der Cloud

Im industriellen Umfeld hat Microsoft ein Projekt mit dem Embedded-PC-Hersteller Kontron gestartet. Dieser bietet auf seiner Hardware vorinstalliert Azure IoT Edge und eine darin integrierte Version des kommerziellen Global Discovery Server (GDS) und dem dazugehörigen Client an. Die IoT-Anwendungen laufen faktisch in einer Private-Azure-Cloud, darunter auch solche für Advanced Analytics und Künstliche Intelligenz. Damit müssen die Daten nicht mehr die Fabrik verlassen. Zudem ist sichergestellt, dass keine externen Netzstörungen den Betrieb beeinflussen können.

Literatur

Bendiek, S. (2017). Mensch und Maschine – ein Dreamteam. *Handelsblatt*. http://www.handelsblatt.com/my/technik/it-internet/microsoft-managerin-bendiek-ueber-ki-mensch-und-maschine-ein-dreamteam/19368922.html. Zugegriffen: 7. März 2018.

Bing. (2017). Bing launches new intelligent search features, powered by AI. https://blogs.bing.com/search/2017-12/search-2017-12-December-AI-Update. Zugegriffen: 20. März 2018.

Bitkom. (2017a). Künstliche Intelligenz – Wirtschaftliche Bedeutung, gesellschaftliche Herausforderungen, menschliche Verantwortung [Pressemeldung]. https://www.bitkom.org/noindex/Publikationen/2017/Sonstiges/KI-Positionspapier/171012-KI-Gipfelpapier-online.pdf. Zugegriffen: 4. März 2018.

Bitkom. (2017b). Weltmarkt für Cognitive Computing vor dem Durchbruch [Pressemeldung].
    https://www.bitkom.org/Presse/Presseinformation/Weltmarkt-fuer-Cognitive-Compu-
    ting-vor-dem-Durchbruch.html. Zugegriffen: 8. März 2018.
Bughin, J., Hazan, E., Ramaswamy, S., Chui, M., Allas, T., Dahlström, P., & Trench, M. (2017).
    Artificial Intelligence – The Next Digital Frontier? https://www.mckinsey.de/files/170620_stu-
    die_ai.pdf. Zugegriffen: 10. März 2018.
Crawford, K., & Calo, R. (2016). There is a blind spot in AI research [Pressemeldung]. https://
    www.nature.com/news/there-is-a-blind-spot-in-ai-research-1.20805. Zugegriffen: 20. März
    2018.
McKinsey Global Institute. (2016). Digitalisierung: Deutschland verschenkt 500 Milliarden Euro
    Potenzial [Pressemeldung]. https://www.mckinsey.de/files/160630_pm_digital_europe.pdf.
    Zugegriffen: 5. Febr. 2018.
Microsoft. (2017a). Microsoft-Umfrage: Künstliche Intelligenz bietet enormes Potenzial für Men-
    schen mit Behinderung [Pressemeldung]. https://news.microsoft.com/de-de/microsoft-um-
    frage-kunstliche-intelligenz-bietet-enormes-potenzial-fur-menschen-mit-behinderung/.
    Zugegriffen: 4. März 2018.
Microsoft. (2017b). Microsoft investiert zwei Millionen US-Dollar in nachhaltige Projekte der
    künstlichen Intelligenz [Pressemeldung]. https://news.microsoft.com/de-de/microsoft-in-
    vestiert-zwei-millionen-us-dollar-in-nachhaltige-projekte-der-kuenstlichen-intelligenz/.
    Zugegriffen: 15. März 2018.
Microsoft. (2018). Democratizing AI – For every person and every organization. https://news.
    microsoft.com/features/democratizing-ai/. Zugegriffen: 15. März 2018.
Roach, J. (2017). Debugging data: Microsoft researchers look at ways to train AI systems to reflect
    the real world. https://blogs.microsoft.com/ai/debugging-data-microsoft-researchers-look-ways-
    train-ai-systems-reflect-real-world/. Zugegriffen: 15. März 2018.
Smith, B. (2017). AI for Earth can be a game-changer for our planet. https://blogs.microsoft.com/
    on-the-issues/2017/12/11/ai-for-earth-can-be-a-game-changer-for-our-planet/. Zugegriffen: 20.
    März 2018.
Tata Consultancy Services. (2017). Digitalisierung – Deutschland endlich auf dem Sprung? https://
    studie-digitalisierung.de/wp-content/uploads/2017/11/Studie-Digitalisierung-Deutschland-end-
    lich-auf-dem-Sprung.pdf. Zugegriffen: 4. Febr. 2018.

Oliver Gürtler ist seit September 2016 Senior Director der
Cloud & Enterprise Business Group bei Microsoft Deutschland.
Er verantwortet die Positionierung und den Vertrieb aller Dienste
der Cloud- und Data-Plattform Microsoft Azure sowie der Server-
und Entwicklertools, wie SQL Server, Windows Server und
Visual Studio, im deutschen Markt.

Zuvor war er als Leiter des Geschäftsbereichs Windows
tätig. Davor war er Direktor des Partner Strategy & Programs
und verantwortete den Launch des Microsoft Partner Network.
Seine Karriere begann bei mittelständischen Softwarehäusern in
Deutschland und der Schweiz.

Offene Plattformen als Erfolgsfaktoren für Künstliche Intelligenz

Karl-Heinz Streibich und Michael Zeller

7.1   Einleitung

Die Weltwirtschaft wandelt sich heute schneller denn je und ist durch starke Disruption geprägt. Neue digitale Geschäftsmodelle schießen aus dem Boden und Markteinsteiger, die oft aus anderen Märkten oder Branchen stammen, verändern den Wettbewerb in rasantem Tempo. Im Zentrum dieser digitalen Disruption steht mit der Künstlichen Intelligenz häufig eine Technologie mit außergewöhnlichem Innovationspotenzial. Der Grund für dieses neu erwachte Interesse an KI und ihre zunehmende Verwendung liegt im Erfolg der Machine-Learning-Algorithmen und -Modelle. Die rasche Weiterentwicklung von Software und Hardware stellt KI-interessierte Unternehmen vor die Qual der Wahl: Mit welchen Werkzeugen lassen sich diese komplexen Algorithmen in Unternehmens-anwendungen am besten nutzen? Unternehmen benötigen eine einheitliche Plattform, einen einheitlichen Prozess und offene Standards, die den operativen Einsatz und die Integration dieser Algorithmen vereinfachen.

Im Folgenden geben wir zunächst einen Überblick über den aktuellen Stand von KI und untersuchen im Anschluss, was sich in den letzten Jahren verändert hat und warum KI in fast jeder Branche zu einem wichtigen Element der digitalen Innovation geworden ist. Wir erläutern, weshalb sich mit KI aus Rohdaten wirtschaftlicher Mehrwert erzielen lässt und wie wichtig der Faktor Zeit in diesem Zusammenhang ist. Anschließend erörtern wir den Wert des einheitlichen Branchenstandards „Predictive Model Markup Language (PMML)" und beschreiben, wie KI mithilfe von PMML auf einer digitalen Geschäftsplattform mit offenen Standards schnell verfügbar gemacht werden kann. Den Abschluss bilden Anwendungsfälle für das Internet der Dinge (IoT), Finanzwesen und Marketing.

K.-H. Streibich (✉)
Software AG, Darmstadt, Deutschland

© Springer-Verlag GmbH Deutschland, ein Teil von Springer Nature 2019   107
P. Buxmann und H. Schmidt (Hrsg.), *Künstliche Intelligenz,*
https://doi.org/10.1007/978-3-662-57568-0_7

7.2   Der Wettlauf um KI

KI wird nicht nur viele Aspekte des täglichen Lebens verändern, sondern auch zu einem wichtigen Erfolgsfaktor für Unternehmen werden, die ihr Potenzial nutzen, um sich einen Wettbewerbsvorteil zu verschaffen. Analysten schätzen die Marktgröße in absoluten Zahlen zwar unterschiedlich ein, sind sich jedoch einig, dass der KI-Markt explodiert und enorme Umsatzchancen bietet. Das Marktforschungsunternehmen Tractica erwartet Umsätze im KI-Softwaresegment bis zum Jahr 2025 weltweit in Höhe von fast 60 Mrd. US$ (Tractica 2017; vgl. Abb. 7.1) Zu den Vorreitern der KI-Technologie gehören die Werbebranche, der Finanzsektor, das Gesundheitswesen sowie die Konsumgüter- und die Raumfahrtindustrie, wobei in fast allen vertikalen Branchen große Wachstumschancen zu erwarten sind.

Unternehmen können mit KI das bislang verborgene Potenzial ihrer Unternehmensdaten nutzbar machen. Algorithmen zur Darstellung technischer oder betriebswirtschaftlicher Szenarien werden durch Algorithmen abgelöst, die aus den Daten lernen, über die das Unternehmen bereits verfügt. Nachdem im Zuge des Hypes um Big Data enorme Investitionen in Hardware und Software vorgenommen wurden, um Daten in zuvor unvorstellbaren Mengen zu sammeln und bereitzustellen, stellen wir nun fest, dass diese Rohdaten in einer datengestützten Welt erst durch KI einen echten Geschäftsmehrwert bringen.

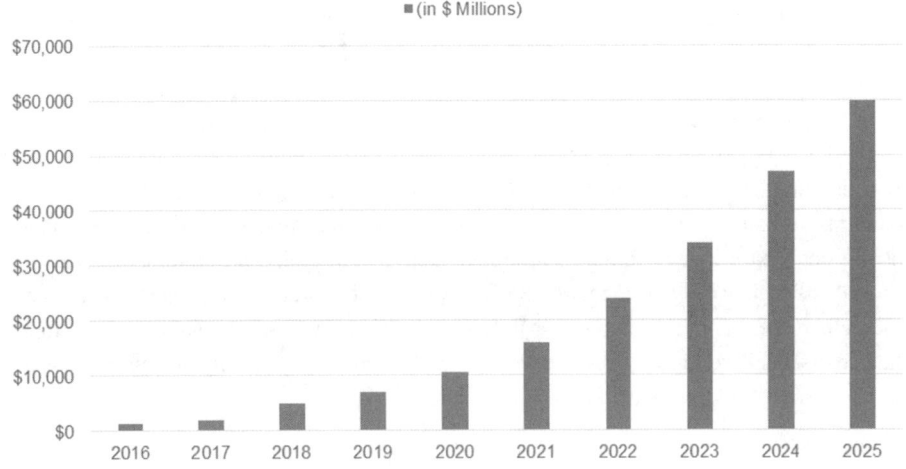

Abb. 7.1 Laut Prognosen von Tractica wird der KI-Umsatz weltweit bis 2025 auf fast 60 Mrd. US$ anwachsen. (Quelle: Tractica 2017)

Damit der KI der Durchbruch gelingt und sie ihr volles Potenzial entfalten kann, müssen folgende Bedingungen erfüllt sein:

- Einfache Integration von KI in vorhandene IT-Anwendungen
- Schnelles Deployment von KI auf mehreren Plattformen, unabhängig vom zugrunde liegenden Algorithmus
- Ausführung in Echtzeit oder Batch-Verarbeitung entsprechend der Geschäfts-anforderungen

7.3   Die Anforderungen der Unternehmens-IT an die KI

Mehrere parallele Entwicklungen in den Bereichen Data Science und IT-Infrastruktur haben die Weichen für die Implementierung von KI gestellt. Im Bereich Data Science wird eine größere Anzahl von Modelltypen verwendet. Open-Source-Data-Mining-Lösungen mit großen Benutzergemeinschaften erleichtern das Experimentieren mit neuen Algorithmen sowie mit etablierten statistischen Algorithmen, Support-Vector-Machines und neuronalen Netzen. Gleichzeitig wagen sich die Wissenschaftler an immer komplexere Modelltypen und wechseln von klassischen Entscheidungsbäumen zu Modell-Ensembles wie dem Random Forest. In der jüngeren Vergangenheit hat sich eine neue Kategorie von Deep-Learning-Algorithmen herauskristallisiert, die hinsichtlich der Bild- und Spracherkennung rekordverdächtig sind (LeCun et al. 2015). Gerade die Entwicklung im Bereich der Künstlichen Neuronalen Netze fasziniert Theoretiker und Praktiker gleichermaßen und ist die treibende Kraft hinter dem neu erwachten Interesse an KI.

Die Unternehmens-IT (rechts in Abb. 7.2) stellt zusätzliche Anforderungen an den Erfolg von KI. Wir können heute zwischen spezialisierten IT-Plattformen wählen, deren Rechenleistung hoch genug ist, um die erweiterten Matrixoperationen der KI-Algorithmen zu verarbeiten und Daten um ein Vielfaches kostengünstiger zu verwenden als noch vor wenigen Jahren. Wir verfügen über Cloud-Plattformen, Multi-Threaded-CPUs, parallele Hadoop-Cluster sowie über GPUs und spezialisierte KI-Chipsets. Aufgrund des jüngst erlebten „Big-Data"-Hype-Zyklus haben Unternehmen in Data Lakes investiert, die mehr denn je Zugang zu riesigen Mengen vorhandener Informationen über alle Aspekte der Geschäftsprozesse gewähren. Gleichzeitig erfassen Data Lakes nicht einfach eine größere Menge an Daten, sondern auch verschiedene Datentypen, wie Social-Media-, Audio-, Bild- und Videodaten.

Infolgedessen verfügen wir über riesige Datenmengen und die Rechenleistung für moderne KI-Algorithmen, während Kosten und Komplexität der zugrunde liegenden IT-Infrastruktur sinken. Diese Voraussetzungen bilden die Grundlage für intelligentere „KI-fähige" Anwendungen in großem Maßstab.

Angesichts der rasanten Fortschritte in Data Science und IT-Infrastruktur muss auch der zugehörige KI-Entwicklungslebenszyklus verbessert werden. Unternehmen müssen sich auf automatisierte Entscheidungen der KI verlassen können. Daher bedarf

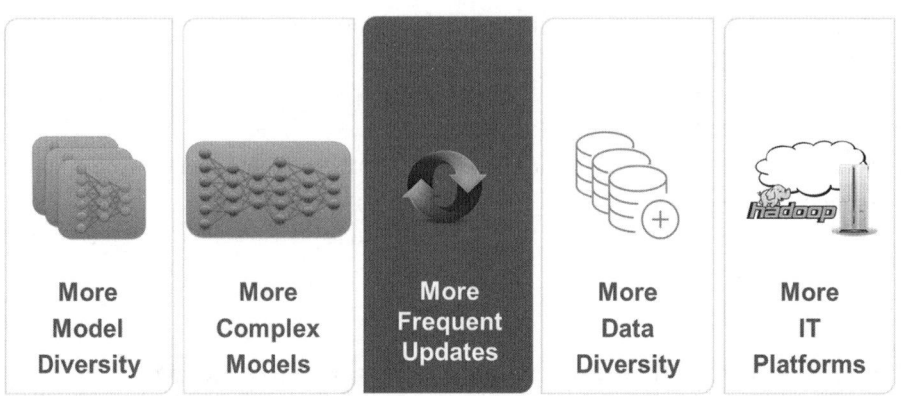

Abb. 7.2 Diesmal hat KI Bestand: Dank der Fortschritte, die Data Science (links) und IT-Infrastrukturen (rechts) in jüngster Zeit gemacht haben, können Unternehmen neue KI-Anwendungen entwickeln. Höhere Rechenleistung, Zugang zu riesigen Datenmengen sowie die Weiterentwicklung von KI-Algorithmen bilden die Grundlage für eine schnelle Einführung von KI-Lösungen

es einer schnelleren Reaktion auf Datenänderungen und häufigerer Updates für KI-Modelle, die fest in die operative IT-Landschaft eingebettet werden müssen, damit sie Früchte tragen. Nur durch einen schnellen operativen Einsatz trägt KI effizient zur Wertschöpfung bei.

7.4   Von Big Data zur Wertschöpfung

Lange bevor der Begriff „Big Data" geprägt wurde, stellte Albert Einstein fest: „Information ist kein Wissen". Diese Aussage lehrt uns, dass das Ziel nicht im Erfassen von immer mehr Daten besteht, sondern in der Umwandlung der gesammelten Rohdaten in wertvolles Wissen. Hier kommen KI, Machine Learning und Predictive Analytics als Tor zwischen Daten und Wertschöpfung ins Spiel. Durch die wirksame Nutzung von Machine-Learning-Algorithmen lassen sich betriebswirtschaftliche Einblicke gewinnen, die zu intelligenten Entscheidungen führen können.

Die Betonung liegt hier vor allem auf praktikablen Entscheidungen. Es geht nicht darum, im Sinne von Business-Intelligence-Lösungen (BI-Lösungen) mit ihrer statischen Momentaufnahme der Unternehmenssituation noch mehr Berichte und Dashboards zu erstellen. Intelligente Entscheidungen, im Idealfall vollkommen automatisiert und in Echtzeit, stehen im Mittelpunkt von KI. Damit unterscheidet sich KI nachhaltig von BI-Analysen. Die riesigen Datenmengen würden jeden beteiligten Entscheidungsträger unweigerlich überfordern. Je schneller ein Unternehmen von Big Data zur Wertschöpfung gelangt (s. Abb. 7.3), desto größeren Mehrwert kann es aus seinen Datenquellen schöpfen.

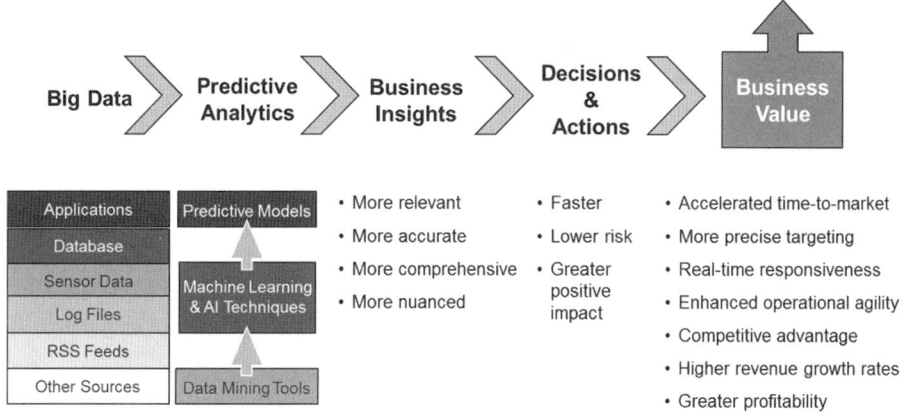

Abb. 7.3 Der Weg von Big Data zur Wertschöpfung führt über KI, Machine Learning und Predictive Analytics. KI wandelt Rohdaten in genaue Erkenntnisse um, die später intelligentere Entscheidungen und Echtzeitaktionen ermöglichen

7.5 Time to Insight ist entscheidend

Warum ist die Time to Insight beim Umgang mit Daten so wichtig? Je länger ein Unternehmen im Rahmen eines Geschäftsprozesses braucht, um auf ein bestimmtes Ereignis zu reagieren, desto niedriger ist der Wert der Reaktion. Anders ausgedrückt: Daten verlieren im Laufe der Zeit an Wert. Wie schnell dieser Wertverlust eintritt, hängt von dem entsprechenden Ereignis ab. Wegen dieses Wertverlustes ist es erstrebenswert, in Echtzeit („just-in-time") zu reagieren, um den Wert der Daten zu maximieren. Bei einem bestimmten Geschäftsereignis (s. Abb. 7.4) ist eine schnelle Reaktion mit einem hohen Wert („Reaktion mit hohem Wert") verbunden, eine späte Reaktion oft nur mit einem „geringen Wert" oder schlimmstenfalls mit gar keinem Wert.

Beispiel: Im Internet der Dinge (IoT) ist die Vorhersage des Ausfalls eines Transformators im Stromnetz nur dann von hohem Wert, wenn das System die Daten frühzeitig analysieren, die Störung feststellen und das Wartungsteam warnen kann, sodass dieses handeln kann, bevor ein Problem auftritt. Aus den Analysen und Prognosen abgeleitete Warnungen, die nicht vor dem Ausfall des Transformators eintreffen, sind für das Unternehmen wertlos.

Im Finanzsektor nutzen moderne Betrugserkennungssysteme KI-Modelle. Eine Wertschöpfung findet nur statt, wenn eine betrügerische Transaktion innerhalb von Millisekunden gesperrt wird. Wenn die betrügerische Absicht einer Transaktion im Nachhinein festgestellt wird, kann dies zwar immer noch wichtig sein, hat für das Finanzinstitut aber einen sehr viel geringeren Wert.

Beim Marketing im Rahmen des E-Commerce müssen Kaufempfehlungen in Echtzeit während des Einkaufs eines Kunden auf einer Website erfolgen. Die Chance, durch einen

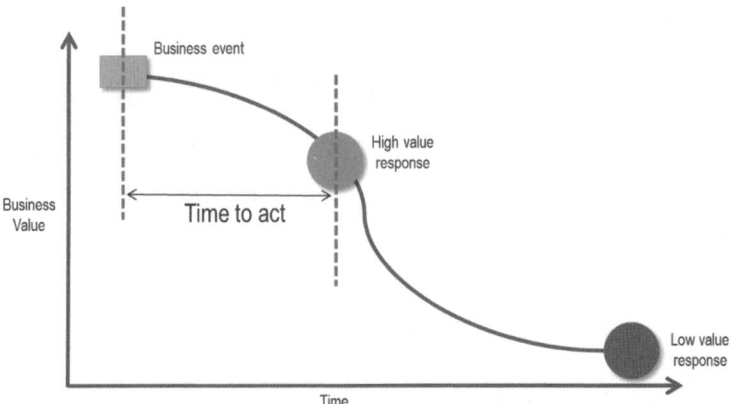

Abb. 7.4 Die Daten verlieren im Laufe der Zeit schnell an Wert. Eine schnelle Reaktion ist in der Regel mit einem hohen Wert und eine späte Reaktion mit einem geringeren Wert verbunden

Verkauf oder unmittelbares Upselling Umsätze zu erzielen, verflüchtigt sich, sobald der Kunde eine Transaktion beendet oder die Seite verlässt.

Diese Beispiele zeigen, dass Anwendungen ihre KI-fähigen Funktionen in Echtzeit ausführen müssen, um eine maximale Wertschöpfung zu erzielen. Daher bildet eine skalierbare Plattform zur Ausführung von Machine-Learning-Modellen in Echtzeit oder innerhalb enger Service-Level-Agreements ein zentrales Element einer modernen Unternehmensarchitektur.

Ein weiterer Faktor, der oft unterschätzt wird, ist die Implementierungszeit von KI-Modellen. Wenn das Data-Science-Team für jedes einzelne Modell kundenspezifischen Code entwickeln muss, kann es Wochen oder Monate dauern, bis ein Modell im IT-Zielsystem einsatzbereit ist. Die Folge sind verpasste Geschäftschancen oder suboptimale Entscheidungen. Glücklicherweise lässt sich die Implementierungszeit auf einfache Weise verkürzen. Um von KI zu profitieren, sollten Unternehmen offene Branchenstandards und auf Best Practices basierende einheitliche Prozesse einführen, wie im nächsten Abschnitt beschrieben.

7.6   PMML: Ein einheitlicher Branchenstandard für alle Stakeholder

Agilität und kürzere Implementierungszeiten lassen sich unter anderem mit dem Branchenstandard Predictive Model Markup Language (PMML) erzielen. Als Standard für den Austausch von KI-Modellen bietet PMML den Fachabteilungen, der IT-Abteilung und Data Scientists enorme Vorteile, da Prognosemodelle (einschließlich Machine-Learning- und KI-Algorithmen) zwischen verschiedenen Anwendungen übertragen werden können.

Der von der Data Mining Group (DMG) definierte PMML-Standard wird von allen gängigen Open-Source- und kommerziellen Data-Mining-Tools unterstützt. Damit gehören

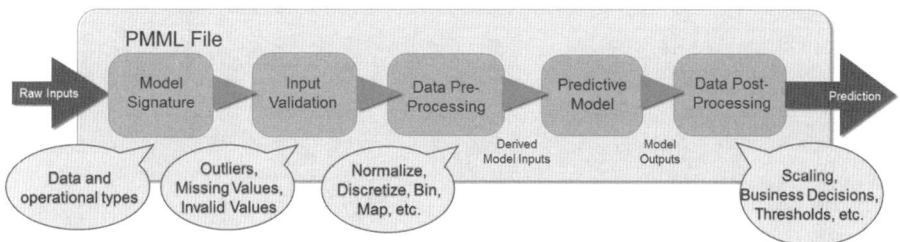

Abb. 7.5 PMML deckt den Workflow aus KI, Machine Learning und Predictive Analytics von der Rohdateneingabe bis zur Prognose ab. Dabei umfasst PMML nicht nur das zentrale Prognosemodell, sondern auch die Datenvor- und -nachverarbeitung

kundenspezifischer Code und proprietäre Modelle der Vergangenheit an, da Data Scientists ein Machine-Learning-Modell entwickeln und auf der Plattform eines anderen Herstellers implementieren können. PMML definiert nach unserer Ansicht einen einheitlichen Standard und Prozess für alle Stakeholder, der einen schnellen Return on Investment sowie Transparenz gewährleistet und KI-Modelle in dynamische betriebswirtschaftliche Aktivposten umsetzt (Guazzelli et al. 2009a).

Eine PMML-Datei kann als XML-basierte Darstellung des gesamten Machine-Learning-Workflows betrachtet werden (s. Abb. 7.5). Sie umfasst nicht nur das zentrale Prognosemodell, sondern alles, was zur Ableitung von Prognosen und Geschäftsentscheidungen aus Rohdaten erforderlich ist. Zu den unterstützten Modelltypen zählen klassische statistische Algorithmen, Support-Vector-Machines, erweiterte Modelle neuronaler Netze und komplexe, große Modell-Ensembles. Über die Eingabevalidierung lässt sich der Umgang mit Ausreißern, fehlenden Werten und ungültigen Werten definieren, damit die Modelle solche Daten in den operativen Systemen ordnungsgemäß behandeln. Bei der Vorverarbeitung verarbeitet das Modell die eingegebenen Rohdaten direkt. Die Nachverarbeitung bietet die Möglichkeit, anhand von Wahrscheinlichkeiten oder Punktwerten aus den Modellergebnissen umgehend Geschäftsentscheidungen abzuleiten, die von nachgelagerten Systemen verwendet werden können. Open-Source-Data-Mining-Tools wie die gängige Statistiksprache R (Guazzelli et al. 2009b) treiben die Einführung von PMML voran.

7.7 Plattformunabhängiges KI-Deployment

Die Software AG setzt auf offene Standards und hat den PMML-Branchenstandard in ihre Produktlinie Zementis Predictive Analytics integriert. Diese Produkte bilden einen einheitlichen Rahmen für die branchen- und anwendungsunabhängige Bereitstellung intelligenter Lösungen. Mit Zementis können Unternehmen das Potenzial ihrer Daten nutzen, um mit Predictive-Analytics-Tools Erkenntnisse zu gewinnen und Geschäftsentscheidungen zu treffen.

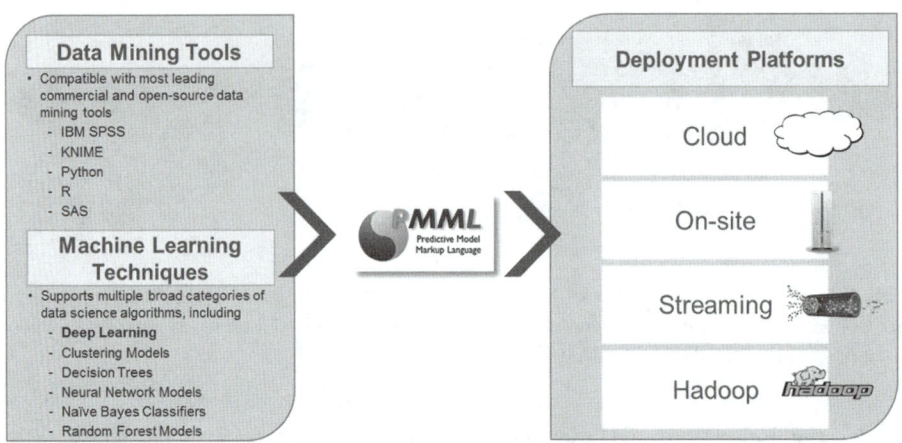

Abb. 7.6 Mit dem PMML-Branchenstandard lässt sich KI plattformunabhängig einsetzen. Data Scientists (links) können die Data-Mining-Tools und Machine-Learning-Algorithmen zur Planung und Anpassung der KI-Modelle wählen. Die neuen Modelle werden dann von den IT-Teams (rechts) auf den verschiedenen Unternehmensplattformen implementiert

Zementis ist die Plattform für die Inbetriebnahme, Ausführung und Integration von KI, Machine-Learning- und Prognosemodellen, die Erkenntnisse für Geschäftsanwendungen liefern. Zementis automatisiert Echtzeit- und Batch-Scoring von Daten und schafft einen einheitlichen operativen Rahmen für alle IT-Plattformen: cloudbasiert oder On-Premise, Streaming-Analysen in Echtzeit oder massiv-parallele Batch-Verarbeitung in Hadoop-Clustern wie Apache Hive, Spark und Storm.

Damit kann die Wahl des Data-Mining-Tools und der Machine-Learning-Algorithmen unabhängig vom operativen Einsatz in der gewünschten Unternehmensplattform erfolgen (s. Abb. 7.6). Zementis bietet Stakeholdern des Unternehmens die Flexibilität, eine marktführende Strategie umzusetzen und entweder die KI-Tools oder die IT-Deployment-Plattformen ohne Effizienzverluste anzupassen.

7.8   Eine digitale Geschäftsplattform für KI

Komplexe KI-Lösungen, häufige Modellaktualisierungen, plattformübergreifende Ausführung und Datenintegration stellen Unternehmen vor große Herausforderungen. Daher verfolgt die Software AG einen herstellerneutralen Ansatz, der den Benutzern die problemlose Nutzung einer Vielzahl von Komponenten per Plug-and-Play ermöglicht.

Da kundenspezifischer Code oder proprietäre Deployment-Lösungen nicht mehr benötigt werden, verkürzt die Digital Business Platform der Software AG die Implementierungszeit. Zusätzlich zum Deployment von KI-Modellen umfasst sie Datenintegration, Orchestrierung von Geschäftsprozessen und schnelle Streaming-Analysen. Aufgrund ihrer Anbindung an eine vorhandene IT-Infrastruktur stehen diese wesentlichen Komponenten auch der KI zur Verfügung (s. Abb. 7.7).

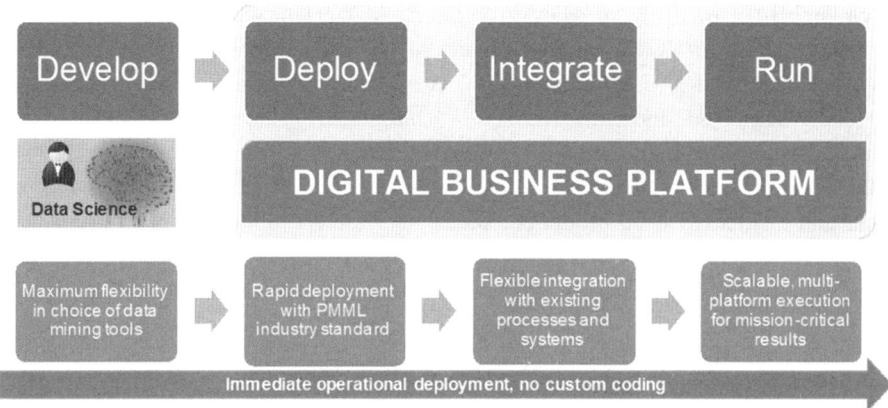

Abb. 7.7 Die Digital Business Platform der Software AG legt den Grundstein für eine Implementierung, Integration und Ausführung der von Data Scientists entwickelten KI-Modelle. Die Entwicklung der KI-Modelle erfolgt unabhängig von den Anforderungen der operativen IT-Infrastruktur

Erfolgsrelevante Unternehmensanwendungen erfordern einen skalierbaren, stabilen und gleichzeitig flexiblen Rahmen. Die IT-Landschaft entwickelt sich ständig weiter, und Veränderungen sind unvermeidbar. Dies gilt sowohl für Werkzeuge zur Erstellung von KI-Modellen, Datenquellen und Geschäftsprozessen als auch für die Software- und Hardwareinfrastruktur. Daher lässt sich eine zukunftssichere KI-Strategie am besten auf der Grundlage einer offenen Plattform umsetzen.

7.9 Branchenbezogene Anwendungsfälle

Für KI liegen bereits wichtige Anwendungsfälle aus verschiedenen Branchen vor. Während Data Scientists Daten analysieren, Algorithmen entwickeln und Modelle mit verschiedenen Open-Source-Tools offline anpassen, geht es den Unternehmen zunehmend darum, die entsprechenden KI-Modelle zu implementieren und anzuwenden, um intelligente Entscheidungen in Echtzeit zu treffen. Zu den repräsentativen vertikalen Branchen, in denen bereits fortgeschrittene KI-Anwendungsfälle mit Kunden vorliegen, gehören das IoT, der Finanz- und Versicherungssektor sowie Marketingdienstleistungen.

Das IoT vernetzt Geräte, um neue Möglichkeiten zur Steigerung der operativen Effizienz zu erschließen. IoT-Sensoren erfassen riesige Datenmengen und überwachen den Status von Subsystemen, was den Wechsel von der nachträglichen Reparatur zur vorbeugenden Wartung ermöglicht. Viele IoT-Anwendungsfälle, wie Fehlererkennung, Bildanalyse und Predictive Maintenance, wenden Prognosemodelle auf den von Sensoren und Geräten eingehenden Datenstrom an. Sichtbarer Ausdruck der auf Innovation ausgelegten IoT-Markteinführung der Software AG sind strategische Allianzen z. B. mit der Robert

Bosch GmbH (Fern 2016) und ADAMOS (Streibich 2017), einem Joint Venture von Software AG, Dürr AG, DMG Mori, Zeiss AG und ASM Pacific Technology. Mit der Gründung von ADAMOS wollen Unternehmen aus Deutschland, Singapur und Japan gemeinsam die Marktchancen des Industrial Internet of Things (IIoT) nutzen. ADAMOS verbindet Informationstechnologie, operative Technologie und Branchenwissen für den Maschinenbau.

Der Finanz- und Versicherungssektor ist bekannt für eine intensive Nutzung von Daten und mathematischen Modellen. Daher überrascht es nicht, dass in diesen Branchen besonders viele Unternehmen Machine-Learning-Modelle für verschiedene Anwendungen eingeführt haben. KI prüft in Hochgeschwindigkeit, ob Transaktionen eine betrügerische Absicht zugrunde liegt, oder wendet komplexe Machine-Learning-Modelle zur Risikoabschätzung an, um differenzierte Ergebnisse zu erzielen.

Im Marketing finden sich ebenfalls KI-Anwendungsfälle. Sowohl in der Konsumgüterindustrie als auch im B2B-Bereich wollen Unternehmen KI-fähige Kundenanalysen implementieren. Mit intelligenten Marketinganwendungen und Empfehlungssystemen (Recommendation Engines) sollen Up- und Cross-Selling-Möglichkeiten optimiert und Umsätze gesteigert werden, indem die Kunden gezielt im richtigen Moment die passende Botschaft erhalten.

7.10 Vielversprechende Zukunft der KI

KI ist in vielen Alltagsbereichen der Verbraucher etabliert. Jetzt verschafft sie Unternehmen, die KI wirksam nutzen, einen entscheidenden Wettbewerbsvorteil. Unternehmen stehen am Scheideweg: Sollen sie in KI investieren und sich durch die Entwicklung KI-fähiger Lösungen einen Wettbewerbsvorteil verschaffen? Oder sollen sie abwarten und riskieren, von anderen Unternehmen mit einer „AI-first"-Strategie überholt zu werden?

KI wird die digitale Transformation in vielen Branchen beschleunigen. In der Fertigungsindustrie erzeugt das IoT bereits enorme Mengen an Sensordaten. Das Potenzial dieser Daten kann nur durch intelligente, KI-fähige Entscheidungen in Echtzeit ausgeschöpft werden. Daher werden Plattformen, mit denen Machine Learning möglich ist, bald zu einem unverzichtbaren Aktivposten, der die Qualität fast jeder Entscheidung im Unternehmen steigert. Zwar profitieren zahlreiche Unternehmensanwendungen nachhaltig von KI, aber erst die genaue Ausrichtung von KI auf das IoT und Industrie 4.0 birgt das Potenzial einer industriellen Revolution, bei der intelligente Algorithmen den Kern fast aller Systeme bilden.

Die Übernahme von Zementis (Software AG 2016) steht für das Bekenntnis der Software AG, ihren Kunden eine Plattform für KI-Unternehmensanwendungen zur Verfügung zu stellen. Mit ihrem Schwerpunkt auf offenen Standards ergänzt die Zementis-Produktlinie die Digital Business Platform der Software AG.

Niemand kann die Zukunft vorhersagen. Für uns steht fest, dass eine offene Plattform Unternehmen flexibel macht, eine schnelle Anpassung an Änderungen der Data-Science-Tools oder immer komplexere Machine-Learning-Algorithmen ermöglicht und gleichzeitig durch nahtlose Integration zum Schutz vorhandener IT-Investitionen beiträgt.

Literatur

Fern, N. (2016). Software AG and Bosch form Internet of Things partnership [Pressemeldung]. https://internetofbusiness.com/software-ag-bosch-iot/. Zugegriffen: 5. Apr. 2018.

Guazzelli, A., Stathatos, K., & Zeller, M. (2009a). Efficient deployment of predictive analytics through open standards and cloud computing. *SIGKDD Explor. Newsl., 11*(1), 32–38. https://doi.org/10.1145/1656274.1656281.

Guazzelli, A., Zeller, M., Lin, W.-C., & Williams, G. (2009b). PMML: An open standard for sharing models. *The R Journal, 1*(1), 60–65.

LeCun, Y., Bengio, Y., & Hinton, G. E. (2015). Deep learning. *Nature, 521,*436–444.

Software AG. (2016). Software AG acquires artificial intelligence company Zementis [Pressemeldung]. http://www.softwareag.com/corporate/Press/pressreleases/20161202_Software_AG_Acquires_Company_Zementis.asp. Zugegriffen: 23. März 2018.

Streibich, K.-H. (2017). Breaking the mould! A new business model for the 21st Century [Pressemeldung]. http://www.europeanbusinessreview.com/breaking-the-mould-a-new-business-model-for-the-21st-century/. Zugegriffen: 20. März 2018.

Tractica. (2017). Artificial intelligence market forecasts. https://www.tractica.com/research/artificial-intelligence-market-forecasts/. Zugegriffen: 5. Apr. 2018.

Karl-Heinz Streibich ist seit Oktober 2003 Vorstandsvorsitzender der Software AG (Vertrag bis 2018). Zuvor war er unter anderem Leiter Marketing Operations der ITT Europe in Großbritannien, Vorsitzender der Geschäftsführung der debis Systemhaus GmbH sowie stellvertretender Vorsitzender der Geschäftsführung der T-Systems GmbH.

Er ist Vorsitzender des Aufsichtsrats der Dürr AG, Mitglied des Aufsichtsrates der Deutschen Telekom AG und der Deutschen Messe AG. Er ist ehrenamtlich tätig im Präsidium des deutschen IT-Verbands BITKOM und hält den Co-Vorsitz der Plattform „Digitale Verwaltung und öffentliche IT" des Nationalen IT-Gipfels der Bundeskanzlerin.

Dr. Michael Zeller verantwortet bei der Software AG den Innovationsschwerpunkt Künstliche Intelligenz. Ziel dieses Bereiches ist es, Unternehmen dabei zu unterstützen, mithilfe von Machine Learning aus Big Data schnell detaillierte Erkenntnisse abzuleiten. Er ist Mitglied des Board of Directors des Tech San Diego und Schriftführer/Schatzmeister des Executive Committee of ACM SIGKDD, der ersten internationalen Organisation für Data Science. Dr. Zeller ist Mitgründer von Zementis, einem Anbieter von Softwarelösungen für Predictive Analytics, und leitete bis zur Übernahme durch die Software AG das Unternehmen als CEO.

Künstliche Intelligenz im Jahr 2018 – Aktueller Stand von branchenübergreifenden KI-Lösungen: Was ist möglich? Was nicht? Beispiele und Empfehlungen

Wolfgang Hildesheim und Dirk Michelsen

8.1 Einleitung: KI ist jetzt handlungsrelevant

Über Künstliche Intelligenz (KI) wird weltweit leidenschaftlich diskutiert – über die Chancen ebenso wie über die Risiken. Und auch darüber, wo wir heute mit dieser Technologie tatsächlich stehen und was in absehbarer Zukunft erreicht werden kann. Denn das Thema ist nicht neu, wobei die KI-Forschung in den vergangenen Jahrzehnten immer wieder Dämpfer erlitten hat. Bereits in den 1950er und 1960er Jahren gab es die ersten Entwicklungen künstlicher neuronaler Netze (siehe hierzu auch Teil I dieses Buches), die fast immer im Kern heutiger KI-Anwendungen stecken. In den 1970er und 1980er Jahren ist das Thema nach dem Ausbleiben signifikanter Fortschritte in den „KI-Winter" gefallen. Erst in den vergangenen Jahren ist KI wieder zu neuem Leben erwacht – nicht zuletzt aufgrund einiger spektakulärer Projekte: Im Jahr 2011 gewann IBM-Watson das beliebteste US-Fernsehquiz Jeopardy! gegen die amtierenden menschlichen Meister (IBM Research 2013). 2016 gewann AlphaGo von Google-DeepMind gegen den amtierenden Go-Champion, was bis dahin wegen der kombinatorischen Explosion des asiatischen Brettspiels für unmöglich gehalten wurde. Es schien klar, dass ein Go-Champion mit traditionellen Brute-Force-Algorithmen, also dem Durchprobieren aller möglichen Züge, nicht zu schlagen sei (DeepMind 2016).

W. Hildesheim (✉)
IBM Deutschland, Hamburg, Deutschland

© Springer-Verlag GmbH Deutschland, ein Teil von Springer Nature 2019
P. Buxmann und H. Schmidt (Hrsg.), *Künstliche Intelligenz,*
https://doi.org/10.1007/978-3-662-57568-0_8

8.1.1 Gründe für die aktuellen Durchbrüche

Sowohl Watson als auch AlphaGo nutzen eine neue Generation selbstlernender KI-Technologien. Dieser deutlich erkennbare Fortschritt von KI ergibt sich aus drei wesentlichen Erfolgsfaktoren für KI in der jüngeren Zeit (s. Abb. 8.1):

- Erstens steht dank Moore's Law hinreichend Rechenkapazität zur Verfügung.
- Zweitens gibt es dank Big Data hinreichend viele digital verfügbare Beispieldaten.
- Drittens wurden die Algorithmen für Künstliche Neuronale Netze wesentlich verbessert.

Bei Künstlichen Neuronalen Netzen versuchen Forscher, Aspekte des menschlichen Gehirns in einem Computermodell nachzubilden. Vorbild sind Neuronen, die über Synapsen miteinander verbunden sind und dabei elektrische Signale senden und empfangen. Im Computermodell werden Neuronen in einer Reihe von Schichten angeordnet. Ein solches Modell kann lernen, aus einer großen Datenmenge heraus bestimmte typische Muster zu erkennen.

Seitdem dies immer besser gelingt, investieren die großen Anbieter viel, um die Nutzung von KI zu skalieren, das heißt den Zugang und die Nutzung von KI-Anwendungen zu vereinfachen und möglichst vielen Menschen zugänglich zu machen. Das gelingt immer besser und führt dazu, dass die Zahl der KI-Anwendungen stetig wächst. Wie das konkret aussieht und an welchem Punkt der Entwicklung wir gegenwärtig stehen, ist der Inhalt dieses Artikels.

Abb. 8.1 Erfolgsfaktoren für den gegenwärtigen KI-Durchbruch

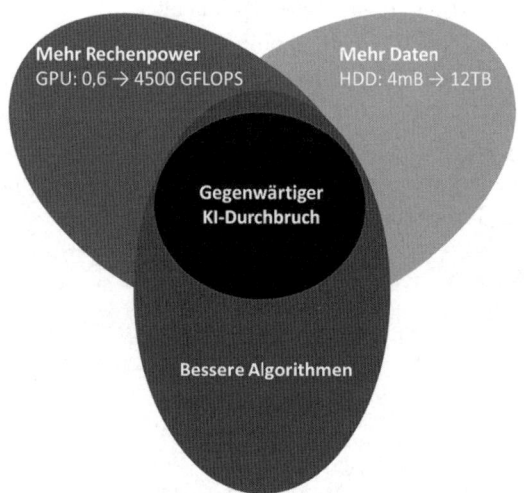

Mehr Rechenpower
GPU: 0,6 → 4500 GFLOPS

Mehr Daten
HDD: 4mB → 12TB

Gegenwärtiger
KI-Durchbruch

Bessere Algorithmen

8.1.2 Narrow AI, General AI und Super AI

Akademisch wird unterschieden zwischen (s. Abb. 8.2):

- Narrow AI (NAI): eingeschränkte KI in einem spezifischen Anwendungsgebiet
- General AI (GAI): allgemeine KI, anwendbar auf jedes Thema
- Super AI (SAI): der menschlichen Intelligenz überlegene KI

Diese Unterscheidung ist wichtig, um nachzuvollziehen, wo wir mit dem Einsatz von KI momentan überhaupt stehen. Denn die sich derzeit im praktischen Einsatz befindlichen KI-Anwendungen sind alle der Narrow AI zuzuordnen. Mit anderen Worten: Sie erfüllen einen bestimmten Zweck in einem spezifischen Anwendungsgebiet und werden von Menschen hierfür aufgesetzt. Eine GAI existiert noch nicht, ist jedoch Gegenstand aktueller Forschung. Zu der SAI gibt es aktuell nur hochinteressante, philosophische Diskussionen, etwa in dem von Nick Bostrom veröffentlichten Buch „Superintelligenz" (Bostrom 2016). Hier zeichnet der Autor eine düstere Zukunftsvision, in der die Machtübernahme der Maschinen kurz bevorsteht. Er schreibt von einer Software, die uns intellektuell überlegen ist. An diesem Punkt sind wir noch lange nicht. Ob es so weit und mit diesem Ergebnis in einer von uns überschaubaren Zeit kommen wird, halten wir für nicht sehr wahrscheinlich.

Womit wir an einem weiteren elementareren Punkt in der öffentlichen Diskussion wären: Es wird nicht immer ganz sauber unterschieden zwischen dem, was heute möglich ist (Narrow AI), und dem, was möglicherweise irgendwann einmal möglich sein könnte. Diese mangelnde Differenzierung führt immer wieder zu einem wenig sachlichen und verzerrten Diskurs, der die Risiken einer General AI oder Super AI überbetont und die Chancen einer Narrow AI unterschätzt.

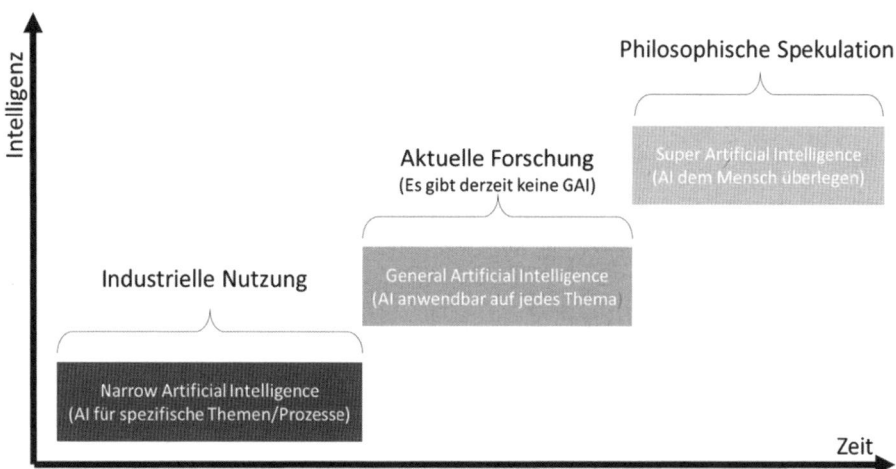

Abb. 8.2 Definitionen und Kategorien von KI

8.1.3 Hollywood legt falsche Fährten

Eine nicht unerhebliche Rolle bei der verzerrten Wahrnehmung von KI in der breiten Öffentlichkeit spielt die Traumfabrik Hollywood. Die Filmindustrie hat das Thema schon lange für sich entdeckt und in apokalyptischen Szenarien Ängste geschürt: Schon 1968 ringt in „2001: A Space Odyssey" ein einzelner Astronaut um sein Überleben gegen den intelligenten Zentralcomputer HAL 9000. In den „Terminator"-Filmen seit 1983 kämpfen ebenfalls Menschen gegen einen übermächtigen intelligenten Roboter um ihr Überleben. In den „Matrix"-Filmen, die ab 1999 erschienen sind, haben intelligente Maschinen bereits die Macht auf der Erde übernommen. Der verzweifelte Rest der Menschheit befindet sich unter der Erde in einer Art Endkampf. Ein kleiner Lichtblick in diesem KI-verursachten Elend ist der 2015 erschienene, wunderbare Film „Ex Machina". Hier wird die Geschichte der superintelligenten KI-Dame Ava beschrieben, die ihren Turing-Tester in sich verliebt macht, dann aber auch außer Kontrolle gerät und ihren Schöpfer tötet, nachdem dieser vorhatte, Ava selbst zu „löschen".

Allen Hollywood-Geschichten ist eines gemeinsam: Ihre Annahmen sind übertrieben und sie setzen GAI- und SAI-Technologien voraus, die heute und in absehbarer Zukunft nicht verfügbar sind bzw. sein werden.

8.1.4 Aktuelle Machbarkeiten

Also verabschieden wir uns an dieser Stelle von Hollywood und wenden uns dem heute Machbaren zu. Es geht um die Chancen, aber auch potenzielle Risiken und um konkrete Anwendungsbeispiele. Diese machen deutlich, wie lernende KI-Systeme heute schon unser Leben und Arbeiten unterstützen und verbessern. Und dies – das heute Machbare – ist der wesentliche Grund, sich jetzt mit KI zu befassen.

8.2 Standortbestimmung: KI verleiht Superkräfte

Kommen wir noch einmal zurück zur Frage, was man genau unter Künstlicher Intelligenz versteht. Klassisch ist KI ein Teilgebiet der Informatik, das sich um die Automatisierung intelligenten Verhaltens kümmert. Was aber ist „Intelligenz"? Hier ergeben sich Interpretationsspielräume, die es einzugrenzen gilt. Eine pragmatische Definition liefert das Gabler Wirtschaftslexikon: Es definiert Künstliche Intelligenz als „Methoden, die es einem Computer ermöglichen, solche Aufgaben zu lösen, die, wenn sie vom Menschen gelöst werden, Intelligenz erfordern" (Lackes und Siepermann 2017).

KI wird heute meist im Zusammenhang mit Maschinellem Lernen verwendet, einem wichtigen Teilgebiet der KI, aber eben auch nur einem Teilgebiet. Was verbirgt sich dahinter? Maschinelles Lernen umfasst Verfahren, die durch Rechenleistung befähigt werden, selbstständig Wissen aufzunehmen, um ein gegebenes Problem zu lösen.

Der gegenwärtige Boom der KI wird insbesondere von einem Teilgebiet des Maschinellen Lernens, dem Deep Learning (auf Deutsch tiefgehendes Lernen) ausgelöst. Es bezeichnet Lernverfahren künstlicher neuronaler Netze. Die bereits beschriebenen, in einer Reihe von Schichten angeordneten künstlichen Neuronen ermöglichen dem System, selbstständig Verbindungen herzustellen und Muster zu erkennen. Und: Je mehr Neuronen-Schichten übereinandergestapelt werden, desto komplexere Aufgaben kann das System erfüllen. Vor allem in der Bilderkennung hat es hier in den vergangenen Jahren spektakuläre Fortschritte gegeben. Anfang des Jahres sorgte ein Beitrag im Fachmagazin „Nature" für Aufsehen, demzufolge ein Algorithmus gelernt hat, Hautkrebs ebenso gut zu erkennen wie ein Hautarzt (Esteva et al. 2017).

Mithilfe von Deep Learning kann man jetzt also Computer in die Lage versetzen, geschriebene und gesprochene Sprache, Bilder und Videos zu verstehen, auf dieser Basis zu Schlüssen zu kommen und mit dem Menschen zu interagieren. Hierbei handelt es sich im industriellen Einsatz gegenwärtig immer um Narrow KI (NAI), also um die Anwendung von KI in bestimmten Anwendungsdomänen. General KI – oder sogar Super KI – sind derzeit in der industriellen Nutzung kein Thema. KI-Systeme außerhalb von Deep Learning, beispielsweise auf Basis von speziellen Computersprachen wie LISP oder Prolog, stehen daher derzeit nicht im Fokus. Abb. 8.3 stellt den Zusammenhang der definierten Begriffe dar.

Im Zentrum der Forschung & Entwicklung steht schon lange der Versuch, die menschliche Intelligenz auf Computersysteme zu übertragen. Wesentlich ist dabei jedoch die Betrachtung der menschlichen Kognition, die im Zentrum unseres Handelns steht. Ihr Ursprung liegt im lateinischen Begriff *cogitare,* der Denken im weitesten Sinne bedeutet. Unsere Kognition verbindet ein breites Spektrum unserer Sinnesfähigkeit und erlaubt uns, Neues kennenzulernen, Muster zu erkennen, Dinge um uns herum zu verstehen und Zusammenhänge zu begreifen.

Bei diesen kognitiven Fähigkeiten sind wir anderen Lebewesen deutlich überlegen. Wir haben unsere Fähigkeiten, zu lesen und zu schreiben, zu sprechen und zu hören, zu

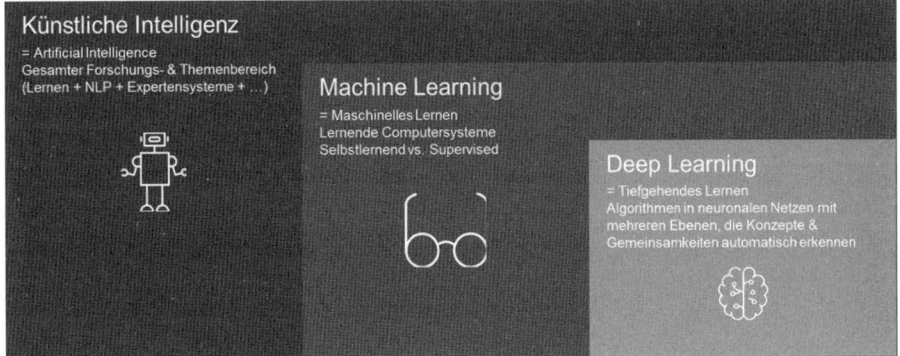

Abb. 8.3 Wichtige Begriffe und Definitionen im Umfeld von KI

sehen und zu erkennen und auch insbesondere Wissen zu generieren und darin zu navigieren, über Jahrtausende geübt. Könnten wir diese Fähigkeiten durch Computersysteme
unterstützen, so würden sich für uns neue Potenziale eröffnen.

Hinter einem weiteren Teilgebiet der KI-Forschung steckt daher genau das, was
wir unter dem Begriff „Cognitive Computing" verstehen, nämlich das Übertragen der
menschlichen Kognition auf datenverarbeitende Computersysteme. Cognitive Computing ist somit eine Richtung der KI-Forschung mit besonderem Fokus auf der Heraus-
bildung kognitiver Fähigkeiten – wie dem selbstständigen Lernen, Erkennen, Vorstellen,
Begreifen und Interagieren.

Auf einer konkreteren, umsetzungsorientierten Ebene bezieht sich Cognitive Computing auf IT-Systeme, die schnell und in großem Umfang lernfähig sind, auf bestimmten,
sehr umgrenzten Anwendungsgebieten Schlussfolgerungen treffen und mit Menschen
interagieren können.

Doch das, was wir gerade erleben, geht weit über die reine Forschung hinaus: Der
Zugang zu (künstlichen) kognitiven Fähigkeiten erfolgt über öffentlich abrufbare IT-
Services – auch APIs (Application Programming Interfaces) genannt –, die die natürlichen Fähigkeiten des Menschen unterstützen. Diese Sinneserweiterung wird häufig
auch als Augmented Intelligence bezeichnet, also die künstliche Anreicherung der
menschlichen Intelligenz. Blumig ausgedrückt verleiht uns KI also Superkräfte.

Im Fokus stehen dabei folgende vier Kernfähigkeiten (s. Abb. 8.4):

Service #1: Lesen, Schreiben und das Verarbeiten geschriebener Sprache Konversation
im Schriftverkehr zu führen, verlangt eine Reihe von Denkprozessen: Wir müssen
verstehen, was dort eigentlich steht, worum es geht, was die Absichten des anderen sind,
wie das mit unserem Handeln zusammenhängt, wie wir darauf reagieren, welche

Abb. 8.4 Typische heute verfügbare KI-IT-Services (APIs)

Emotionen dahinterstehen und vieles mehr. Kognitive Dialog-Services helfen uns, automatisiert umfangreiche Texte zu lesen, die geschriebene Sprache zu verarbeiten und angemessen zu reagieren.

Service #2: Sehen, Erkennen und das Verarbeiten visueller Eindrücke In unserer Umwelt sehen und entdecken wir ständig Neues, seien es das schöne Wetter draußen vor der Tür, andere Menschen oder Objekte um uns herum. Wir haben gelernt, diese Objekte und Muster zu erkennen und deren Inhalt zu verstehen. Kognitive Bilderkennungs-Services helfen uns, diese schneller, genauer und in größerem Umfang und Detailgrad zu erkennen.

Service #3: Wissen generieren und darin navigieren Unser Wissen ist Gold wert. Wir sind Meister darin, Wissen zu generieren und durch dieses Wissen für gezielte Zwecke sicher zu navigieren. Ähnliches gilt für kognitive Systeme: Sie können Wissen aus großen Datenmengen extrahieren und in einem Kontext darstellen. Dabei arbeiten sie mit sogenannten Wissensgraphen, um die Verknüpfung des Wissens darzustellen und als Netzstruktur abzubilden. Dieses Wissen ist dann für verschiedenste Anwendungen zugänglich.

Service #4: Sprechen, hören und das Verarbeiten gesprochener Sprache Anders als einen geschriebenen Text können wir auch gesprochene Sprache verstehen und unsere Gedanken in Sprache übertragen. Kognitive Sprach-Services können inzwischen auch diese Fähigkeit unterstützen und in natürlicher Art und Weise mit uns interagieren.

8.3   Chancen der KI: Disruptive Steigerung der Effizienz und Qualität

Aber welche Chancen gibt uns KI? Kurz gesagt: Sie erlaubt uns, einfaches intelligentes Verhalten zu automatisieren. In dieser – zugegebenermaßen wenig aufsehenerregenden – Formulierung stecken ungeahnte Chancen.

Warum? Der klassische Ansatz im Projektmanagement ist das „magische Dreieck" aus Kosten, Zeit und Qualität (s. Abb. 8.5): Wenn man bei einer bestimmten Tätigkeit eine dieser drei Größen verbessert (z. B. die Kosten reduziert), hat das einen negativen Einfluss auf die beiden anderen Faktoren (d. h. entweder die Tätigkeit dauert länger oder die Qualität wird schlechter).

KI hat eine disruptive Wirkung auf dieses magische Dreieck, da alle drei Elemente gleichzeitig verbessert werden können. Eine KI-unterstützte Tätigkeit kann wesentlich schneller (im Subsekundenbereich), wesentlich besser (ohne Flüchtigkeitsfehler) und wesentlich kostengünstiger (mit einer typischen Kostenreduktion um den Faktor 10) durchgeführt werden. Dieser disruptive Effekt kann in mehreren Einsatzszenarien genutzt werden.

Abb. 8.5 KI beeinflusst das
magische Dreieck aus Zeit,
Qualität & Kosten

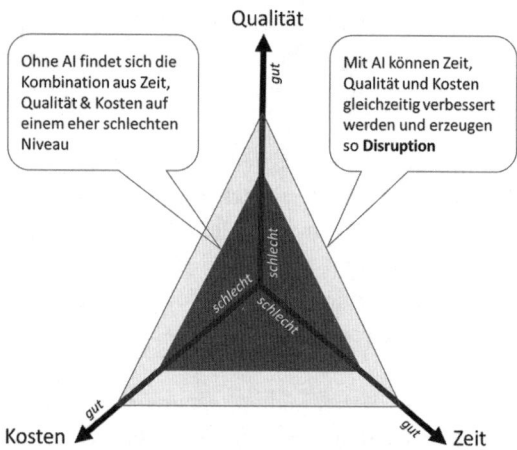

Einfache, aber sehr erfolgreiche Einsatzszenarien sind:

- Einfache Call-Center-Dienste (**Customer Care**): Das sind Dienste, bei denen die
  Agenten eine endliche Anzahl von Anliegen (sogenannte Intents) auf der Basis von
  vordefinierten Regeln bearbeiten, zum Beispiel eine Adressänderung. KI ist gegenwärtig in der Lage, das Anliegen zu erkennen, dem Anrufer entsprechende Gegen-
  fragen zu stellen und die Aufgabe selbstständig abzuschließen.
- Einfache Service-Center-Dienste (**Input Management**): Als Beispiel sei hier die
  Bearbeitung bzw. Vorverarbeitung und Weiterleitung eingehender Korrespondenz
  auf Basis vordefinierter Regeln angeführt. Hier ist KI in der Lage, die Stimmung eingehender Korrespondenz, die Kundennummer oder den Betreff zu verstehen und dann
  das Schreiben der richtigen Abteilung zuzuleiten.
- Einfache Fall-Bearbeitungsdienste (**Case Management**): In fast allen Branchen gibt
  es das Thema der Fall-Bearbeitung. In der Versicherungsbranche müssen Schadens-
  fälle oder in der Behördenwelt müssen Anträge bearbeitet werden. Sie müssen nach
  jeweils vordefinierten Regeln bearbeitet werden. Hier kann mithilfe von KI die
  Standardbearbeitung signifikant effizienter gestaltet werden. Nur noch Sonderfälle
  müssen explizit von Menschen bearbeitet werden.

Neben diesen – nicht besonders spannenden, aber durchaus wirkungsvollen – Einsatzszenarien gibt es natürlich auch Einsatzszenarien, die beides sind:

- Unterstützung für Anlage-Berater (**Wealth Management**): KI unterstützt bei der
  Anlageberatung, indem die Präferenzen des Kunden aus seinen E-Mails mit den
  momentanen Marktgegebenheiten abgeglichen werden. Außerdem kann der Anlage-
  berater immer die KI zu einzelnen Anlageprodukten befragen.

- Unterstützung im Gesundheitswesen: Hier unterstützt die KI bei der optimalen Therapie, indem sie die Patientenakte des jeweiligen Patienten analysiert und dem Arzt nach einem verifizierenden Dialog die jeweils optimale Therapie vorschlägt. Das ist deshalb so besonders, weil die Therapie-Empfehlung mit jeweils passenden Artikeln aus der Fachliteratur untermauert wird, die dem Arzt auch als Quelle genannt werden. Die KI-Empfehlungen sind auf diese Weise vollständig transparent.

Wenn wir jetzt das Thema KI mit der Robotik zusammenbringen, erhöhen sich die Chancen und disruptiven Effekte vielfach:

- Humanoide Roboter mit KI-Unterstützung: Hier sorgt die KI dafür, dass sich ein humanoider Roboter auch wirklich „menschlich" benimmt und zum Beispiel als Unterstützung beim Einkauf den Menschen als Berater unterstützt.
- Fahrzeuge mit KI-Unterstützung (**autonomes Fahren**): Ganz besonders interessant ist die Nutzung von KI für das autonome Fahren. Nach einigen Rückfällen wird autonomes Fahren jetzt langsam Realität. Die Fahrerassistenzsysteme verschiedener Hersteller übernehmen immer mehr Tätigkeiten des Fahrers.
- Fabriken mit KI-Unterstützung: Hier besteht zunehmend die Möglichkeit, Maschinen anzulernen und sie einfache, repetitive Arbeiten selbstständig durchführen zu lassen. Von diesen Fähigkeiten wird der Hightech-Standort Deutschland besonders profitieren. Das sogenannte Offshoring, die Verlagerung einfacher Arbeiten in Länder mit niedrigerem Lohnniveau, kann signifikant reduziert werden.

Diese Beispiele zeigen das enorme Potenzial von KI in diesem magischen Dreieck von Kosten, Qualität und Zeit. Da die Chancen, mit KI Prozesse zu verbessern und Probleme zu lösen, so groß sind, spricht man auch vom Mega-Trend des Cognitive Computing.

8.4   Ängste vor KI: Sie werden durch Antizipation beherrschbar

In unseren Gesprächen mit Kunden und Partnern zeigt sich im Gegensatz zu den Hollywood-Apokalypsen ein durchaus differenziertes Bild. Typische Ängste und Risiken durch KI, die wir in unseren Gesprächen wahrgenommen haben, sind:

- Angst vor **Intransparenz,** weil die KI etwas machen könnte, das niemand nachvollziehen kann,
- Angst vor **Verdummung,** weil KI dazu führen könnte, dass Menschen immer mehr Fähigkeiten an Computer übertragen,
- Angst vor dem **Verlust von Arbeitsplätzen,**

- Angst vor subtilen **Manipulationen** durch KI,
- Angst vor einer KI **„Überintelligenz"**, die keiner vorhergesehen hat, und
- Ängste im Umfeld von **Datenschutz und Datensicherheit.**

Darüber hinaus gibt es auch Bedenken, die zwar nichts mit KI im engeren Sinne zu tun haben, wohl aber in einem breiteren Kontext indirekt damit im Zusammenhang stehen. Es ist die Angst vor KI in Kombination mit Robotics, etwa beim Einsatz von Waffen, oder das Zusammenspiel von KI und Cloud Computing. Hier geht es oft um Fragen der Zentralisierung von Intelligenz, Monopolisierung und der damit einhergehenden größeren Verwundbarkeit.

Diese Ängste sind verständlich, aber auch beherrschbar, wenn wir Menschen verantwortungsvoll damit umgehen. Und natürlich verändert sich mit der Digitalisierung die Arbeitswelt. Es gibt neue Anforderungen. Das war entlang der großen industriellen Umbrüche von der Erfindung der Dampfmaschine über die Elektrizität bis heute zur Digitalisierung schon immer so.

Die Automatisierung, die wir bisher erlebt haben, lässt manche Berufe verschwinden und viele Berufe werden durch KI verändert, insbesondere repetitive Aufgaben. Allerdings werden auch neue Berufe durch KI entstehen. Wir können noch nicht absehen, welche Berufe dies sein werden. Aber hätten wir uns vor 50 Jahren vorstellen können, dass es heutzutage Berufe wie Spezialist für Suchmaschinen-Optimierung gibt? Sicher ist, dass KI-bezogenes Wissen sehr gesucht ist.

Auch wird es ein gedeihliches Miteinander von Robotern, intelligenten Systemen und Menschen geben. Unsere Haltung dazu ist klar: Wir stehen zum Einsatz von KI-Systemen, aber vor allem auch zur Transparenz und zu Regelwerken, die wir für deren Nutzung schaffen müssen. Darüber hinaus betrachten wir es als unsere Pflicht, heutige und zukünftige Generationen bei der Entwicklung von Kompetenzen zu helfen, die sie benötigen, um die Herausforderungen dieser neuen Welt zu meistern.

8.5   KI-Systeme: Es gibt Standards für das Allgemeinwohl

Die Diskussion um richtige Design-Prinzipien für die Entwicklung von heutigen und vor allem künftigen KI-Systemen ist voll entbrannt. Im Mittelpunkt stehen Design-Standards, die sicherstellen, dass KI-Systeme ganz allein dem Wohl der Menschheit dienen. Risiken, die zum Beispiel im Zusammenhang mit selbstständigen Entscheidungen der KI oder im Rahmen automatisierter KI-basierter Prozesse entstehen könnten, müssen definitiv auf ein Minimum reduziert werden. Sichergestellt werden müssen auch eine möglichst hohe Transparenz und Rechtssicherheit in Bezug auf Daten, Prozesse und dem „erlernten" intellektuellen Eigentum, das von den KI-Systemen verarbeitet und erarbeitet wird.

Prominenter Vordenker dieser Überlegungen ist das Institute of Electrical and Electronics Engineers (IEEE) mit ihrer Mission „Advancing Technology for Humanity" (IEEE 2018a).

Die weltweit agierende Ingenieurvereinigung treibt diese Diskussion nunmehr schon in der zweiten Version mit ihrem Papier „Ethically Aligned Design; A Vision for Prioritizing Human Wellbeing with Artificial Intelligence and Autonomous Systems" voran (IEEE 2018b).

8.5.1   Werte, Prinzipien und Standards

Diskutiert wird auf breiter Ebene, wie auf ethischen Grundlagen und Designprinzipien basierende Methoden entwickelt werden können. Zum Beispiel muss beantwortet werden, wie Werte für autonome Systeme auszusehen haben und wie sie „eingebaut" werden können, damit die fortschreitende Autonomie der Systeme immer auch dem Wohle des Menschen dient. Ganz allgemein spielt hier auch der Umgang mit persönlichen Daten eine entscheidende Rolle, ebenso die Regelung von individuellen Zugriffsrechten. Natürlich müssen auch sehr strikte Regeln für den Umgang mit autonomen Waffensystemen erarbeitet und weltweit verabschiedet werden. Aber auch das ist nicht wirklich neu. Der Umgang mit atomaren Waffensystemen unterliegt heute schon strengen, international festgelegten Vereinbarungen.

Eine andere Organisation, die sich mit vergleichbaren Themen beschäftigt, ist die „Partnership on AI". Die Gründungsliste der Mitglieder liest sich wie das „Who is Who" der weltweit größten Internet- und Technologie-Firmen, darunter Amazon, Apple, DeepMind, Facebook, Google, IBM und Microsoft. Wesentliche Diskussionsfelder in diesem Kreis sind KI-Sicherheit, KI-Haftung, die Kollaboration von Menschen und KI-Systemen, Auswirkungen von KI auf die Arbeit und die Gesellschaft und KI als Chance für das öffentliche Wohl.

Darüber hinaus gibt es zahlreiche nationale und internationale Organisationen, die sich mit dem Thema KI beschäftigen. Was sich langfristig durchsetzen wird, ist genauso offen wie die Frage, welche Prinzipien, Standards oder Gesetze ausgehandelt und langfristig gelten werden. Doch allein die Tatsache, dass viele Unternehmens-Initiativen, Wirtschaftsorganisationen, Medien, NGOs und öffentliche Diskussionsforen sich mit der Thematik beschäftigen, lässt hoffen, dass es möglich sein wird, die enormen Chancen der KI für die Menschheit verantwortungsvoll zu fördern und gleichzeitig die Risiken von KI zu begrenzen.

8.6   Die IBM-Strategie: KI wird zur Kernkompetenz

IBM Research ist heute mit zwölf Forschungslaboren, verteilt auf allen Kontinenten, die größte durch ein Unternehmen betriebene Forschungseinrichtung weltweit. Das Thomas J Watson Research Center in Yorktown Heights gehört ebenso zu den weltweit erfolgreichsten kommerziellen Technologie-Forschungszentren wie das IBM Labor in Rüschlikon. Sechs Nobelpreisträger sind bis heute aus den Reihen der IBM hervorgegangen.

Immer schon ging es darum, die Grenzen der IT weiter zu verschieben. Seit Jeopardy! hat IBM Milliarden US-Dollar in die Weiterentwicklung von KI investiert und einen großen Teil seiner Wissenschaftler auf das Thema KI angesetzt. Ziel ist es, die Anwendung und Nutzung von KI so zu vereinfachen, dass möglichst viele Menschen davon profitieren können. Genau das verstehen wir unter der „Demokratisierung" von KI.

In diesem Sinne wurde aus dem teuren und tonnenschweren Watson-System für Jeopardy! eine allgemein verfügbare Cloud-basierte Watson-Plattform mit vielfältigen Anwendungsbausteinen zur breiten Nutzung geschaffen.

8.6.1 Watson: Eine modular aufgebaute KI-Plattform

Das IBM-KI-System Watson ist kein Großrechner oder monolithisches „KI-Großhirn", sondern vielmehr eine modular aufgebaute Plattform mit vielfältigen, KI-basierten IT-Services, die mit spezifischen APIs (Application Programming Interfaces) arbeiten. Diese IT-Services werden Organisationen, Unternehmen und einzelnen Anwendern zur Verfügung gestellt, damit diese ihre individuellen Anwendungen bauen können. Dabei geht es darum, spezifische Aufgabenstellungen und Probleme mit Sprach-, Bild- und Textanalysen oder Übersetzungsleistungen und Konversationshilfen zu lösen. Diese vielfältigen IT-Services basieren auf Algorithmen, die kognitiv – also im weitesten Sinne „lernfähig" – sind. Sie müssen im Kontext ihres Einsatzes individuell trainiert werden, um ihre spezifischen Aufgaben erledigen zu können.

Watson ist folglich ein KI-basierter Werkzeugkasten, der aus unterschiedlichen kognitiven Software-Komponenten besteht, die IBM grundsätzlich über die Cloud zur Verfügung stellt. Eine besondere Ausprägung von Watson, der Watson Explorer, kann dabei auch auf Kundeninfrastrukturen („on premise") implementiert und genutzt werden.

Wie gut, wie „intelligent" und wie „lernfähig" diese einzelnen IT-Services tatsächlich sind, wird immer wieder nach streng wissenschaftlichen, objektiven Kriterien getestet. Ihre Leistungsfähigkeit wird verglichen, gemessen und bewertet. So wurde zum Beispiel Mitte 2017 der Watson Visual Recognition Service mit anderen Lösungen verglichen. Das Ergebnis: Watson Visual Recognition war zu diesem Zeitpunkt teilweise deutlich überlegen im Hinblick auf Erkennungsraten, Erkennungsgeschwindigkeit und Erkennungssicherheit. Vergleichbare messbare Leistungsmerkmale und Ergebnisse gibt es auch für viele andere Watson IT-Services.

Watson ist also keine fertige Lösung, sondern ein modulares System. Dieser modulare Aufbau lässt verschiedene Möglichkeiten zu, die einzelnen Watson IT-Services zu nutzen: entweder als solitäre Lösungen für einzelne, sehr spezifische Aufgabenstellungen oder als größere „Pakete", in denen verschiedene Fähigkeiten zusammengeschnürt werden und als integrale Bestandteile von Software-Lösungen, sozusagen als „Watson inside", verfügbar werden.

Wichtig für den erfolgreichen Betrieb von KI-Lösungen ist eine Plattform, die die verschiedenen notwendigen Komponenten enthält. Abb. 8.6 zeigt dies als generische Struktur:

- Die oberste Schicht ist die **Applikationsebene,** die die Anwendung nebst Orchestrierung enthält. Diese Schicht repräsentiert sich nach außen als User-Interface und ruft die eigentlichen KI-Services auf. Vertikale Industrie-Lösungen gehören in diese Schicht.
- Die eigentlichen **KI-Services** befinden sich in der zweitobersten Schicht. Dies ist der KI-Kern der Anwendung.
- Darunter liegt die **Daten-Schicht,** die auch die Tools für das Datenmanagement etc. enthält. Das Datenmanagement von der Schaffung und Sammlung der Daten über deren Filterung und Anreicherung bis hin zu analytischen Möglichkeiten sind hierfür entscheidend. Denn befriedigende KI-Fähigkeiten ohne gute Trainingsdaten und deren Verarbeitung gibt es nicht.
- Natürlich müssen die KI-Schicht und die Daten-Schicht auf der entsprechenden **Infrastruktur** betrieben werden. Dazu gehören Hardware, Speicher und Netzwerke. Dies zeigt die unterste Schicht.

Die IBM Cloud stellt eine solche KI-Plattform dar

8.6.2   Ein System für unterschiedliche Anwender

Auch wenn Watson bei der Quizshow Jeopardy! im Jahr 2011 als monolithisches „KI-Großhirn" zum ersten Mal in Erscheinung trat, hat dieser Auftritt nur noch indirekt

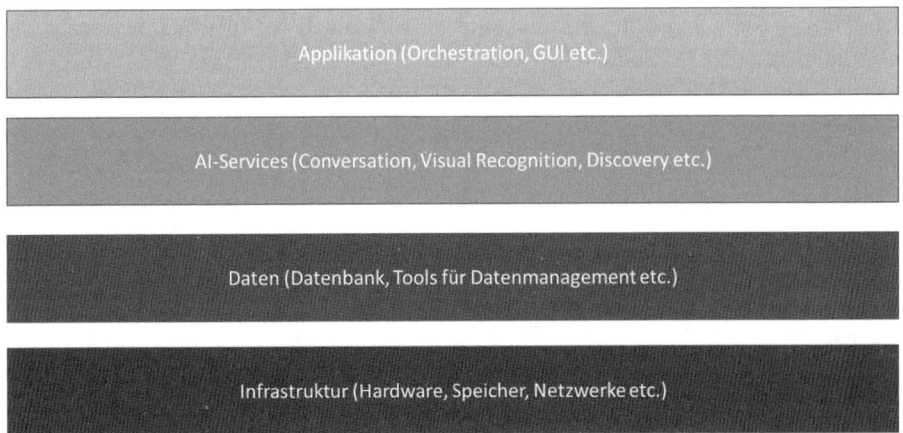

Abb. 8.6   Generische KI Plattform

mit der heutigen Watson-Plattform zu tun. Es gibt keinen singulären, fertigen Watson Super-Computer, keine fertige Lösung, sondern einen Werkzeugkasten mit vielen Komponenten, die für verschiedene Aufgaben neu zusammengebaut werden. Doch darüber hinaus bietet IBM auch fertige Watson-Anwendungen an, beispielsweise Watson Weather oder Watson for Cyber Security.

Ebenso vielfältig wie die IT-Services und Kombinationen sind die Anwendungsgebiete und Anwendergruppen von Watson. Neben Unternehmen sind dies Business Partner oder einzelne Nutzer wie Kundenmitarbeiter, Programmierer, Fachexperten, Schüler oder Studenten.

8.7 Entscheidungen: KI verbessert Entscheidungen und verhindert Fehler

Eines der interessantesten und gegenwärtig vielversprechendsten Einsatzgebiete von KI ist die Nutzung im Rahmen von Entscheidungsprozessen. KI soll zu besseren Entscheidungen führen, weil die Menge des zu verarbeitenden Wissens immer größer wird und der Mensch immer weniger in der Lage ist, dies effektiv zu handhaben. Was möglich ist und welche Vorteile sich daraus ergeben, zeigen die nachfolgenden Beispiele.

8.7.1 KI als Trendscout

Das Fraunhofer Institut für Naturwissenschaftlich-Technische Trendanalysen INT beschäftigt sich unter anderem mit der Frage, wie es wichtige Forschungsschwerpunkte und Trends effektiver und schneller identifizieren kann. Dafür werten die rund 40 Experten des Fraunhofer INT gegenwärtig jährlich rund 1,5 Mio. wissenschaftliche Publikationen aus. Dies geschah bisher unterstützt durch bibliometrische Analysen und klassische Data-Mining-Tools. Doch die Informationsflut wächst und die Informationskanäle werden zahlreicher. Die Wissenschaftler des Instituts müssen daher auch eine stetig wachsende Anzahl an Blog-Posts, Newsfeeds sowie digitale Publikationen und Datenbanken im Blick behalten. Dr. René Bantes, Abteilungsleiter „Technologieanalysen und strategische Planung" beim Fraunhofer INT, formuliert das so: „Die Menge an zu verarbeitender Information steigt exponentiell und tradierte Publikationsformen bekommen Konkurrenz. Wir müssen nicht nur schneller sägen, wir brauchen auch eine schärfere Säge." Die bisher eingesetzten Suchmaschinen sind ein vergleichsweise stumpfes Werkzeug, um eine kontinuierliche 360-Grad-Beobachtung der Gegenwart zu ermöglichen. KI, beziehungsweise der Einsatz lernender Systeme, ist eine solche „schärfere Säge". „Über den Einsatz kognitiver Verfahren ermöglichen wir den Experten die individualisierte Erschließung enormer Datenmengen in einem lernenden System", erklärt Bantes.

Das Fraunhofer INT arbeitet mit dem Watson Explorer. Diese Watson-Variante erlaubt, große Text-Datenmengen einzulesen und systematisch zu analysieren.

Entsprechend wird die aktuelle wissenschaftliche Literatur systematisch eingelesen und auf Cluster, also spezielle Forschungsthemen und Trends, untersucht. Der KI-Teil bestand darin, die Sprache der Forschungsartikel zu verstehen und unterschiedliche Formulierungen von ähnlichen Sachverhalten als zusammengehörig zu erkennen. Als Ergebnis dieser Analyse erhält das Institut nun Wissenslandkarten und Trendauswertungen, die es ermöglichen, Forschungsschwerpunkte präziser zu identifizieren. Dieses Projekt läuft am INT unter dem Projektnamen KATI, Knowledge Analytics for Technology and Innovation.

8.7.2   KI als Ratgeber zur Fehlerbehebung

Im Rahmen eines Pilotprojektes haben IBM und John Deere evaluiert, inwieweit kognitive KI-Systeme heute Hilfestellungen und Entscheidungsgrundlagen für Wartungsarbeiten von Maschinen und Anlagen bieten können (Huang 2016). Dafür wurden Produktionsmitarbeiter des Landmaschinenherstellers mit Tablets ausgestattet, über die sie mit einem auf Watson basierenden kognitiven Experten kommunizieren können. Tritt eine Störung auf, können die Arbeiter ein Foto der fehlerhaften Maschine in eine speziell konzipierte App laden.

Mithilfe der Watson Visual Recognition IT-Services werden unstrukturierte Daten wie Wartungs- und Fehlerprotokolle, Handbücher und Echtzeit-Maschinensensorwerte analysiert und Anomalien auf dem Bild identifiziert. Watson gibt dem Nutzer Handlungsempfehlungen in natürlicher Sprache und hilft ihm, das Problem Schritt für Schritt zu lösen. Mitarbeiter erhalten durch diesen „kognitiven Berater" eine fundierte Entscheidungsgrundlage, die Fehlerrate und Inspektionszeit reduziert.

8.8   Wissen: KI macht komplexes Wissen beherrschbar

„Mehr Wissen" ist ein weiterer Vorteil, der mit dem Einsatz von KI einhergeht. Das ist sozusagen die nächst höhere Stufe in der Nutzung von KI: Mit ihr lassen sich bisher unvermutete Zusammenhänge erschließen, neue Schlüsse daraus ziehen und damit unser Wissenshorizont tatsächlich erweitern. Wie schon im Fall der besseren Entscheidungsfindung ist die zu verarbeitende Wissensmenge der ausschlaggebende Faktor. Die im Folgenden beschriebenen Beispiele zeigen, wie KI beim Umgang mit großen Wissensmengen zur Generierung neuen Wissens beiträgt.

8.8.1   Mehr Wissen für die Medikamentenentwicklung

Ein Gebiet, in dem viel Wissen „produziert" und verarbeitet werden muss, ist die pharmazeutische Forschung. Alle forschenden und produzierenden Pharma-Unternehmen müssen große Mengen an wissenschaftlicher Literatur durchforsten und immer wieder mit ihren internen Forschungsergebnissen abgleichen. Probleme entstehen dabei unter anderem durch die vielen unterschiedlichen Bezeichnungen derselben Substanz, die in einem Medikament oder im Rahmen von Testreihen verwendet wird. Da in der Pharmaforschung der Schritt von ersten Erkenntnissen bis zum fertigen Produkt durchaus Jahrzehnte dauern und hohe Summen verschlingen kann, sollte eines auf jeden Fall verhindert werden: dass ein Produkt nach dieser langen Zeit und hohen Investitionen zurückgezogen werden muss, weil zum Beispiel am Anfang der Forschungsarbeit ein Warnhinweis oder ein negatives Testergebnis in einer wissenschaftlichen Publikation übersehen wurde.

Genau an dieser Stelle kann KI einen wertvollen Beitrag liefern. Ähnlich wie beim Fraunhofer INT durchkämmt KI die pharmazeutisch-medizinische Literatur, sucht nach Verknüpfungen und den jeweils relevanten Inhalten. Forscher können sich deshalb von Anfang an auf die wirklich wichtigen Inhalte und Veröffentlichungen konzentrieren, ohne sich dabei durch Berge von Literatur zu quälen, die für ihre Arbeit keine Relevanz besitzen. Auf diese Weise konnte IBM bereits einigen Unternehmen helfen, ihre pharmazeutische Produktentwicklung effizienter zu machen.

8.8.2 Mehr Wissen für die Genforschung

Ein weiteres zukunftsträchtiges Thema, das mit ungeheuren Datenmengen zu kämpfen hat, ist die Genforschung. In diesem Forschungsgebiet werden große Mengen medizinischer Daten mit ebenfalls großen Mengen genetischer Daten verknüpft. Während die genetischen Informationen als strukturierte Daten vorliegen, bestehen die medizinischen Informationsquellen aus unstrukturierten Daten wie Diagnoseberichten, Behandlungsprotokollen oder Röntgenbildern. Mit KI können hier Korrelationen erkannt und Abgleiche vorgenommen werden. Auf dieser Basis sind schneller neue Erkenntnisse in der Genforschung möglich (Al Idrus 2017).

8.8.3 Mehr Wissen zur Optimierung des Energieverbrauchs

IBM Watson ist auch im Einsatz bei einem der größten Zementhersteller im deutschsprachigen Raum. Das Unternehmen betreibt rund 1000 Zementmühlen weltweit. Da die Zementherstellung sehr energie- und kostenintensiv ist und zudem Verbrauchsschwankungen von bis zu 40 % unterliegt, ist die Optimierung des Energieverbrauchs sehr wichtig. Um die Kosten möglichst gering zu halten, wurde mit IBMs kognitiver Watson-Technologie ein digitales Beratungssystem entwickelt. Mittels Mustererkennung werden die physikalischen Abläufe in der Mühle und die Entscheidungsprozesse des Betriebsleiters analysiert und in Beziehung gesetzt. Dies brachte neue Erkenntnisse über das Zusammenspiel zwischen dem eigentlichen Produktionsvorgang und der manuellen Steuerung.

Auf dieser Basis konnte ein schlüssiges Muster für die Entwicklung von Handlungsempfehlungen identifiziert werden, deren Anwendung zu einer Senkung der Energiekosten
um einen zweistelligen Millionenbetrag geführt hat.

8.9   Kundenservice: KI macht den Service besser und preiswerter

Kundenservice ist ein weiterer wichtiger Anwendungsbereich von KI. Im Mittelpunkt stehen dabei Komfort, Personalisierung, Schnelligkeit und Relevanz der Dienstleistungen. Angetrieben wird diese Entwicklung durch das Internet und die vielen
mobilen, „smarten" Geräte, die überall genutzt werden. Verbraucher und Kunden
erwarten heute die schnelle und individuelle Bereitstellung von Informationen, Dienstleistungen und Angeboten. Je bequemer und intelligenter, desto besser. Zudem sind
heute „One-Klick"-Anwendungen, mit denen sehr schnell Dinge erledigt werden können, ein Muss. KI spielt hierbei eine immer wichtigere Rolle: Automatisierte Dialoge,
automatisierte Wissensgenerierung, Bilderkennung, intelligente Visualisierungen, pro-
aktive Vorschläge und konkrete Vorhersagen sind KI-basierte Funktionalitäten, die aktuell eine schnelle Verbreitung erleben. Der gegenwärtig wichtigste Trend ist hierbei der
Einsatz intelligenter Chatbots.

8.9.1   Chatbot statt Betriebsanleitung

Niemand mag sie, jeder braucht sie: die Betriebsanleitungen von Autos. Mercedes-Benz
hat die digital verfügbaren Bedienungsanleitungen für die E- und S-Klasse um den
intelligenten Chatbot „Ask Mercedes" ergänzt. Das ist nicht nur praktisch im Hinblick auf die wachsende Anzahl von Funktionalitäten in den Fahrzeugen, sondern hilft
auch der wachsenden Zahl an Nutzern eines Share- oder Mietfahrzeugs, sich schneller
zurechtzufinden. Der Daimler Chatbot arbeitet dafür im Hintergrund mit KI-basierter
IBM-Watson-Conversation-Technologie. Er kann in natürlicher Sprache einen Dialog
mit Menschen führen, so dass das Zurechtfinden im Auto und die Nutzung von Knöpfen,
Lampen und anderen Bedienelementen intelligent unterstützt werden.

Der Chatbot kann dabei auf unterschiedlichen digitalen Kanälen agieren. Auch
Anfragen, die etwa auf der Facebook-Messenger-Seite des Automobilherstellers landen
und fast immer eine längere Konversation nach sich ziehen, werden unterstützt. Die Suche
nach den richtigen Antworten wird beschleunigt. Darüber hinaus stellt „Ask Mercedes"
sicher, dass die Antworten immer auf gleichbleibend hohem Niveau gegeben werden.
Der Chatbot kennt das Auto und seine Funktionalitäten aus dem Effeff, dafür wurde er
trainiert. Er kann in natürlicher Sprache befragt werden und ist in der Lage, eine Fahr-
zeugfunktionalität zu erklären, ganz unabhängig davon, wie der Fahrer danach gefragt
hat. So führt beispielsweise die Frage „Wie kann ich sportlich/ökonomisch fahren"

genauso zum Hinweis auf den „Dynamic-Select"-Schalter wie die direkte Frage „Was ist Dynamic Select?" Dieser digitale Dialog ist außerdem keine Einbahnstraße: „Ask Mercedes" fragt auch zurück, wenn er mehrere Antwortoptionen zur Auswahl hat und besser verstehen möchte, was der Fahrer genau wissen will (Scheunert und Hildesheim 2017).

8.9.2 Chatbot statt Suchfeld

Ein anderes Beispiel ist ein europäisches Telekommunikationsunternehmen, das seine zentrale Website für einen besseren Kundenservice umbauen wollte. Dabei wurde das gewöhnliche Suchfeld der Website durch einen automatisierten Dialog ersetzt. Auch hier beantwortet ein Chatbot (z. B. auf Basis des Watson Conversation Services) die Fragen des Kunden. Er ist in sämtlichen Feldern klassischer Kundenservices unterwegs: Rechnungen, Produkte, Verträge oder personalisierte Dienstleistungen. Hinzu kommt noch eine weitere Fähigkeit: das Gespräch an einen Mitarbeiter aus Fleisch und Blut zu übergeben, wenn der Chatbot keine befriedigende Antwort mehr kennt. Diese Möglichkeit war bei der Implementierung des Chatbots für das Unternehmen entscheidend, ebenso die Unterstützung weiterer Kommunikationskanäle zusätzlich zur Website des Unternehmens. Dazu gehört unter anderem Facebook (mittels des Facebook-Messengers). Auch diese Automatisierung von Chats über verschiedene Kanäle hinweg ist ein weiterer weltweiter Trend.

8.9.3 Chatbot statt Call-Center

Versicherungen arbeiten ebenfalls an der Modernisierung und betriebswirtschaftlichen Optimierung ihrer Kundenservices: Kundenauskunftsdienste, Versicherungsverkauf oder auch Schadensbearbeitung sind hoch repetitive Prozesse. Sie eignen sich auch für eine weitreichende Automatisierung mittels KI. Technologisch kommen ebenfalls Chatbot-Lösungen zum Einsatz. Sie stehen in Verbindung mit transaktionalen Backend-Systemen, in denen Prozesse und Aufgaben umgesetzt werden. Der automatisierte Dialog informiert den Kunden über die Leistungen eines Produktes sowie mögliche Optionen und Tarife. Sobald seine Kaufentscheidung gefallen ist, kann er den Kauf auch online tätigen.

Bei der Schadensbearbeitung kommen im konkreten Fall auch Bildverarbeitungsalgorithmen zum Einsatz. Das Foto eines Blechschadens am Auto kann direkt an die Versicherung übermittelt werden, um umgehend eine Einschätzung des Schadens zu erfahren. Die KI – hier der Watson Visual Recognition Service – erkennt den Schaden auf dem Foto und ordnet ihn einer bestimmten Schadensklasse automatisch zu. Das geht schnell, die Versicherung spart Geld und der Kunde ist zufrieden, weil er seine Auskunft schnell und unkompliziert erhält.

8.10   Produktivität: KI erhöht Effizienz und Effektivität

Ziel des Einsatzes von Software in Unternehmen ist klassischerweise eine Produktivitätssteigerung der Kernprozesse. Mithilfe von KI werden einfache Arbeitsschritte schneller, direkter und kostengünstiger durchgeführt. Dazu gehören unter anderem das Lesen und Finden von Informationen, das Suchen und Erkennen von Objekten in Bildern und Filmen sowie das Führen einfacher Dialoge. Im Folgenden werden einige typische KI-Einsatzszenarien vorgestellt, die solche Produktivitätssteigerungen zeigen. Im Mittelpunkt stehen oft Call- und Service-Center, denn die Agenten haben es mit immer wieder gleichartigen Fragestellungen der Anrufer oder Besucher zu tun. Solche Call- und Service-Center werden bereits seit Jahren professionell gemanagt. Typische Key Performance Indicators (KPIs) zur Messung ihrer Leistungsfähigkeit sind insbesondere die Average-Handling-Time (AHT), also die durchschnittliche Zeit eines Gespräches, beziehungsweise die First-Resolution-Rate (FRR), der Prozentsatz der Fragen, die beim ersten Anruf gelöst werden. KI macht es möglich, diese KPIs messbar zu verbessern und gleichzeitig den Agenten mehr Zeit zu geben, sich um die schwierigen Fälle zu kümmern. Denn häufig gestellte Fragen werden mittels Chatbots im Self-Service schneller beantwortet.

8.10.1 KI bei kniffeligen Fragen am Check-In

Ein weiteres interessantes Einsatzgebiet sind die Call- und Service-Center großer Fluggesellschaften, in denen die Agenten sehr viele Probleme beim Check-In der Passagiere im Rennen gegen die Uhr lösen. Das technische Umfeld des Check-Ins ist anspruchsvoll und hängt oft ab von Land, Sprache, Flughafen, Fluglinie sowie der jeweils verwendeten Hard- und Software am Check-In-Schalter. Auch hier hilft KI, aus dieser Fülle unterschiedlicher Daten dem Check-In-Agenten vor Ort sachdienliche Informationen zu geben oder an den Support auf der nächsten Ebene weiterzuleiten (IBM Deutschland 2017).

8.10.2 KI im Input-Management

Ein anderes konkretes Einsatzgebiet ist die Poststelle eines Unternehmens. Dort müssen Briefe geöffnet, digitalisiert, sortiert und an die richtige Abteilung weitergeleitet werden. Dieses „Input-Management" wird heute noch in vielen Firmen manuell abgewickelt, obwohl es durch intelligente Software unterstützt und automatisiert werden könnte. Die KI-Algorithmen erkennen wesentliche Informationen wie den Absender, den Betreff, die Intention des Briefes und die in der Korrespondenz zum Ausdruck gebrachten Gefühle. Vor allem aber identifizieren sie selbstständig die richtige Abteilung oder den Sachbearbeiter, der das jeweilige Anliegen bearbeiten kann. Das führt zu niedrigeren Durchlaufzeiten, Kunden erhalten schneller eine Antwort und die Bearbeitungskosten sinken.

8.10.3 KI in der Bilderkennung

Bilderkennung ist ein weiterer Trend im Einsatzgebiet von KI. Bilderkennungs-
algorithmen finden verstärkt Verbreitung im Qualitätsmanagement und in der End-
kontrolle von Produktion oder Produktversand. Die KI kann unter anderem erkennen,
ob Maschinen und Produkte korrekt zusammengebaut oder verpackt worden sind. Fehler
können sofort erkannt und schneller behoben werden.

8.11 Empfehlungen für Entscheider: KI mit einem Team in kleinen Schritten angehen

Die meisten dieser Anwendungsbeispiele basieren auf Vorgängen, die sich häufig wiederholen. In solchen Szenarien kann KI die Effizienz und die Qualität spürbar erhöhen, da
erstens die laufenden Kosten bis um den Faktor Zehn gesenkt werden können, zweitens
Fehler systematisch vermieden werden und drittens mehr Daten in die Entscheidungs-
wege fließen, um bessere Entscheidungen zu ermöglichen. Die wesentlichen Vorteile
von KI sind somit Effizienz- und Qualitätssteigerungen, die auf existierende Prozesse
angewendet werden können oder sogar neue Prozesse und Angebote erlauben.

Für die Annäherung an KI bieten sich zwei wesentliche Ansatzpunkte:

- Bei einfachen intellektuellen Tätigkeiten, die sehr häufig durchgeführt werden müssen
und bei denen der Einsatz von KI Effizienzgewinne erlaubt. Dies ist der Zugang zu KI
über den Business Case.
- Bei großen Mengen unstrukturierter Daten, die mithilfe von KI erstmals automatisiert
analysiert werden können. Diesen Ansatz, die Daten als Ausgangspunkt zu nehmen,
nennt man auch Data-First-Methode.

Sobald der passende Ansatzpunkt identifiziert ist, muss die richtige Vorgehensweise entwickelt werden. Dies ist besonders wichtig, da der Einsatz von KI nicht nur die Arbeitsteilung, sondern auch die Verteilung von Wissen ändert. KI, gezielt und klug eingesetzt,
kann zu einem wesentlichen Wettbewerbsfaktor werden und stärker in die Organisation eingreifen, als wir das von bisherigen Technologien kennen. Entsprechend müssen
Unternehmen und Organisationen beim Einsatz von KI eine Lernkurve durchlaufen, die
ihnen Aufschlüsse darüber bringt, wie sie die neue Technologie am besten für sich nutzen können.

Unsere Erfahrung zeigt, dass es für KI-Projekte typischerweise vier Erfolgsfaktoren
gibt (s. Abb. 8.7):

- ein KI-Team, in dem die Expertise vom Wissenskurator über den Machine-Learning-
Spezialisten bis zum Prozess-Spezialisten vorhanden ist;

- eine inkrementelle Herangehensweise, die es erlaubt, in kleinen Schritten Erfahrungen zu sammeln und Ängste abzubauen;
- die Identifikation des richtigen Ansatzpunktes für das KI-Projekt: entweder über Effizienzgewinne oder die Nutzung unstrukturierter Daten sowie
- eine KI-Plattform, die eine homogene Entwicklungsumgebung für möglichst alle benötigten IT-Services bereitstellt.

Dabei empfiehlt sich folgende Vorgehensweise:

- *Bauen Sie ein KI-Team auf:*
  Das Team sollte sich intensiv mit KI auseinandersetzen und spielerisch entsprechende Kompetenzen im Unternehmen aufbauen. Doch es reicht nicht, Artikel und Bücher zu lesen oder sich nur auf die entsprechenden Anbieter zu verlassen. Es müssen echte Erfahrungen gesammelt und erste Versuche mit einfachen Installationen und Implementierungen gemacht werden.
- *Sammeln Sie Erfahrung in Pilotprojekten und mit Prototypen:*
  Ziel ist es, Erfahrungen im Kontext des eigenen Unternehmens und der individuellen Aufgabenstellung zu machen. Aber auch dabei reicht es nicht, nur allgemeine Demos anzuschauen. Denn der Teufel liegt auch hier – wie so häufig – im Detail.
- *Verfolgen Sie die Strategie der kleinen Schritte:*
  Fangen Sie klein an. Jede Implementierung führt zu einem Mehr an Erfahrung. Diese Erfahrung kann am risikoärmsten in überschaubaren internen Projekten gewonnen werden, beispielsweise im Call- oder Service-Center. Dabei sollten die Technologie- und Implementierungspartner beibehalten werden, da andernfalls die gesammelten Erfahrungen obsolet werden.

Abb. 8.7 Erfolgsfaktoren für KI-Projekte

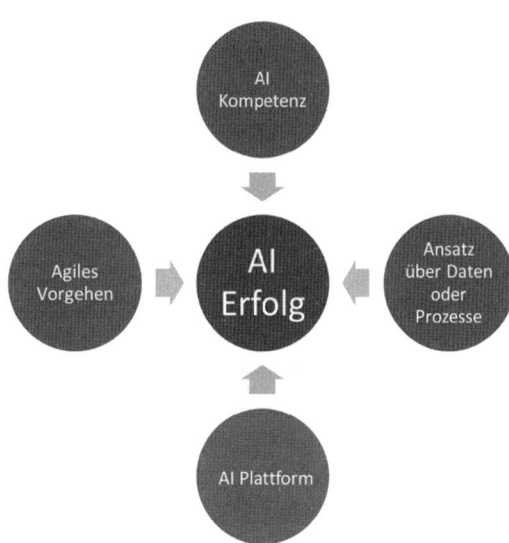

- *Bauen Sie ein KI Center of Competence auf:*
  Ziel eines solchen Kompetenzzentrums ist die Übertragung der einmal gewonnenen Erfahrungen aus einem Bereich auf andere Unternehmensbereiche.

Bei diesem Vorgehen sollten Sie darauf achten, dass KI-Projekte in aller Regel zwei grundsätzlich neue Projektphasen benötigen:

- eine Phase für die Wissenskuration, in der das einzusetzende Wissen gesammelt, konsolidiert und verifiziert wird, und
- eine Phase für das Training, in der das System mit dem verifizierten Wissen trainiert wird.

Darüber hinaus gibt es noch weitere Punkte, die aus unserer Sicht bei KI-Projekten berücksichtigt werden sollten:

- Stellen Sie sicher, dass Sie das Recht an Ihren Daten und dem daraus Gelernten behalten. Dies sind Ihr Intellectual Property (IP) und Ihr Wettbewerbsvorteil! Transparenz in der Beziehung mit Ihrem Cloud Service Provider ist hierfür entscheidend. Idealerweise arbeiten Sie mit einer eigenen Instanz der KI-Software im Rechenzentrum Ihrer Wahl, so dass der Datenfluss unter Ihrer Kontrolle bleibt. Entsprechende Verträge und Lösungen sind heute möglich.
- Stellen Sie sicher, dass Ihre KI-Lösungen den neuen Europäischen Datenschutzrichtlinien, die 2018 in Kraft getreten sind, genügen.
- Wählen Sie eine KI-Plattform, die diese Anforderungen erfüllt und Sie von der Entwicklung bis zum Betrieb der KI-Lösungen ganzheitlich unterstützt. Synergien sind wichtig. Vermeiden Sie eine Vielzahl von Technologien und Anbietern.

8.12 Fazit

Der Einsatz Künstlicher Intelligenz (in der Narrow-KI-Form) ist keine Vision mehr. Wir sollten die enormen Chancen, die in ihr stecken, erkennen und nutzen. Die Risiken sind beherrschbar. Der renommierte Physiker Max Tegmark brachte es sehr treffend auf den Punkt: „Sogar Feuer ist gefährlich, aber das bedeutet nicht, dass wir es nicht verwenden sollten, um unsere Häuser zu wärmen. Ich bin optimistisch, dass wir eine inspirierende Zukunft kreieren können mittels Künstlicher Intelligenz, wenn wir den Wettlauf gewinnen zwischen der wachsenden Macht der KI und der wachsenden Weisheit, mit der wir sie managen".

Literatur

Al Idrus, A. (2017). IBM Watson takes on whole-genome sequencing of brain tumor in early study. https://www.fiercebiotech.com/medtech/ibm-watson-takes-on-whole-genome-sequencing-brain-tumor-early-study.

Bostrom, N. (2016). *Superintelligenz: Szenarien einer kommenden Revolution* (J.-E. Strasser, Trans.). Berlin: Suhrkamp und Insel Verlag.

DeepMind (2016). Google DeepMind: Ground-breaking AlphaGo masters the game of Go. https://www.youtube.com/watch?v=SUbqykXVx0A. Zugegriffen: 14. Jan. 2018.

Esteva, A., Kuprel, B., Novoa, R. A., Ko, J., Swetter, S. M., Blau, H. M., & Thrun, S. (2017). Dermatologist-level classification of skin cancer with deep neural networks. *Nature, 542,* 115–118.

Huang, A. (2016). Transforming the agricultural industry. https://www.ibm.com/blogs/internet-of-things/agricultural-industry/.

IBM Deutschland (2017). IBM Watson – Anwendungsbeispiele. http://www-03.ibm.com/press/de/de/attachment/33005.wss?fileId=ATTACH_FILE2&file-Name=IBM_Watson_Anwendungsbeispiele_November%202017.pdf. Zugegriffen: 15. Jan. 2018.

IBM Research (2013). Watson and the Jeopardy! Challenge. https://www.youtube.com/watch?v=P18EdAKuC1U. Zugegriffen: 14. Jan. 2018.

IEEE (2018a). Advancing technology for the benefit of humanity. https://www.ieee.org/about/corporate/public-visibility/billboard-advancing-technology.html. Zugegriffen: 15. Jan. 2018.

IEEE (2018b). The IEEE global initiative on ethics of autonomous and intelligent systems. https://standards.ieee.org/develop/indconn/ec/autonomous_systems.html. Zugegriffen: 15. Jan. 2018.

Lackes, R., & Siepermann, M. (2017). Künstliche Intelligenz. https://wirtschaftslexikon.gabler.de/definition/kuenstliche-intelligenz-ki-40285/version-198642. Zugegriffen: 15. Jan. 2018.

Scheunert, S., & Hildesheim, W. (2017). Ask Mercedes: Chatbot statt Betriebsanleitung. https://www.ibm.com/de-de/blogs/think/2017/11/30/ask-mercedes-chatbot-statt-betriebsanleitung. Zugegriffen: 15. Jan. 2018.

Dr. Wolfgang Hildesheim leitet die IBM Watson Group in Deutschland, Österreich und der Schweiz. Zuvor war er in der IBM Software Group europaweit verantwortlich für den Ausbau des Big-Data-Geschäfts. Davor leitete er den Geschäftsbereich Automotive, Aerospace & High Tech bei IBM. Vor seinem Eintritt in die IBM war Hildesheim Mitglied der Geschäftsführung der Plath-Gruppe und von 1995 bis 2002 für den regionalen Vertrieb der Computer Associates in Deutschland verantwortlich. Weitere Stationen waren Sterling Software und Texas Instruments Software. Er studierte Physik an der LMU München und der Universität von Paris, wo er auf dem Gebiet der Teilchenphysik promovierte. Forschungsstationen führten ihn an das CERN in Genf und das Deutsche Elektronen Sychroton (DESY) in Hamburg.

Dr. Dirk Michelsen ist als Managing Consultant im deutsch-sprachigen Watson Team beratend im Umfeld von IBM Watson Software & Services tätig. Er hat in Theoretischer Elementarteil-chenphysik an der Universität Hamburg promoviert. Im Rahmen dieser Tätigkeit kam er sehr früh mit dem World Wide Web in Berührung, das zuerst von Elementarteilchenphysikern genutzt wurde. Seitdem ist er im Umfeld von Innovation und Technologie tätig. Bei der IBM leitete und unterstützte er in den vergangenen Jahren europäische Teams im Bereich Information Management, Big Data und – seit Gründung der Watson Group im Jahr 2014 – das Thema Künstliche Intelligenz und IBM Watson.

Mit Künstlicher Intelligenz immer die richtigen Entscheidungen treffen

9

Stefan Wess

9.1 Einleitung

Als kleiner Junge wollte ich Astronaut werden und zu den Sternen reisen. Dieser Wunsch war in meiner Heimat schwer zu realisieren, also verbrachte ich viel Zeit auf der Sternwarte und beobachtete die Sterne. Das Universum ist ein komplizierter Ort. Es ist voller Bewegung. Die Erde dreht sich, die Planeten bewegen sich, ja sogar die Milchstraße ist in Bewegung. Wie kann ich dann einen Stern oder Planeten gezielt beobachten? Die Antwort lautet: Mathematik. Was also lag in den 1980er Jahren nahe: Computerprogramme, um die Positionen der Sterne und Planeten am Himmel automatisch zu berechnen. Mein Computer war damals eine Wang 500. Das Programmieren dieser Wang-500-Maschine lernte ich übrigens von Konrad Zuse, der meine ersten Schritte in der IT begleitete und mich später auch überzeugte, Informatik statt Physik zu studieren. Die astronomischen Berechnungen waren nicht sehr schwer und ich widmete meine Energie und Ambitionen dem Programmieren von Computerspielen – natürlich Space Invaders oder Space Defender.

Wenn wir nicht gerade nachts die Sterne beobachteten oder programmierten, spielten wir ein Brettspiel mit dem Namen „Risiko" – das Spiel wurde übrigens bereits 1955 unter dem Namen „La Conquête du Monde" von dem französischen Regisseur Albert Lamorisse erfunden und dreht sich um das Thema „Weltherrschaft im vorletzten Jahrhundert". Dieses Spiel stellte mir die bisher größte Herausforderung, die meinen weiteren Lebensweg prägen sollte. Ich hatte mir fest vorgenommen eine Software zu entwickeln, die mich in diesem Spiel schlagen konnte. Und ich scheiterte dabei ganz grandios.

Wess (✉)
Empolis Information Management GmbH, Kaiserslautern, Deutschland

Springer-Verlag GmbH Deutschland, ein Teil von Springer Nature 2019
P. Buxmann und H. Schmidt (Hrsg.), *Künstliche Intelligenz,*
https://doi.org/10.1007/978-3-662-57568-0_9

143

Ganz gleich wie sehr ich mich auch anstrengte, der Computer spielte immer schlecht. Heute weiß ich, dass zu diesem Zeitpunkt im Jahr 1984 kein Mensch und keine Technologie auf dieser Welt dieses Problem lösen konnte. Es war ein klassisches Problem der Künstlichen Intelligenz, mit einer Vielzahl von Einflussfaktoren und Entscheidungen. Fast zeitgleich mit dem Spiel Risiko erblickte 1956 die Künstliche Intelligenz als eigenständiges Fachgebiet das Licht der Welt und verfolgte ähnlich wie ich sehr ambitionierte Ziele – um auch zunächst grandios daran zu scheitern.

Heute, 35 Jahre später, hat sich die Situation sehr grundlegend geändert. Für wenige Euros können Sie eine „Risiko"-App für Ihr Smartphone kaufen und bekommen einen sehr ernsthaften Gegenspieler für den persönlichen Zeitvertreib. Und ich bin der CEO der Empolis Information Management GmbH in Kaiserslautern, mit über 200 Mitarbeitern und drei weiteren deutschen Standorten. Weltweit gibt es derzeit rund 500 Empolis-Installationen mit täglich etwa 700.000 Nutzern, die damit etwa 40 Mio. Endkunden bedienen. Dabei sind wir unseren ursprünglichen Wurzeln an der TU Kaiserslautern und dem Deutschen Forschungszentrum für Künstliche Intelligenz (DFKI) immer treu geblieben.

Der Schwerpunkt unserer Kunden liegt im Bereich des produzierenden Gewerbes. Wir unterstützen Servicemitarbeiter im Call-Center, in der Werkstatt oder im Außendienst dabei, schnell die richtigen Entscheidungen zu treffen. Dabei können sie auf alle verfügbaren, für eine schnelle Problemlösung notwendigen Informationen zugreifen. Aber auch Steuerberater, Analysten, Ärzte und Berater nutzen inzwischen die Entscheidungsunterstützung mithilfe der Künstlichen Intelligenz. Oftmals ist dies den meisten Nutzern unserer Software in ihrer alltäglichen Arbeit überhaupt nicht bewusst.

Viele sprechen heute von einer Revolution der Künstlichen Intelligenz. Die Revolution findet derzeit aber nur in einem Teilgebiet der KI statt, dem Maschinellen Lernen. KI wird dabei gleichzeitig überschätzt und unterschätzt:

- überschätzt, weil wir derzeit noch keine KI-Revolution der denkenden Maschinen haben und diese auch noch nicht absehbar ist;
- unterschätzt, weil wir heute in der Technologie des Maschinellen Lernens viel weiter sind als die meisten Menschen denken.

Wir erleben derzeit eine Revolution der lernenden Maschinen. Die erste Agrarrevolution wurde von trainierten Tieren ausgelöst. Ochsen statt Menschen zogen den Pflug und ermöglichten aufgrund der gesteigerten Produktivität den Aufbau von Städten und Gesellschaften. Damit legten sie den Grundstein für unsere Zivilisation. Aktuell können wir unsere Maschinen trainieren. Man sollte sich gedanklich darauf vorbereiten, dass Unternehmen in wenigen Jahren einen großen Teil ihres Geschäfts an „trainierte Tiere mit Superkräften" in Form von lernenden Maschinen auslagern werden.

Die Spielstärke der DeepMind-Software AlphaGo basiert auf Künstlichen Neuronalen Netzwerken, also der Abbildung des menschlichen Nervensystems. Die Software kann ähnlich wie Menschen denken und lernen (siehe hierzu auch Teil I dieses Buches). Die Anfänge gehen auf den US-amerikanischen Neurophysiologen Warren McCulloch und dessen engsten Mitarbeiter, den Logiker Walter Pitts zurück. Sie beschrieben bereits 1943 Verknüpfungen von elementaren Einheiten als eine der Vernetzung von Neuronen ähnliche Art von Netzwerk, mit dem sich praktisch jede logische oder arithmetische Funktion berechnen lassen könnte. Große Fortschritte in der Forschung wurden hier in den 1980er Jahren erreicht. Den endgültigen Durchbruch schafften aber erst im Jahre 2012 die sogenannten Deep-Learning-Algorithmen. Diese Technologien haben in den vergangenen drei bis vier Jahren eine enorme Entwicklung vollzogen. Dies liegt in drei Faktoren begründet:

- Verfügbarkeit von enormen Datenmengen (Big Data), mit denen neuronale Netzwerke trainiert werden können,
- Verfügbarkeit von enormer Rechenpower, dank inzwischen sehr leistungsfähiger (Grafik-)Prozessoren,
- Verfügbarkeit von freier Software, weil Unternehmen und Forschungsinstitute Open-Source-Programme und -Werkzeuge zur Verfügung stellen.

Erst Deep Learning ermöglicht die Durchbrüche auf fast allen Feldern der Künstlichen Intelligenz – ganz gleich, ob es sich dabei um Bilderkennung, das Verstehen von Sprache, maschinelle Übersetzung oder das autonome Fahren handelt. Deep Learning ist eine spezielle Methode der Informationsverarbeitung und ein Teilbereich von Machine Learning, das neuronale Netze sowie große Datenmengen zur Entscheidungsfindung nutzt. Die Lernmethoden orientieren sich an der Funktionsweise des menschlichen Gehirns, das ebenfalls aus miteinander verschalteten Neuronen besteht. Diese Bauweise ermöglicht auf Basis neuer Informationen, das Erlernte immer wieder mit neuen Inhalten zu verknüpfen und zu erweitern. Daraus resultierend ist die Software in der Lage, Prognosen oder Entscheidungen zu treffen.

Der große Vorteil des Deep Learning gegenüber anderen Verfahren ist gleichzeitig auch seine Achillesferse: Die Leistungsfähigkeit eines Netzes skaliert mit der Menge der verfügbaren Trainingsdaten. Deep Learning ist somit nur mit signifikant großen, erschlossenen Datenmengen sinnvoll einsetzbar. Daten werden auf diese Weise zu einem wichtigen Wettbewerbsfaktor.

Deep Learning ist eine sehr sinnvolle Erweiterung unseres großen Datenanalyse-Werkzeugkoffers für Probleme, für die große Datenmengen verfügbar und eine deterministische Nachvollziehbarkeit nicht zwingend erforderlich sind. Für alle anderen Szenarien ergeben weiterhin klassische, statistische und deterministische sowie regelbasierte Ansätze Sinn.

9.2   Ein fiktives Beispiel: Wie man frei verfügbare Informationen und Künstliche Intelligenz für die Finanzindustrie nutzen kann

Auf den ersten Blick ist die Finanzwelt ein dankbares Anwendungsgebiet für Künstliche Intelligenz und Data Engineers mit ihren mächtigen Algorithmen: Zahlengetriebene Prozesse, die seit Dekaden IT-gestützt ablaufen und große Mengen an historischen Daten bereitstellen. Dazu kommt ein definiertes Set an Key Performance Indicators (KPIs), wodurch die gewinnbringenden von den verlustbehafteten Verträgen unterschieden werden können.

Erst bei genauerer Betrachtung der Datenbanken von Finanzunternehmen offenbart sich: Da steht kaum etwas drin. Natürlich ist jede Transaktion mit Zeit und Ort, Absender und Empfänger sowie einer Referenz zum zugrundeliegenden Vertrag erfasst. Diese Daten enthalten aber meist nicht den jeweiligen Kontext sowie wichtige Informationen zur Risikobewertung eines Geschäfts: Welche Ereignisse könnten zum Ausfall eines Kreditnehmers führen? Welche politischen Entwicklungen in Asien können die Lieferkette eines Versicherungsnehmers in Europa gefährden? Welche Kosten verursacht der sechsstündige Ausfall eines Rechenzentrums in Irland?

Dabei liegen die Informationen, die zur Beantwortung solcher Fragen benötigt werden, den Banken und Versicherungen tatsächlich vor. Kaum ein größeres Kreditrisiko, das nicht in ausgiebigen Gutachten fundiert bewertet wurde; kaum ein Industrierisiko, das nicht von Ingenieuren vor dem Abschluss eines Versicherungsvertrags besichtigt und im Detail beschrieben worden wäre. Die Crux ist dabei nur: Aus diesen Beschreibungen fließen allzu oft nur die Daten in die Sammlung strukturierter Informationen, die sich auf bereits bekannte KPIs abbilden lassen. Das Gros der Informationen in solchen Gutachterberichten wird hingegen kaum einmal gelesen, sondern lediglich ordnungsgemäß archiviert. Und schon diese Expertenberichte enthalten nur Bruchteile der Informationen, die zur Einschätzung von Kredit-, Versicherungs- oder Vertragsrisiken herangezogen werden könnten.

Pressemitteilungen, Nachrichten in sozialen Medien, Lokal- und Wirtschaftsnachrichten, Mitteilungen von Aufsichtsbehörden, Statements von NGOs oder auch – gerne unterschätzt – Wettervorhersagen stellen viel mehr Informationen zu Finanzrisiken bereit, als einzelne Experten in ihren Gutachten berücksichtigen könnten – und das regelmäßig frei Haus und in Echtzeit. Warum nutzen wir diese Informationen nicht, um Risiken besser zu bewerten, Gefahren früher zu erkennen und auf Schäden schneller zu reagieren? Die Antwort darauf ist denkbar einfach: Weil es erst einmal Arbeit macht. Der Diskurs, der in Politik und Feuilletons über die Macht Künstlicher Intelligenz geführt wird, weckt geradezu den Eindruck, als müssten wir einfach nur die gewünschten Datenquellen aufzählen, auf einen Knopf drücken und warten, bis aussagekräftige Reports und – bei Bedarf – eine Warnung direkt auf dem Bildschirm des zuständigen Entscheiders generiert werden.

Besser noch: Die Maschine selbst trifft ohne menschliches Eingreifen die richtige Entscheidung. Das wäre schön und dort wollen wir hin. Aber noch sind wir nicht an diesem Punkt. Niemand bietet heute ein Standardsoftwareprodukt an, das ohne weiteren Aufwand ein Risikogutachten von einem Schadenbericht unterscheiden, aus dem Volltext eines Schadenberichts eine klassifizierte Liste der Schadenursachen extrahieren oder aus dem Risikogutachten die Eintrittswahrscheinlichkeit aller genannten Gefahren benennen könnte.

Dennoch können wir Künstliche Intelligenz nutzen. Die Daten sind ebenso vorhanden wie die Technologien und auch das Wissen, wie wir die Technologien auf die Daten anwenden müssen. Was noch fehlt, sind Wissensmodelle, Trainingsdaten und linguistische Regeln, um die richtigen Informationen zu erkennen, zuverlässig zu extrahieren und in den richtigen Analysen bereitzustellen. Und dazu eine Portion Realismus: Ein Text verwandelt sich nicht in eine fehlerfreie Datenbank, sobald er durch einen Klassifikator geschickt wird. So einfach ist es nicht. Aber im Gegenzug lassen sich selbst Informationen erkennen, die in Texten gar nicht explizit benannt sind. Die Frage, ob sich etwas realisieren lässt, ist meistens keine der Informationstheorie, sondern eine des Verhältnisses von Kosten und Nutzen. Anhand eines konkreten Beispiels, das Empolis für den Rückversicherer Munich Re aufgesetzt hat, soll nun die Frage geklärt werden, wie wir alle Informationen gewinnen können, die wir für die Bewertung und das Monitoring eines Finanzrisikos benötigen.

9.3 Praxisbeispiel: Early Loss Detection (ELD) von Munich Re

Versicherer haben heute keine vollständige Übersicht über versicherbare Risiken und Schäden. Selbst von Schäden an versicherten Risiken erfahren sie häufig erst verzögert. Das führt zu Unsicherheiten bei der Gestaltung der Tarife und neuen Versicherungsprodukten sowie zu Verzögerungen beim Schadenmanagement. Die eingesetzten Verfahren sind darauf ausgerichtet, öffentlich verfügbare Informationen über Schäden und Gefahren zum Zeitpunkt der Veröffentlichung mit intern beim Versicherer verfügbaren Informationen zu verknüpfen, um eine vollständige und aktuelle Marktsicht zu erhalten.

Zunächst die Selbstbeschreibung des Projektes der Munich Re: „Die Early Loss Detection (ELD) von Munich Re überwacht kontinuierlich ein immenses Datenvolumen von rund 16.000 digitalen Nachrichtenquellen pro Stunde und identifiziert dabei mögliche Brandschäden in den USA, Südamerika und Großbritannien. Beinahe in Echtzeit eröffnet der cloudbasierte Service einen größeren Handlungsspielraum im Schadenmanagement – um solange es noch möglich ist, Entscheidungen im Hinblick auf Reparatur, Wiederherstellung oder Ersatz zu treffen. Im Falle eines Feuers, das Immobilien betreffen könnte, werden umgehend ein Feueralarm und ein Ereignisdossier generiert. Mithilfe moderner Technologien wie Crowdsourcing, Big Data und Geoprocessing wird eine exakte Karte mit Brandschäden generiert. Dadurch werden Verluste durch Schäden und/oder Betriebsunterbrechungen vermindert. Mit Early Loss Detection beschleunigt Munich Re das Schadenmanagement und minimiert Schäden, indem die Sachbearbeiter sofort eingreifen und Experten hinzuziehen können. Weiterhin verbessert Munich Re das Underwriting, indem das Unternehmen mithilfe der Webapplikation mehr über typische Brandschäden-Muster lernt. Die mobile Version Loss Scout App unterstützt Claims Manager und Schadengutachter bei der frühzeitigen Einleitung ihrer Schadenregulierungs-Aktivitäten im Falle von kommerziellen Brand- bzw. Feuerschäden."

Bis zur Umsetzung dieses Projektes wurden öffentlich verfügbare Schaden-informationen nur in Einzelfallen und mit Zeitverzug herangezogen. In der Regel waren diese auf sehr große Schäden beschränkt. Mittelgroße Schäden mit zwischen einer und zehn Millionen US-Dollar Höhe blieben größtenteils unberücksichtigt. Als Konsequenz wurde die Gewinnung relevanter Informationen aus weltweiten Nachrichtenquellen automatisiert, auch bei nur geringer Sichtbarkeit in den Medien. Das ermöglichte den Aufbau umfangreicher Schadendatenbanken beispielsweise für die Tarifkalkulation, die Beschleunigung der Schadenbearbeitung sowie das automatisierte Monitoring versicherter Risiken. Auf Basis der umgesetzten Lösungen werden nun neue Geschäfts-modelle realisiert und digitale Services für Versicherungen und versicherungsnahe Unternehmen angeboten.

Das System überwacht kontinuierlich Tausende globale Nachrichtenquellen und wertet den Inhalt jeder einzelnen Nachricht aus. Dadurch wird der Bias umgangen, den Suchmaschinen-APIs durch ihre Relevanzkriterien erzeugen. Die Analyse der Nach-richten erfolgt automatisch in mehreren Schritten, angefangen über eine Klassifizierung mittels Machine Learning bis hin zur Ermittlung konkreter Angaben wie Schadensort oder Zeitpunkt. Die einzelnen Analyse-Schritte sind so gestaffelt, dass komplexe und rechenintensive Verfahren nur bei den Nachrichten zur Anwendung kommen, in denen entsprechende Informationen auch zu erwarten sind. Alle gewonnenen Metadaten wer-den direkt an den Quellen persistiert und stehen dann allen Anwendungen zur Verfügung.

Die Klassifizierung erfolgte initial durch herkömmliche Machine-Learning-Verfahren und wird aktuell durch Deep-Learning-Verfahren abgelöst. Die Text Analytics erfolgt über das Empolis Information Access System (IAS) mittels Text Mining in Kombination mit regelbasierten linguistischen Analysen. Die umgesetzten Modelle und Regeln wer-den sukzessive generalisiert und als standardisierte Knowledge-Packs paketiert, so dass Wartbarkeit und Wiederverwendbarkeit in anderen Anwendungen unterstützt werden. Zur Qualitätssicherung werden die durch KI-Verfahren erkannten Informationen gegen Datenbanken und Verzeichnisse validiert und plausibilisiert.

Die Automatisierung der Nachrichtenanalyse schafft nicht nur eine neue Informations-basis, die durch manuelle Recherche nicht umsetzbar wäre, sondern erlaubt auch die Anreicherung und Qualitätssicherung bisher schon vorhandener interner Informations-systeme sowie die Verknüpfung von Daten aus verschiedenen Quellen. Durch den Einsatz der beschriebenen Verfahren können sowohl Prozesse im Schadenmanagement als auch im Vertrieb verbessert und beschleunigt werden.

Schäden können künftig von einem einzigen Experten statt von einer Vielzahl von Abteilungen bearbeitet werden, weil eine Gesamtsicht auf den Schaden hergestellt werden kann. Neben der internen Nutzung werden die Informationen, die aus öffentlichen Daten gewonnen werden, sowie die dazu umgesetzten Verfahren auch Dritten zur Verfügung gestellt. Neben dem Vertrieb von Versicherungsprodukten wird damit auch der Vertrieb von digitalen Services als Geschäftsfeld ausgebaut. Die kostenlose App Loss Scout ist beispielsweise im App-Store von Apple und im Google Play Store verfügbar.

Das beschriebene System ist nur eine von mehreren KI-Lösungen, die bei der Munich Re auf verschiedene Arten von Daten und mit verschiedenen Technologien umgesetzt werden. Diese Lösungen werden sukzessive zu einem umfassenden Lösungsangebot für Insurance Analytics zusammengeführt und weiterentwickelt.

9.4   Notwendige Grundlagentechnologien

9.4.1   Semantische Suche

Im Gegensatz zu einer zeichen- oder wortbasierten Recherche, bei der nur Buchstaben auf eine syntaktische Übereinstimmung geprüft und entsprechende Treffer ausgegeben werden, wird bei einer semantischen Recherche versucht, die Bedeutung oder den Sinn der Anfrage zu erfassen, zu verstehen und „sinnvolle" Ergebnisse auszugeben.

Für die semantische Recherche werden Inhalte zunächst morphosyntaktisch analysiert und ausgezeichnet. Dies ermöglicht, dass zum Beispiel bei einer Recherche nach „gegangen" auch die Grundform „gehen" als Treffer gewertet wird.

In weiteren Analyseschritten erfolgt die Annotation der Inhalte mit allgemeinen und relevanten Entitäten des domänenspezifischen Wissens, die bei der Recherche dann zur Erkennung von Zusammenhängen verwendet werden können. Allgemeine Entitäten können beispielsweise Personen, Organisationen oder Orte sein.

Durch den Einsatz regulärer Ausdrücke und einer regelbasierten Skriptsprache können weitere Entitäten erkannt und annotiert werden. Bei der semantischen Recherche kommen unter anderem auch Synonyme und Hyperonyme zum Einsatz. Zum Beispiel hat „PKW" und „Automobil" eine vollständige „synonyme" Übereinstimmung. Dagegen hätte das Hyperonym „Fahrzeug" eine 80-Prozent-Übereinstimmung mit der Frage nach einem PKW. So führt die semantische Recherche zu umfassenderen und präziseren Ergebnissen.

Ist in einem Wissensmodell die Organisationsstruktur und Produktstruktur hinterlegt, werden diese Bezüge bei einer Anfrage berücksichtigt. Sind zusätzlich die jeweiligen Länder hinterlegt, können die Ergebnisse wie Patentanmeldungen einer Karte zugeordnet werden. Oder es wird bei einer Anfrage nach Aspirin automatisch der Wirkstoff Acetylsalicylsäure berücksichtigt. Ebenso kann die Wirkung dieses Stoffes wie „schmerzstillend" oder „gerinnungshemmend" einbezogen werden.

Die Zusammenhänge im Wissensmodell unterstützen über die initiale Anfrage hinaus. Sie werden auch genutzt, um in den Ergebnissen inhaltlich zu navigieren. Das jeweilige Interessensgebiet wird durch diese Navigation interaktiv verfeinert. Das Wissensmodell eignet sich weiterhin dazu, Ergebnisse zu gruppieren, um inhaltlich stimmige Übersichten zu erzeugen. So werden Zusammenhänge bewusst, die vorher nicht direkt ersichtlich waren.

Das zugrundeliegende Wissensmodell operationalisiert die in einer Organisation vorhandene Expertise. Gerade für professionelle Recherchen ist es gleichermaßen wichtig, sowohl schnell passende Ergebnisse zu finden als auch ein neues Thema umfassend zu durchdringen.

Durch die Berücksichtigung des Wissensmodells bei der Anfrage und Navigation leistet die semantische Recherche, was sonst nur durch Lesen und Rezipieren erreicht würde: die inhaltliche Erschließung. Durch diese präzisere und umfassendere Recherche bieten Informationsanbieter ihren Nutzern einen wesentlichen Mehrwert und grenzen sich damit vom Wettbewerb ab. Informationen innerhalb einer Organisation werden leichter gefunden und Doppelarbeit wird reduziert. Die Berücksichtigung von Beziehungen im Wissensmodell löst darüber hinaus ein weiteres Problem bei der Recherche in internen Datenbeständen einer Organisation: Webbasierte Suchverfahren nutzen die Verlinkung der Inhalte zur Bestimmung der Relevanz. Seiten, auf die viele andere Seiten zeigen, sind relevanter als isolierte Inhalte. Diese Beziehungen auf Dokumentebene fehlen meist innerhalb von Organisationen und können durch Beziehungen im Wissensmodell wettgemacht werden.

9.4.2   Web Mining

Eine Säule von Big Data Analytics ist die Verfügbarkeit von analysierbaren Daten. Stammen diese nicht aus unternehmensinternen Quellen, müssen sie aus anderen Quellen beschafft werden. Im World Wide Web stehen frei zugängliche Informationen im Überfluss zur Verfügung. Um diese nutzbar zu machen, benötigt man Web Mining. Web Mining bedeutet die (teil-)automatische Extraktion von Informationen aus dem World Wide Web. Web Mining übernimmt dabei Verfahren und Methoden aus den Bereichen des Information Retrievals.

Neben urheberrechtlich geschützten Quellen, welche nur zu Forschungszwecken ausgewertet werden dürfen, gibt es auch eine Vielzahl an Open-Source-Quellen oder Quellen aus öffentlicher Hand, die zur kommerziellen Analyse herangezogen werden können. Viele dieser Informationen wurden jedoch nicht für die maschinelle Verarbeitung geschaffen und können somit nicht ohne vorherige Transformation zur Analyse herangezogen werden. Web Mining, genauer Web Content Mining, stellt verschiedene Verfahren bereit, um solcher Daten habhaft zu werden und sie für die weitere Analyse vorzubereiten.

Informationen im World Wide Web können auf vielfältige Art und Weise vorliegen. Eine einzelne Website enthält dabei viele verschiedene Arten der Informationsrepräsentanz. Die Website von Empolis beispielsweise enthält neben Texten auch Bilder und Grafiken, Videos sowie PDF-Dokumente. Mit Blick auf das gesamte World Wide Web und die großen sozialen Netzwerke mit ihrem von Endnutzern bereitgestelltem Inhalt wird die Liste an möglichen Datentypen schier unendlich. Das stellt das Web Mining vor große Herausforderungen, da neben der Unterstützung unterschiedlicher Kommunikationsprotokolle auch für die meisten Datentypen individuelle Verfahren zur Informationsextraktion angewendet werden müssen.

Die Verfahren sollen Informationen, die primär für die Verarbeitung und den Konsum durch Menschen vorgesehen sind, in eine Form überführen, die eine effektive und vollautomatisierte Analyse der gewonnenen Daten erlaubt. Hierbei erfolgt zumeist eine Umwandlung der ursprünglichen Datenrepräsentanz, da die Ansprüche eines informationsverarbeitenden Systems sich natürlich von den Kriterien einer für Menschen optimierten Ansicht unterscheiden.

Im Folgenden betrachten wir das Beispiel einer einzelnen Seite einer Website. Ausgangspunkt ist ein HTML-Dokument, welches die technische und inhaltliche Beschreibung der Website enthält. Ein Blick auf die Struktur des HTML-Dokuments offenbart, dass ein Großteil der hinterlegten Informationen technischer Natur ist und keine Relevanz für das Web Mining besitzt. Es sind primär Stylesheets, welche die optische Erscheinung der Seite steuern, und JavaScripts zur Optimierung der User Experience. Daneben sind viele Steuerinformationen enthalten, die den Aufbau der Seite bestimmen.

Auf den ersten Blick liegt daher der Verzicht auf solche Steuerinformationen nahe. Jedoch kann die Struktur der abgelegten Informationen entscheidend für deren korrekte Interpretation sein. Einem Satz, der in kleingedruckter Schrift am Ende der Seite steht, wird der Leser einen anderen Stellenwert zuordnen als einem Satz, der prominent in fetten Buchstaben den Beginn eines Nachrichtenartikels ankündigt. Entsprechend ist bei der Reduktion der Informationen Fingerspitzengefühl erforderlich. Neben den Informationen, welche sich direkt aus dem für den Menschen geschaffenen Inhalt ableiten lassen, gibt es in HTML-Dokumenten häufig weitere sogenannte Meta-Informationen, wie Titel, Zusammenfassung und Autor, die explizit für die maschinelle Verarbeitung vorgesehen sind. Was sich auf den ersten Blick als ein Schatz für jeden Web Miner darstellt, wird auf den zweiten Blick schnell zum Alptraum der Abteilung, die für die Entwicklung der Web Mining Tools beauftragt ist. Denn die verschiedenen offenen Standards für die Annotation von Meta-Informationen werden häufig falsch umgesetzt.

Eine weitere Herausforderung für das Web Mining stellt die wachsende Bandbreite an verfügbaren Frameworks zur Gestaltung von Websites dar, die Dokumente in jeweils eigener – und nach einem regelmäßig nicht dokumentierten Schema – um weitere Attribute zur Steuerung der Anzeige erweitern. Das macht die HTML-Strukturen nicht nur komplexer, sondern erschwert auch deren Interpretation.

Das stellt auch aktuelle Extraktionsverfahren vor erhebliche Herausforderungen. Zudem führen immer mehr Websites ihren Content nicht im HTML mit, sondern laden diesen per JavaScript zum Zeitpunkt der Anzeige der Website dynamisch nach. In solchen Fällen können Informationen nur durch rechenintensive Darstellung in einem Browser oder durch speziell auf die Website optimierte Extraktionsverfahren gewonnen werden.

Erweitert man diese Sicht nun auf die komplette Website, kommen Verlinkungen zwischen den einzelnen Seiten und über die Website hinaus hinzu. Je nach Anwendungsfall können auch diese Referenzen einen relevanten Informationsgehalt besitzen.

Web Mining ist eine mächtige Basis für die Datenbeschaffung im Rahmen von Big Data Analytics. Dabei stehen wachsende technische Anforderungen, aufgrund immer stärker dynamisch aufgebauter Websites und Webservices, Seite an Seite mit der notwenigen fachlichen Expertise zur zielgerichteten Extraktion und Interpretation der benötigten Informationen. Web Content Mining stellt im Kontext von Big Data schon heute eine wichtige Technologie dar und wird diese Stellung in Zukunft halten oder sogar ausbauen.

9.4.3 Natural Language Processing

Die digitale Transformation der Medizin öffnet die Möglichkeit für datenbasierte Geschäftsmodelle. Dennoch wird der Großteil des verfügbaren medizinischen Wissens auf unbestimmte Zeit weiterhin als natürlichsprachlicher Freitext in unstrukturierten Daten verborgen sein, zum Beispiel in klinischen Befunden oder biomedizinischen Forschungsartikeln. Kann Natural Language Processing (NLP) diese vielversprechenden medizinischen Informationen automatisiert verfügbar machen?

Natural Language Processing in der Medizin ermöglicht Akteuren im Gesundheitswesen, natürlichsprachlichen Text automatisiert in ein standardisiertes Format zu bringen und zur Entscheidungsfindung und medizinischen Wissensgenerierung zu nutzen (Demner-Fushman et al. 2009).

Der Nutzen von NLP in der Medizin liegt auf der Hand: Eine Vielzahl an medizinischen Datenquellen, wie radiologische Befunde, Arztbriefe oder OP-Berichte, enthalten nur natürlichsprachlichen Freitext. NLP erlaubt es, diese große Menge an unstrukturierten Daten automatisiert und effizient zu interpretieren, in strukturierte Form zu bringen und zur Entscheidungsunterstützung zu nutzen. In anderen Anwendungsbereichen werden NLP-Technologien bereits erfolgreich eingesetzt, z. B. für Suchmaschinen im World Wide Web, für digitale Assistenten im Konsumentenbereich oder für das Dokumenten-Routing beim Posteingangsmanagement. Am Thema NLP in der Medizin scheiden sich jedoch die Geister: Zum einen sei das Problem simpel und ließe sich mit einer Vielzahl an vorhandenen Technologien schnell lösen, zum anderen erfordere das Problem auch in kleinen Anwendungen für eine ausreichende Güte einen zu kostspieligen manuellen Aufwand.

NLP in der Medizin ist grundsätzlich nicht trivial, aber auch keine unerreichbare Magie, sondern kann klar umrissene, komplexe Aufgaben zuverlässig lösen. Für die Interpretation radiologischer Fragestellungen soll der Inhalt aus einem Freitextfeld „Indikation" aus einer teleradiologischen Software automatisch interpretiert werden. Dieses Freitextfeld nutzen behandelnde Ärzte, um eine Computertomographie des Schädels anzufordern und zu begründen. Normalerweise werden derartige Freitexte zwar vom Radiologen gelesen, aber aufgrund ihrer großen Heterogenität nicht automatisiert ausgewertet. Jeder Arzt schreibt oder diktiert auf seine ganz spezielle eigene Weise und kein Patientenfall ist mit einem anderen identisch. Die automatische Interpretation der Fragestellungen kann beispielsweise Statistiken über häufige Untersuchungsgründe wie vermutete Pathologien oder Hinweise zur Qualitätssicherung beim Anforderungsverhalten liefern. Allgemein hängt die Komplexität einer NLP-Anwendung von einer Vielzahl Faktoren ab. Dazu gehören die Art der verwendeten Sprache (Laiensprache oder Fachsprache), das medizinische Fachgebiet, die Art der Formulierung, die Art des Textes (klinischer oder biometrischer Text), die Menge an vorhandenen Beispieldaten, verfügbare Terminologien oder Standards sowie Heterogenität, Unschärfe, Aktualität der Daten. Wichtig ist auch die Art der NLP-Anwendung, ob es sich also um Informationsextraktion, Dokumentensuche oder Texterstellung handelt.

In unserem Medizinbeispiel kann der Text für die Indikation direkt per Tastatur verfasst oder aus Diktat mithilfe einer Spracherkennung erstellt worden sein. Der Schreibstil der Ärzte ist häufig von vielen Substantiven wie Sturz, Fraktur oder Blutung geprägt. Daher muss zunächst zwischen Konzepten und Begriffen unterschieden werden. Ein Konzept fasst üblicherweise eine „Idee" bzw. ein „übergeordnetes Thema" aus einem Fachgebiet anhand real vorkommender spezieller Beispiele wie Blutung zusammen. Ein Begriff – manchmal auch „Surface Form" genannt – ist definiert als eine mögliche syntaktische und grammatikalische Ausdrucksweise für ein oder mehrere Konzepte. Begriffe sind beispielsweise Synonyme, linguistische Abwandlungen, zusammengesetzte Wörter (Kompositas). Begriffe für das Konzept „Blutung" sind „Blutung", „Blutungen", „Bltng", „Hemorrhages" und „Hirnblutung". Relevante Begriffe im Anwendungsbeispiel sind alle Substantive mit gegebenenfalls beschreibenden Adjektiven wie „intrakranielle Blutung". Um die Anzahl eindeutiger Begriffe zu reduzieren, wurden hierbei Stammformen gebildet sowie Groß- und Kleinschreibung ignoriert, aus „Blutung" und „Blutungen" wird somit gleichermaßen „blutung". Die schlechte Nachricht ist, dass es für ein Konzept grundsätzlich unendlich viele mögliche Begriffe gibt. Abb. 9.1 zeigt dies anhand einer annähernd linearen Zunahme an prozentual abgedeckten Begriffen in Abhängigkeit von zufällig ausgewählten Indikationstexten.

Die gute Nachricht ist, dass einige Begriffe typischerweise weitaus häufiger als andere verwendet werden: zum Beispiel „intrakranielle Blutung" versus „ringförmige Läsion". Abb. 9.2 zeigt, dass bereits mit zehn Prozent der Texte über 60 % aller Nennungen von Begriffen abgedeckt werden.

Diese Variabilität hat sich in anderen Anwendungen auch für gröbere syntaktische Strukturen wie Sätzen gezeigt – und das selbst dann, wenn die Ärzte vermeintlich mit

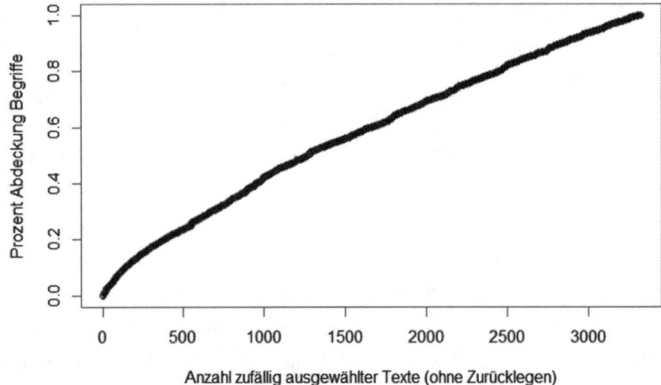

Abb. 9.1 Abdeckung eindeutiger Begriffe in zufällig ausgewählten Texten. Anzahl Begriffe steigt linear mit der Anzahl an Texten. Durchschnitt über fünf Runden

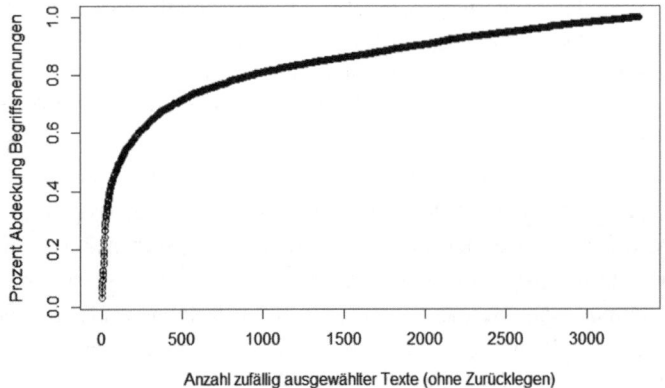

Abb. 9.2 Abdeckung Begriffsnennungen in zufällig ausgewählten Texten. Anzahl Nennungen steigt überlinear mit der Anzahl an Texten. Durchschnitt über fünf Runden

Textbausteinen oder selbst-vorgegebenen Schemata arbeiten. Die Anzahl an neuen Sätzen wächst linear mit der Anzahl an Texten. Und auch hier ist zum Beispiel der Satz „Das Ventrikelsystem ist mittelständig und nicht balloniert." viel häufiger als der Satz „Kein Anhalt für eine frische Ischämie oder eine Raumforderung." Dies zeigt sich sogar, wenn man die Sätze durch Entnahme aller Substantive und Adjektive sowie allgemeiner Stoppwörter („der", „die", „das" etc.) abstrahiert. Anstelle „Kein Nachweis einer frischen intrakraniellen Blutung" erhält man das häufigere „Kein Nachweis XXX".

NLP in der Medizin ist grundsätzlich nicht trivial, weil Ärzte – auch wenn sie Textbausteine oder Schemata nutzen – immer wieder neue Begriffe und Sätze bilden. Bei sich wiederholenden Tätigkeiten, wie der Formulierung einer Indikation, gewöhnen sie sich allerdings einen charakteristischen Schreibstil an und nutzen gewisse Phrasen immer wieder. Mit überschaubarem Aufwand und intelligenten Algorithmen ist es daher möglich, den Großteil der Inhalte von Indikationen mit ausreichender Güte automatisiert zu verstehen.

Um die Texte aus dem Anwendungsbeispiel zu interpretieren, muss jeder Begriff genau einem bekannten Konzept zugeordnet werden. In der Fachsprache bedeutet dies Entitätserkennung mit Disambiguierung und ist eine häufig genutzte NLP-Aufgabe. Konzeptlisten kann man sich selbst erstellen oder man nutzt vorhandene Datenquellen wie Kataloge, Terminologien, Thesauri oder Ontologien. Möglicherweise enthalten diese auch strukturierte Hintergrundinformationen zu den enthaltenen Konzepten und werden standardmäßig in unterschiedlichen Anwendungen genutzt. Ein Beispiel für eine weit verbreitete Terminologie in der Radiologie ist RadLex mit etwa 46.000 Konzepten. Die Konzepte werden durch bevorzugte englische Begriffe und Synonyme sowie Beziehungen untereinander näher beschrieben und außerdem ins Deutsche übersetzt. Ziel im genannten Anwendungsbeispiel ist also die eindeutige Zuordnung von Sätzen wie „Zeichen eines erhöhten Hirndrucks?" zu RadLex-Konzepten wie „RID34800 increased intracranial pressure". Diese Entitätserkennung ist grundsätzlich einmal so komplex wie die Anzahl unterschiedlicher Begriffe im Freitext.

Um einem Computer diese Aufgabe der Zuordnung von Begriffen zu bekannten Konzepten beizubringen, sind Algorithmen notwendig, da, wie oben beschrieben, für eine hohe Güte eine hohe Anzahl an *Begriff-Konzept-Matches* gelernt werden muss. Am einfachsten ist es, dem Algorithmus eine *Matching-Tabelle* zwischen Begriffen und Konzepten zu übergeben. Darin sind neben den typischen Begriffen eines Konzeptes auch alle Synonyme und gegebenenfalls Übersetzungen enthalten. Die Tabelle oder das „Nachschlagen" darin können beliebig komplex werden. Der Kern der Herausforderung besteht darin, *Matching-Algorithmen* zu verwenden, die entweder genügend Vorwissen mitbringen oder effektiv durch neue Beispiele lernen.

Im Trend sind beispielsweise Deep-Learning-Algorithmen, denen Beispiel-Begriffe oder -Sätze und die entsprechenden Konzepte als Trainingsdaten eingegeben werden. Diese Algorithmen betrachten die Begriffe nicht als Ganzes, sondern teilen sie in beliebige einzelne Informationen wie Teilwörter oder grammatikalische Metadaten auf und können somit – bei entsprechender Menge an Trainingsdaten – sehr erfolgreich verallgemeinern und lernen. Für unser Anwendungsbeispiel haben wir eine Matching-Tabelle aus RadLex und seinen rund 70.000 Begriffen inklusive etwa 10.000 deutschen Übersetzungen erstellt und dem Information Access System, der NLP-Software von Empolis, eingespeist. Ein striktes String-Matching ist ein erster Anfang. Aber RadLex enthält bei weitem nicht alle Synonyme, geschweige denn alle möglichen linguistischen Abwandlungen, bis hin zu Rechtschreibfehlern, die in medizinischen Texten verwendet werden. So gibt es eine Vielzahl an Methoden, um das Matching zu verbessern, zum Beispiel die Stammformbildung und Kompositazerlegung. Auch Vorverarbeitungsschritte werden genutzt, mit denen sich Aufzählungen oder Abkürzungen auflösen lassen. Beim Disambiguieren sind grammatikalische Metadaten nützlich, um zwischen der „Amytrophen Lateralsklerose" (ALS) und der Konjunktion „als" zu unterscheiden.

Manche Methoden müssen dabei mit Vorsicht bedacht werden. Beispielswiese ist ein naives „Fuzzy"-Matching fehleranfällig. Ansonsten wird die „Ischialgie" (Hexenschuss) schnell als „Ischämie" (Durchblutungsstörung) erkannt. Zudem ist es unbedingt notwendig, die Güte des Algorithmus zu evaluieren. Für das Anwendungsbeispiel wurden dazu 200 Indikationen zufällig aus dem Gesamtdatensatz herausgezogen und manuell annotiert. Diese Anzahl erlaubt es, die Güte des Algorithmus festzustellen und mit hoher Konfidenz auf den Gesamtdatensatz zu übertragen.

So sind zwar 97 % *aller erkannten* RadLex-Konzepte korrekt; jedoch werden überhaupt nur 42 % *aller möglichen* erkannt. Und so ist auch der gewichtete harmonische Durchschnitt (F1-Maß) weit von einer ausreichenden Güte von 0.85 entfernt.

Mit überschaubarem manuellem Aufwand die 200 häufigsten Begriffe (sieben Prozent aller Begriffe) als zusätzliche Begriffe für Konzepte hinzuzunehmen, erreicht eine deutlich bessere Güte. So sind 92 % aller erkannten RadLex-Konzepte korrekt und es werden 80 % aller möglichen Konzepte erkannt. Das F1-Maß ist ausreichend hoch und bei 200 zufällig ausgewählten Testdaten besteht diese Güte auch auf dem Gesamtdatensatz. Denn laut Wilson Score Konfidenzintervall weicht diese Güte in 95 % der Fälle maximal um fünf Prozent ab.

So stellt NLP keine unerreichbare Magie dar, sondern kann klar umrissene Aufgaben wie die Entitätserkennung von RadLex-Konzepten auch mit geringem manuellem Aufwand zuverlässig lösen. Weitere Beispiele für NLP-Aufgaben sind die Erkennung von Negationen, die Erkennung von identischen Entitäten über Satzgrenzen hinweg sowie die Erkennung von Relationen zwischen Entitäten. Diese Aufgaben betreffen ggf. satz- oder textübergreifend mehrere Begriffe und Konzepte, zeigen häufig eine höhere Variabilität und benötigen ggf. mehr grammatikalische und semantische Hintergrundinformationen, lassen sich grundsätzlich jedoch auf dasselbe konzeptionelle Problem der Entitätserkennung herunterbrechen. So können auch komplexere Anwendungen mit vergleichbarem manuellem Aufwand – wenn auch vermutlich mit mehr technischen Kniffen – gelöst werden.

9.5   KI wird unsere Wirtschaft tiefgreifend verändern

KI-Technologien sind längst ein fester Bestandteil in unserem Leben geworden und wir nutzen jeden Tag digitale Assistenten wie Siri, Cortana, Alexa oder Google Now. Dies gilt inzwischen auch für Unternehmen. KI ist im Zuge von Big Data und der verstärkten Vernetzung von Maschinen zu einem wichtigen Treiber für die zunehmende branchenübergreifende Digitalisierung von Geschäftsprozessen und -modellen geworden. Durch die massenhafte Datenerzeugung steigt der Bedarf an Systemen auf KI-Basis, welche Daten sammeln, verknüpfen und automatisiert auswerten, um Maschinen zu warten, den Service zu verbessern oder die eigene Wertschöpfung zu steigern. Die Digitalisierung und der Einsatz von KI-Technologien werden in den nächsten Jahren alle Branchen ergreifen. Als Beispiele seien das Gesundheitswesen mit der datenbasierten

Unterstützung von Ärzten bei der Behandlung von Patienten sowie die sich im Umbruch befindliche Banken- und Versicherungsbranche genannt. Es entstehen also nicht nur neue Geschäftsfelder, sondern auch neue Berufsbilder. Dies wird auch dazu führen, dass sich die schulische und berufliche Ausbildung nachhaltig verändern wird. Das Schreckensszenario, dass durch den Einsatz von KI der Mensch vollkommen abgelöst wird, muss man keineswegs teilen. Er wird nur andere Aufgaben übernehmen.

In der aktuellen Diskussion werden die Möglichkeiten Künstlicher Intelligenz sicherlich „overhyped" und wir befinden uns gewissermaßen in einer „Phase der Übertreibung". Nichtsdestotrotz werden KI-Technologien und die fortschreitende Digitalisierung einen tiefgreifenden wirtschaftlichen und gesellschaftlichen Wandel vorantreiben, der teilweise bereits begonnen hat. Auch wenn noch einige offene Fragen bezüglich Ethik oder der zukünftigen Rolle des Menschen bestehen, bietet KI ungemein große Chancen. Gerade in Deutschland, das seit vielen Jahrzehnten eine führende Rolle in der KI-Forschung einnimmt und einige der weltweit führenden Experten auf diesem Gebiet ausgebildet hat, eröffnen KI-Technologien enorme Chancen für die zukünftige Wettbewerbsfähigkeit. Wir sollten jedoch nicht versuchen, mit den Amerikanern oder den Chinesen, die auf diesem Gebiet auch außerordentlich aktiv sind, in den direkten Wettbewerb zu treten. Als Hightech- und Hochlohnland sollten deutsche Unternehmen diese Technologien unbedingt nutzen, um die eigenen Stärken auszubauen. Wenn wir mit KI-Technologie unser Know-how besser nutzen und unsere eigenen Experten besser unterstützen, können wir unsere eigentlichen Kernkompetenzen digitalisieren, um mit diesen digitalen Diensten Geld zu verdienen. Als Beispiele seien hierbei Hightech-Produkte genannt, die selbst Anweisungen zur Wartung und Reparatur geben, oder medizinische Geräte, die Vorschläge zur Behandlung machen.

So reift die Überzeugung: Wenn Daten das Öl des 21. Jahrhunderts sind, so ist KI der Motor, der diesen Kraftstoff nutzen kann. Gemeinsam bilden sie die „Kraftquelle" für die Digitalisierung. In der digitalisierten Welt gehören Hightech-Produkte und KI inzwischen stets zusammen. KI macht aus einem „sehr guten Produkt" ein wirklich „smartes Produkt". Sehr gewiss haben wir mithilfe dieser Technologien die Chance, das bisher erfolgreiche Geschäftsmodell der „Deutschland AG" in das digitale Zeitalter zu übertragen. Wir müssen uns jetzt mit den Chancen und Risiken auseinandersetzen, um die Zukunft mithilfe von KI aktiv zu gestalten – denn KI-basierte Anwendungen werden aller Voraussicht nach im Jahr 2020 eine allgemein umfassende Akzeptanz erreicht haben, ohne dass jemand noch großartig darüber sprechen wird.

KI wird ohne jeden Zweifel eine wissenschaftliche und technologische Revolution einleiten und zu einer Vielzahl neuer Erkenntnisse führen. Auch in der Medizin. Am Ende wird sie das Leben aller Menschen verbessern. Denn möchten Sie in einem Kohlebergwerk des 18. Jahrhunderts arbeiten? Höchstwahrscheinlich nicht. Auf dem Weg wird KI aber eine Vielzahl sozialer, gesellschaftlicher, rechtlicher und auch ethischer Fragen aufwerfen, auf die wir heute noch keine Antworten haben. Insbesondere das Thema „Maschinenethik" darf als sehr wichtig angesehen werden, das aktuell sehr intensiv diskutiert wird und bei dem wir im laufenden Jahr große Fortschritte erzielt haben. Wenn wir nun aber alle diese derzeit noch offenen Fragen haben, können wir dann nicht die Entwicklung stoppen oder wenigstens anhalten und warten, bis diese Antworten vorliegen? Aber natürlich können wir das: Wir alle machen die Revolution. Sie wird nicht mit uns gemacht. Sie wird uns nicht diktiert. Produkte sind auf dem Markt nur dann erfolgreich, wenn eine entsprechende Nachfrage vorhanden ist. Bleibt die Nachfrage dauerhaft aus, gibt es keine entsprechenden Produkte. Leider vergessen wir dies sehr oft und suchen an anderen Stellen nach vermeintlich Verantwortlichen, meistens in der Industrie oder in der Politik. Wenn Sie es könnten, würden Sie persönlich die Entwicklung stoppen? Was ist mit dem verlockenden Angebot, Ihre Dienstleistungen mithilfe von lernenden Maschinen schneller, besser und billiger Ihren Kunden zur Verfügung zu stellen? Werden Sie, trotz all Ihrer Bedenken, dieser Versuchung widerstehen? Haben wir die Globalisierung gestoppt? Digitalisierung ist wie Globalisierung – jetzt nur mit intelligenten Maschinen statt mit den Menschen aus den Schwellenländern. Gegenüber einem Beschäftigten in den entwickelten Industrieländern kann Globalisierung die Kosten um ein Drittel senken. Durch eine geeignete Automatisierung aber um 90 %. Das Potenzial ist daher ungleich größer.

Im Jahr 2017 sind wir in der Hardware (Anzahl der Verbindungen zwischen den Neuronen) in etwa auf dem Niveau einer Biene. Das bedeutet, wir können (im Mainstream) Chips kaufen, die ökonomisch und technisch in der Lage sind, das Gehirn einer Biene vollständig zu simulieren. Schon damit können wir heute alle diese scheinbaren KI-Wunder vollbringen, wie z. B.: „Siri zeige mir Bilder von Autos". In 2028 werden wir – über Zwischenschritte wie Maus (2023) und Katze (2026) – in der Hardware eine Anzahl von Verbindungen auf dem Niveau des menschlichen Gehirns im Mainstream zu Verfügung haben. Was wird dann passieren? Mit dieser Frage beschäftigt sich unter anderem das Future of Life Institut (FLI) in der Nähe von Boston, unterstützt vom kürzlich verstorbenen Stephen Hawking, Elon Musk sowie dem Gründer von Skype, Jaan Talinn. Einer der Gründer des Instituts, Professor Max Tegmark, hat vor wenigen Monaten ein neues Buch veröffentlicht: „Life 3.0 – Being human in the Age of Artificial Intelligence" (Tegmark 2017). Er entwirft darin 12 mögliche Szenarien der Zukunft mit maschinellen Super-Intelligenzen, also einer „echten" KI. Die Szenarien reichen von einem „Liberalen Utopia" bis zu einem „Faschistischen 1984-Szenario". Leider ist hier nicht ausreichend Platz, um auf diese Szenarien im Detail einzugehen. Auf der Basis dieser Szenarien wurden Experten weltweit über ihre eigene Einschätzung zur Zukunft der Menschheit befragt. Der Großteil der Befragten war hier sehr optimistisch und die meisten Experten gehen von einer friedlichen und konstruktiven Koexistenz von Maschinen und Menschen aus – was vielleicht aber auch an der Auswahl der Befragungsteilnehmer liegen kann. In dieser Umfrage wurde aber auch eine weitere Frage gestellt: Was wird eine solche Super-Intelligenz mit ihrer Macht tun? Was sind ihre eigenen Ziele? Fast 90 % der Teilnehmer an der Umfrage sagen dazu: „Die Super-Intelligenz wird ihre Macht dazu nutzen, das Leben im Universum zu verbreiten."

Und damit sind wir wieder in der Sternwarte und am Ende der Geschichte vom kleinen Jungen, der eigentlich zu den Sternen reisen wollte.

Acknowledgments   Christian Becker, Dirk Brandes, Alexander Firyn, Benedict Kämpgen, Boris Kownatzki, Dirk Paulus.

Literatur

Demner-Fushman, D., Chapman, W. W., & McDonald, C. J. (2009). What can natural language processing do for clinical decision support? *Journal of Biomedical Informatics, 42*(5), 760–772.

Tegmark, M. (2017). *Life 3.0 – Being human in the Age of Artificial Intelligence.* New York: Alfred A. Knopf.

Dr. Stefan Wess Diplom Informatiker, ist international anerkannter KI-Experte und verfügt über langjährige, internationale Erfahrung im Bereich der Unternehmensführung. Er ist über viele Jahre Autor und Herausgeber von mehreren Büchern und zahlreicher Fachartikel zum Thema „Künstliche Intelligenz". Im Laufe seiner beruflichen Karriere bekleidete er die Position des Technical Managers beim amerikanischen CRM-Software-Anbieter Inference Corp. (heute eGain Corp.). Er war Vorstand der tecmath AG (heute Avid) und Geschäftsführer der tec:inno GmbH. Von 2000 bis 2008 war Stefan Wess CTO und später CEO der Bertelsmann arvato AG, Gütersloh, und Geschäftsführer der arvato Middle East in Dubai. Später wurde er Mitglied im Management Board der Attensity Group, Palo Alto, aus der er im Jahr 2012 die Empolis Information Management GmbH ausgründete. Stefan Wess ist Mitglied im Aufsichtsrat des Deutschen Forschungszentrums für Künstliche Intelligenz, im Aufsichtsrat der RS Media AG, Singen, und Kurator der Fraunhofer Gesellschaft. In seiner Freizeit ist er Motorradfahrer aus Leidenschaft und immer noch ein Computer-Nerd.

Künstliche Intelligenz schafft neue Geschäftsmodelle im Mittelstand

Peter Knapp und Christian Wagner

10.1 Einleitung

Die Digitalisierung steht im 21. Jahrhundert wie kein anderer Begriff für die Veränderung der Industrie und Gesellschaft. Der Wandel zeigt sich in der Entwicklung und dem Erfolg innovativer Technologien, die den Weg in den Alltag der Gesellschaft und der Unternehmen finden. Große Digitalunternehmen wie Google oder Apple setzen Künstliche Intelligenz bereits gezielt und massiv ein. Sie bieten ihren Kunden damit völlig neue Möglichkeiten und persönlich zugeschnittene Erlebnisse.

Für die deutsche Industrie kann der Einsatz von Künstlicher Intelligenz zum Wachstumstreiber werden. Die Hoffnung auf den Erfolg durch Künstliche Intelligenz (KI) bestätigen die steigenden Investitionen der Unternehmen in diesem Bereich. Gemäß einer Studie von McKinsey könnte durch den Einsatz von selbstlernenden Systemen das Bruttoinlandsprodukt in Deutschland bis zum Jahre 2030 um bis zu vier Prozent steigen. Weltweit könnte der Markt für KI-basierte Dienstleistungen sogar um bis zu 25 % jährlich steigen und bis zum Jahre 2025 einen Wert von rund 130 Mrd. US$ erreichen (McKinsey 2017).

Doch wie unterstützen algorithmische Auswertungen Industrieunternehmen bei der Entwicklung neuer Geschäftsmodelle oder der innovativen Lösung von altbekannten Problemen? Welche Anforderungen werden im Zuge dessen an Unternehmen gestellt und wie müssen diese sich aufstellen, um sich auch mit neuen Technologien und Lösungen erfolgreich am Markt zu etablieren und sich vom Wettbewerb abzuheben?

P. Knapp (✉)
SAMSON AG, Frankfurt a. M., Deutschland

© Springer-Verlag GmbH Deutschland, ein Teil von Springer Nature 2019
P. Buxmann und H. Schmidt (Hrsg.), *Künstliche Intelligenz,*
https://doi.org/10.1007/978-3-662-57568-0_10

Die Samson AG, ein technisches Industrieunternehmen im deutschen Mittelstand, produziert und entwickelt Stellventile, Regler ohne Hilfsenergie, elektronische Regler sowie Systeme und Komponenten für die Mess- und Regeltechnik. Die Komponenten werden unter anderem in der Groß- und Petrochemie, der Pharma- und Lebensmittelindustrie, Heiz- und Klimatechnik sowie in der Öl- und Gas-Industrie eingesetzt. Begonnen wurden die ersten unternehmerischen Aktivitäten mit der Produktion von Reglern ohne Hilfsenergie. Das Portfolio wurde über die Jahre stetig im Business-to-Business-Markt (B2B) erweitert und angepasst. Am Stammsitz des Unternehmens in Frankfurt am Main wird damit bereits seit rund 110 Jahren Metall in der Vorfertigung bearbeitet, Ventile und Regler in allen erdenklichen Varianten produziert, aber auch elektronische Regler gefertigt. Bis heute verfügt das Unternehmen über eine hohe Fertigungstiefe, die Samson weitgehend unabhängig von Dritten macht, gleichzeitig aber Herausforderungen hinsichtlich effizienter Materialströme und Produktionsplanung mit sich bringt.

Der aktuelle „digitale Reifegrad" bei Samson ist durch Digitalisierungsansätze in allen Unternehmensbereichen gekennzeichnet. Noch zeigen sich dabei Systembrüche, Schnittstellenproblematiken und manuelle Prozesse. Die IT-Landschaft ist geprägt durch eine Vielzahl an Softwarelösungen, die harmonisiert werden müssen. Im Juni 2016 wurde eigens ein Unternehmensbereich „Digitale Transformation" gegründet. Der dem Bereich vorstehende Chief Digital Officer soll das Unternehmen nicht nur intern zu einer modernen und auf alle Anforderungen der Digitalisierung ausgerichteten Organisation mit effizienten Abläufen wandeln, sondern das Know-how gepaart mit neuen technologischen Möglichkeiten auch zur Prozessverbesserung beim Kunden einsetzen, unter Entwicklung und Implementierung neuer Geschäftsmodelle.

10.2 Neue Geschäftsmodelle dank Künstlicher Intelligenz

Samson-Komponenten sind stets Teile komplexer Anlagen. Nur wenige Komponenten berühren jedoch das Medium, das durch die Anlage fließt, und noch weniger Komponenten sind in der Lage, dieses Medium zu beeinflussen. Samson greift mit seinen Ventilen und Reglern aber aktiv in den Prozess der Anlage ein. An diesem Punkt entsteht die Chance, mittels neuer Technologien wie Künstlicher Intelligenz neue Services anzubieten, die dem Kunden einen echten Mehrwert bieten.

Das aktuelle Geschäftsmodell der Samson AG basiert zum größten Teil auf dem Verkauf von Produkten und deren Ersatzteilen, also von Komponenten, die für die Kunden Investitionskosten darstellen. In diesem Geschäftsmodell besteht langfristig die Gefahr, auf eine Commodity-Falle zuzusteuern: Durch die ständig wachsende Anzahl von Wettbewerbern, die günstig produzieren und aggressiv auf den Markt strömen, werden die Komponenten zunehmend austauschbar, da der Preis beim Kunden zu einem immer wichtigeren Entscheidungskriterium für Investitionen wird.

Ein Ausweg aus der drohenden Commodity-Falle kann nur durch Innovation und Änderung der Geschäftsmodelle gelingen – weg vom reinen Komponentenverkauf hin zum Anbieter von Diensten und Services, möglicherweise bis hin zu Betreibermodellen, bevorzugt in einer Welt der laufenden Betriebskosten. Samson arbeitet daher daran, Ventile zukünftig mit Sensorik auszustatten, sie intelligenter, kommunikativer und modularer zu gestalten, damit diese sich nahtlos in jede Anlage integrieren lassen und den Kunden mit allen notwendigen Informationen versorgen.

Für das Unternehmen bedeutet dies eine strategische Ausrichtung in zweierlei Hinsicht. Zum einen werden die Ventile, die aus zahlreichen verschiedenen Einzelteilen bestehen, modularer. Samson entwickelt das Portfolio in Richtung Systembaukasten und Gleichteileprinzip. Zum anderen ist parallel die informationstechnische Vernetzung der Ventile notwendig. Sie werden mit Aktoren und Sensoren ausgestattet, so dass sie Umgebungsdaten sammeln und analysieren können.

Für Samson bedeutet das die Notwendigkeit, weitere Komponenten einer Anlage, beispielsweise Pumpen, regelungstechnisch in einer Lösung zu integrieren. Dadurch lassen sich die Betriebskosten beim Kunden senken, da eine Pumpe nicht auf voller Leistung laufen muss, wenn das Ventil bereits zugefahren ist. Zusätzlich profitieren die Kunden von der Zahl intelligenter Samson-Komponenten in ihrer Anlage: Nach einer gewissen Laufzeit erhöht sich die Schwarmintelligenz einer Anlage. Mit wachsendem Daten- und Informationsbestand sind Betreiber in der Lage, Kosten zu senken und die Produktion flexibler sowie effizienter zu gestalten (Widl et al. 2017).

Durch Digitalisierung werden Komponenten in der Prozessindustrie vernetzt, so auch die von Samson. Durch die Vernetzung können Kundenprozesse optimiert und Betriebskosten gesenkt werden. Störungen im Prozess werden aufgedeckt und mittels intelligenter Komponenten optimiert. Mit der informationstechnischen Vernetzung der eigenen Assets ist Samson in der Lage, neben den reinen Komponenten auch Prozessintelligenz anzubieten.

Samson nutzt die Digitalisierung, um das bestehende Geschäftsmodell zu erweitern. Der investitionskostengetriebene Komponentenverkauf wird mit der Lieferung ganzer Systeme und mehrwertgenerierenden Diensten ergänzt.

10.3   Daten sind der gemeinsame Nenner

Unter Digitalisierung wird oft nur die Umwandlung papierbasierter Geschäftsprozesse in digitale Abläufe verstanden. Zwar können durch IT- und Softwarelösungen Medienbrüche verringert und Geschäftsprozesse verschlankt werden. Jedoch stellt dies nur eine Teilkomponente einer digitalen Transformation dar. Wahre Digitalisierung besteht aber aus der ganzheitlichen digitalen Erfassung von Wertschöpfungs- und Prozessketten über alle Organisationseinheiten hinweg, vom Lieferanten bis zum Kunden, um diese mit Daten vollständig zu vernetzen und daraus sinnvolle Informationen zu generieren.

Daten bilden die Basis der digitalen Transformation und smarter Services. Verschiedene Systeme liefern strukturierte (Zahlen) und unstrukturierte (Texte, Bilder), interne (Produktion, Produkte) und auch externe (Kunden, Lieferanten, Drittquellen) Daten. Aus diesen Big Data werden durch den gezielten Einsatz Künstlicher Intelligenz smarte Informationen generiert. Diese smarten Informationen können für eine erhöhte Prozessintelligenz genutzt werden. Eine systematische Sammlung von Daten ist im Zuge der Digitalisierung sowohl für Kunden als auch für Unternehmen, die neue Services anbieten möchten, unabdingbar. Nur wer über Daten verfügt, kann neue Geschäftsmodelle entwickeln.

Im Zuge der Digitalisierung ist für Samson neben der Produktion von Stellventilen und deren Komponenten die Erstellung einer Gesundheitsakte über den gesamten Lebenszyklus hinweg notwendig. Im Sam Digital Hub (vgl. Abb. 10.1) werden alle verfügbaren Daten der Komponenten und (internen) Prozesse zusammengefasst. Sie bilden die Grundlage für das Angebot von Mehrwertdiensten. Für die IT bedeutet dieser Schritt neben der Vernetzung das Sammeln der Daten im Hub und die Entwicklung einer Echtzeit-IT unter dem Einsatz von Algorithmen und selbstlernenden Systemen. Der Mehrwert von smarten Services für den Kunden steigt mit der vorhandenen Datenmenge im Hub und der Intelligenz der Dienste.

Voraussetzung für einen entsprechenden Datenpool ist die konsequente Vernetzung aller Komponenten im Sam Digital Hub. Dabei beschränkt sich die Anbindung von Komponenten nicht nur auf Samson-eigene Assets. Auch Daten von Drittanbietern und Peripheriegeräte einer Anlage können mit dem HUB vernetzt werden. Die Softwarearchitektur bei Samson ist entsprechend offen gestaltet.

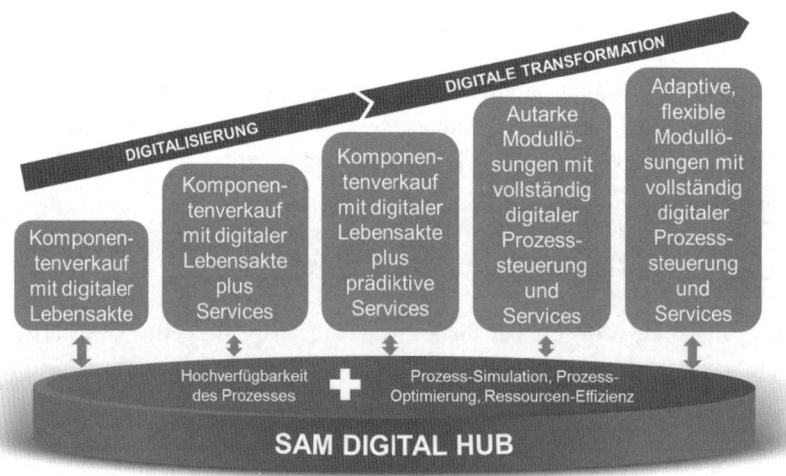

Abb. 10.1 Vom Komponentenhersteller zum Lösungsanbieter

10.4 Sam Digital Hub

Aus Big Data smarte Informationen zu generieren, ist das Ziel unseres Unternehmens. Die Voraussetzung dafür ist der Sam Digital Hub, eine Digitalisierungs- und Automatisierungsplattform. Sie sammelt, aggregiert und visualisiert unterschiedliche Daten – von Ventildaten bis zu Energieverbräuchen und Geschäftsdaten. Die Plattform bildet die Basis für die digitalen Lösungen im Samson-Portfolio. Der Vorteil für die Kunden ist die offene Architektur. So können unterschiedliche Datenquellen und Systeme an die Plattform angeschlossen und mittels Künstlicher Intelligenz analysiert werden. Samson kann beliebige Systeme und Feldgeräte anbinden und integrieren. Das Unternehmen arbeitet damit an der Lösung eines zentralen Problems der digitalen Transformation in der Industrie. Durch die Anbindung der Feldgeräte kann Samson darüber hinaus nicht nur messen und visualisieren, sondern – sofern vom Kunden gewünscht – auch regeln, steuern und optimieren.

Der Weg der Samson AG vom Komponentenhersteller zum Anbieter von Komplettlösungen ist durch die zentrale Plattform ermöglicht. Damit Samson auch beim Kunden zukünftig als Anbieter von digitalen Lösungen wahrgenommen und die digitale Strategie des Unternehmens unterstrichen wird, wurde ein einheitliches Branding für die digitalen Lösungen geschaffen: Das digitale Portfolio von Samson wird unter der Marke Sam Digital zusammengefasst, Sam steht dabei für Samson Asset Management (s. Abb. 10.2).

Der Sam Digital Hub selbst ist jedoch für keinen Kunden oder Nutzer sichtbar, sondern stellt die Basis für spezifische Branchenanwendungen dar. So finden die Kunden sich und ihre konkreten Probleme und Lösungsmöglichkeiten schneller im digitalen Produkt wieder, die durch Big Data zunächst kreierte Komplexität wird wieder auf spezifische Lösungen reduziert. Der Einstieg in das häufig noch neue Themengebiet der Industrie-4.0-Lösungen wird dadurch leichter.

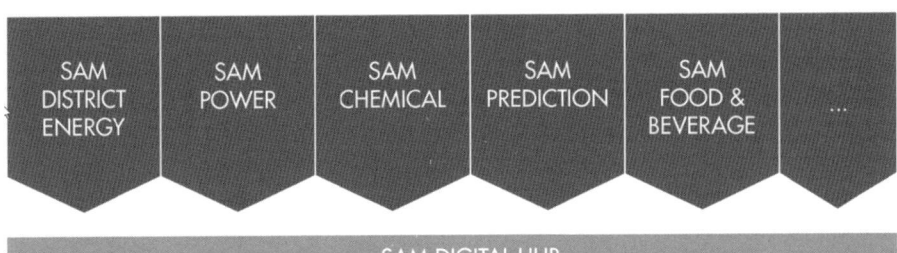

Abb. 10.2 Lösungsportfolio SAM DIGITAL

10.5   Samsons interne Transformation

Die digitale Transformation bei Samson ist mit dem Bau eines Hochhauses vergleichbar: Man hat konkrete Vorstellungen über die Gestaltung der Penthouses, jedoch wird zunächst systematisch Stockwerk für Stockwerk gebaut.

Der digitale Wandel findet nicht nur in den Produkten oder in den Köpfen des Managements statt, sondern muss sich durch die gesamte Organisation ziehen. Die Grundlage für einen erfolgreichen digitalen Wandel ist eine solide Datenbasis für die Entwicklung neuer Services. Der Aufbau der Datenbasis kann nicht nur durch die Implementierung neuer Software gelöst werden, sondern benötigt auch das Verständnis der Mitarbeiter und deren Unterstützung. Die Qualität der Daten ist nur so gut, wie diese zuvor gepflegt werden. Für Samson bedeutet dies einen Wandel der Kultur. Zum einen bedeutet dies, die Wichtigkeit von Stammdaten im ERP sowie in Drittsystemen hervorzuheben und auf deren Qualität zu achten. Eine vernünftige Stammdatenqualität ist die Voraussetzung für die Digitalisierung. Die Mitarbeiter in dem Unternehmen werden daher schrittweise herangeführt und das Bewusstsein für die Ressource „Daten" wird geschärft. Zum anderen ist das Sammeln von Daten über alle Bereiche des Unternehmens und über die Unternehmensgrenzen hinweg eine wesentliche Aufgabe im Zuge der Digitalen Transformation. Dies stellt die Unternehmens-IT vor neue Herausforderungen. Einerseits wird die IT mit hohen Anforderungen bezüglich Sicherheit, Hochverfügbarkeit und IT-Governance-Prinzipien konfrontiert, andererseits bedarf es einer effizienten, schnellen und agilen Umsetzung neuer IT-Lösungen.

Um diesen Anforderungen gerecht zu werden, hat Samson die IT nach den IT-Analysten und -Beratern Gartner in eine bimodale IT (DevOps) organisiert. Der Begriff DevOps ist eine Kombination aus Development und Operations (Kim et al. 2017).

Mit der Neuausrichtung der IT verfolgt das Unternehmen das Ziel, den Konflikt zwischen Sicherstellung des Betriebes für geschäftsdatenverantwortliche Systeme und projektbezogene, die Digitalisierung vorantreibende Vorhaben zu meistern und dabei Qualität, Effizienz, Planbarkeit und Performanz zu erhöhen. Dazu zählt auch, dass die IT-Architektur angepasst werden muss. Kostengünstige Cloud-Dienste werden zunehmend genutzt. Die direkte Glasfaseranbindung an das größte Rechenzentrum der Welt ist ein Vorteil.

10.6   Ventildiagnose mit Trovis Solution

Samson hat seine Kernkompetenz in der Mess- und Regeltechnik und ist nah den Prozessen der Kunden positioniert. Als Ventilhersteller beziehen sich daher die ersten Aktivitäten hinsichtlich Künstlicher Intelligenz auf die Ventildiagnose, da Regelventile die entscheidenden Komponenten in den Prozessen sind. Ohne Regelungstechnik ist keine Produktion möglich. Mit Trovis Solution bietet Samson eine Asset-Management-Lösung für

Stellventile an, die das Serviceangebot um Diagnosefunktionen erweitert und dank Künstlicher Intelligenz eine zustandsorientierte und vorausschauende Instandhaltung ermöglicht. Die stetigen Weiterentwicklungen von Produktionsanlagen erhöhen den Druck auf die Anlagenbetreiber und fordern von den Stellventilherstellern Überwachungsmöglichkeiten mit dem Ziel einer hohen Anlagenverfügbarkeit. Die Nachfrage nach Diagnosetools zur Überwachung von Stellventilen lässt einen klaren Trend zur Transparenz von Anlagen erkennen.

Die Vorteile eines solchen Diagnosetools sind:

- geringe Ausfallrate,
- Optimierung der Performance der Stellventile,
- längere Zeitintervalle zwischen Anlagenstillständen,
- vorausschauende Wartung und Sicherheit des Personals durch Fernwartung und Fernüberwachung,
- Messstellenhistorie.

Zusätzlich können Verträge über Wartung und Serviceleistungen abgeschlossen werden.

Die Applikation Trovis Solution wurde zusammen mit einem Dienstleister als webbasiertes Diagnosewerkzeug entwickelt. Die Architektur basiert auf Microservices, die unabhängig voneinander agieren. Die Einsatzmöglichkeiten von Trovis Solution gehen über alle Branchen der Industrie. Die Applikation sammelt und wertet Daten aus dem Stellungsregler des Stellventils aus. Basierend auf den gesammelten Daten werden Datenpunkte verglichen und aussagekräftige Analysen erstellt, die eine Aussage über den Gesundheitszustand des Stellventils ermöglichen. Kritische Geräte in einer Anlage können so identifiziert, Anlagenwartungen rechtzeitig geplant und Ersatzteile frühzeitig bestellt werden.

Die Auswertung der Datenpunkte ist aktuell regelbasiert, die Regeln werden parallel zur steigenden Datenmenge weiterentwickelt. In einem nächsten Schritt werden die Regeln dann von Algorithmen ersetzt. Die Ergebnisse aus Trovis Solution helfen bei der Weiterentwicklung der Stellventile, Stellungsregler und der Diagnosefunktionen.

10.7 Allgemeine Erfahrungen mit Künstlicher Intelligenz

Ein wesentliches Element der Digitalisierung in der Industrie ist die Entwicklung in der Instandhaltung mit dem Ziel der vorausschauenden Wartung (Predictive Maintenance). Anlagenbetreiber verlangen eine hohe Verfügbarkeit und geringe Stillstandzeiten.

Der Weg zur vorausschauenden Wartung kann in vier Stufen gegliedert werden:

- Bei der **reaktiven Instandhaltung** werden Anlagen bis zum Ausfall betrieben und erst repariert, wenn technische Probleme auftreten. Die Folgen sind unerwartete Ausfälle mit hohen Kosten. Die Betreiber müssen einen gewissen Ersatzteilvorrat aufbauen, um schnell reagieren zu können.

- Die **präventive Instandhaltung** ist eine auf Laufzeiten oder Statistik basierende geplante Wartung. Die Wartungsintervalle basieren dabei auf konservativ ausgelegten Erfahrungswerten. Dabei wird die maximale Lebensdauer einzelner Komponenten nicht vollumfänglich ausgenutzt und Ersatzteile werden öfter ausgetauscht als notwendig.
- Die **zustandsbasierte Instandhaltung** basiert auf Regeln und Logiken und erlaubt Vorhersagen unter Nutzung von Messwerten und Gerätedaten. Mögliche Ausfälle können damit zwar im Vorfeld reduziert, jedoch nicht ausgeschlossen werden.
- Die **vorausschauende Wartung** ist eine präzise Vorhersage von Fehlern und ungeplanten Ausfällen. Aus der Datenanalyse mittels Algorithmen werden auffällige Muster und Korrelationen erkannt und Tendenzen abgeleitet, um die Lebensdauer der Geräte vorherzusagen und Wartungszyklen zu optimieren (Ladengruber 2014).

Als Ventilhersteller hat Samson seine Kernkompetenz in der Mess- und Regeltechnik. Daher konzentrierten sich die ersten Aktivitäten auf die Auswertung und Analyse von Stellventilen. Mit der Kombination aus diesen und dem Industrial-Internet-of-Things-Wissen (IIOT) des Sam Digital Hub sowie strategischen Partnern entwickelt sich Samson auf dem Gebiet der Künstlichen Intelligenz stetig weiter.

Einer dieser Partner ist das israelische Technologieunternehmen 3DSignals. Mit der Technologie von 3DSignals werden Stellventile intelligenter und bieten neue Möglichkeiten in der präventiven und prädiktiven Wartung. Mit akustischen Echtzeitanalysen, gepaart mit Künstlichen Neuronalen Netzen, werden Anlagenteile im laufenden Betrieb auf Muster untersucht. Anomalien in den Mustern können frühzeitig identifiziert werden und Rückschlüsse auf drohende Anlagenausfälle oder Produktionsstillstände gezogen werden.

Die vorausschauende Wartung strebt Samson in drei Ausbaustufen an. Im ersten Schritt wird eine Diagnose und Prognose für Samson Feldgeräte angegangen. In einem zweiten Schritt stehen Analysen und Prognosen für Geräte fremder Hersteller der Mess- und Regeltechnik auf dem Programm. Dabei spielt das Know-how von Samson eine wesentliche Rolle bei der Vernetzung dieser Geräte. In der letzten Ausbaustufe sollen algorithmische Vorhersagen für Pumpen und andere Peripheriegeräte möglich sein. Für den erfolgreichen Einsatz dieser Systeme ist immer eine Datenbasis erforderlich, mit der gelernt werden kann. Nach der Vernetzung ist eine Datensammelphase nötig.

Um diese anspruchsvollen Ziele zu erreichen, arbeitet das Unternehmen mit der eigenen Instandhaltung in ersten Projekten an der Konnektivität, der Datensammlung und -auswertung für Pumpen und Kompressoren auf dem eigenen Werksgelände. Diese Daten werden auf dem Sam Digital Hub gesammelt und mittels Algorithmen analysiert. Neben den anlagenspezifischen Geräten, wie Ventilen und Pumpen, gibt es auch Bestrebungen, das eigene Hochregallager zu überwachen. Das Hochregallager mit seinen 22.000 Paletten bildet das Herzstück der Produktion. Ein Ausfall dieser Infrastruktur führt zur Lieferengpässen und hohen Kosten.

Eine große Herausforderung stellt das bislang noch wenig ausgeprägte Know-how über Fremdgeräte dar. Eine qualitative Bewertung der Ergebnisse aus den Analysen kann nur mit Spezialisten erfolgen, damit die gewonnenen Erkenntnisse wiederum zur Weiterentwicklung der Algorithmen genutzt werden können. Dabei ist es wichtig, dass mehrere Geräte zusammen betrachtet und analysiert werden. Der Umfang der Datenbasis ist entscheidend. Eine Anomalie kann nur erkannt werden, wenn diese vorher dem Algorithmus antrainiert wurde. Je besser der Algorithmus angelernt wird, desto besser ist auch die Vorhersage. Beim Anlernen des Algorithmus bzw. Modells ist es daher notwendig, Ressourcen und spezifisches Wissen über das Gerät und den Prozess mit einfließen zu lassen, um die kritischen Anomalien und Fehlermeldungen herauszufiltern.

Eine mögliche Herangehensweise ist es, mit einem konkreten Zielwert das Modell mit Trainingsdaten zu trainieren. Dabei werden Rahmeninformationen zur Verarbeitung von Daten benötigt. Die Zielwerte können im Bereich der Wartung bestimme Fehlfunktionen sein. Anhand der Labels der jeweiligen Fehlfunktionen werden diese gezielt einzelnen Funktionswerten gegenübergestellt und die entsprechende Fähigkeit antrainiert, um Verknüpfungen in den Daten herzustellen. Der Algorithmus wird mit einem Trainingsdatensatz trainiert, um Muster in den Daten zu erkennen, die zum Fehler führen. Bei diesem Vorgehen sind die Fehlfunktionen bekannt. Umgekehrt ist eine Darstellung des Normalzustandes möglich. Dem Algorithmus wird der Normalzustand antrainiert und Abweichungen dazu können mit einer Anomalie-Analyse, also dem Vergleich von gemessenen Daten mit einer Prognose, durchgeführt werden.

Eine andere Herangehensweise basiert auf der Erstellung eines BI-Cockpits. Dazu werden aus den zu überwachenden Systemen Logfiles aus den Steuerungen analysiert und als verwertbare Informationen dargestellt. Im zweiten Schritt werden diese Informationen mit Sensordaten angereichert. Dabei sind keine weiteren Vorgaben von außen nötig. Aus den vorhandenen Log-Dateien und Sensorik-Informationen wird ein mathematisch-statistisches Modell entwickelt, das die Beziehung zwischen den Parametern in den Daten und dessen Performance herstellt. Dieses Modell, basierend auf Bayes'schem Lernen, soll den passenden Algorithmus aufgrund von Wahrscheinlichkeiten auswählen. Dafür müssen jedoch im Vorfeld viele Parameter und Wahrscheinlichkeiten bekannt sein. Mit dem vorhandenen Datensatz wird nach einem existierenden Datenmodell gesucht, welches mit der höchsten Wahrscheinlichkeit passt. Aus dem existierenden Datenmodell wird nun durch unbeaufsichtigtes Lernen ein sich ständig optimierendes Modell entwickelt. Das System setzt selbstständig adaptive Grenzwerte und erkennt Auffälligkeiten in den Sensordaten, die Rückschlüsse auf Fehlfunktionen erlauben. In einem dritten Schritt sucht das System Muster zwischen den abnormalen Sensormessungen. Diese werden mit den bekannten Fehlermeldungen aus dem System korreliert. Dadurch können nicht normale Events entdeckt werden, die durch festgelegte Regeln bzw. mit festen Grenzwerten nicht aufgedeckt werden können.

Dabei ist es irrelevant, ob es sich bei einem Datensatz um ein Ventil oder einen Kompressor handelt. Die Herausforderungen bestehen darin, die Probleme des Kunden oder des Anwendungsfalls aufzubereiten, zusammen mit dem Data Scientist zu erarbeiten und den Algorithmus zielgerichtet zu trainieren, um den bestmöglichen Erfolg zu garantieren. Dafür ist eine gemeinsame Sichtung der Datensätze unausweichlich sowie die Übertragung von Prozesswissen.

Eine weitere Herangehensweise geht über die mathematisch-statistische Datenanalyse hinaus. Die Grundlage bildet auch hier eine historische Datenbasis aus Sensorik-Daten, wie beispielsweise Temperatur, Durchfluss, Stromstärke o. Ä. In einem horizontalen Ansatz werden dabei nicht nur die Daten einzelner Geräte analysiert und miteinander verglichen, sondern die Anlagen im Ganzen betrachtet. Anhand der Prozess- und Sensorik-Daten werden durch ein automatisiertes, mathematisch-statistisches Verfahren Datenmodelle erstellt, welche den normalen operativen Betrieb darstellen. Auf deren Grundlage werden in einem zweiten Schritt die Anlage, deren Komponenten und Sensoren in einem Baumdiagramm abgebildet. In diesem Baumdiagramm wird die Anlage bis in den Sensor heruntergebrochen und die Beziehungen zwischen den Komponenten werden dargestellt. In einem weiteren Schritt werden die abgebildeten Komponenten und deren Verhalten zueinander verknüpft mit dem Ziel, die prozesstechnische Beziehung zwischen den Komponenten herzustellen.

Ziel bei diesem zweistufigen Verfahren aus der Entwicklung eines Datenmodells mit der Abbildung der Anlage und deren Komponentenbeziehung ist es, zunächst die optimale Betriebskonfiguration zu definieren und anschließend eine Anomalieerkennung dagegenzustellen. Dadurch kann die Lücke zwischen zahlreichen Anomalien in den Datensätzen und tatsächlichen Anomalien im operativen Betrieb geschlossen werden.

Die Erfahrung aus den ersten Piloten hat gezeigt, dass die Datenbasis und ihre Struktur entscheidend für derartige Analysen sind. Aus historischen Datenbeständen werden Datenmodelle erstellt und die Algorithmen trainiert. Die Datenbasis sollte mindestens drei Monate umfassen, für eine höhere Erfolgschance eher bis zu einem Jahr. Oftmals liegen die Daten der Sensorik noch gar nicht vor. Die Aufgabe der Produktentwicklung besteht darin, Konnektivität zu den Geräten herzustellen. Zusätzlich zu den historischen Daten benötigt jeder Datenpunkt einen Zeitstempel, um diesen in Echtzeit verarbeiten zu können.

Bei allen Projekten wird zusätzlich Prozesswissen benötigt, da man sonst mit Anomalien und Fehlermeldungen überhäuft wird. Die Data Scientists auf der einen Seite müssen mit den Prozessen auf der anderen Seite vertraut gemacht werden und das Datenmodell anpassen. Auch ist auf die Auswahl der zu überwachenden Prozesse oder Geräte zu achten.

Die drei Herangehensweisen vergleichend birgt die letzte Variante, die Anlage in seinen Komponenten und Sensoren abzubilden und deren Beziehung untereinander herzustellen, die größte Chance für treffsichere Prognosen. Eine Anomalieerkennung kann erst dann zielgerichtet durchgeführt werden, wenn das Wissen über die Anlage und deren Komponentenverhalten in das Datenmodell einfließen, um kritische Anomalien herauszufiltern. Durch eine stetige Rückmeldung von kritischen Anomalien im operativen Betrieb ist es möglich, das Datenmodell auf neue Faktoren durch den Betreiber auszurichten, um immer genauere Vorhersagen treffen zu können. Speziell in der

Prozessindustrie reicht es nicht aus, Daten einzelner Feldgeräte zu analysieren und auf Muster zu untersuchen. Viele Anlagen werden bereits durch deren Betreiber mit einer sehr geringen Ausfallrate betrieben.

10.8 Fazit

Samson wird sich zukünftig noch intensiver mit Künstlicher Intelligenz beschäftigen und dabei das eigene Know-how weiter ausbauen. Kleinere Piloten können dabei ohne große Investitionen gestartet werden. Mit dem Sam Digital Hub und den bereits verfügbaren Lösungen gibt es bei Samson einen kontinuierlich wachsenden Datenbestand. Sie bilden die Grundlage für den weiteren Einsatz von Künstlicher Intelligenz.

Literatur

Kim, G., Humble, J., Debois, P., & Willis, J. (2017). *Das DevOps-Handbuch – Teams, Tools und Infrastrukturen erfolgreich umgestalten.* Heidelberg: dpunkt.verlag und O'Reilly.

Ladengruber, R. (2014). *Web basierte Lösung zur mobilen Erfassung von Instandhaltungs-meldungen im Zusammenhang mit SAP als ERP System.* Hamburg: disserta Verlag.

McKinsey (2017). Smartening up with Artificial Intelligence (AI) – What's in it for Germany and its Industrial Sector? https://www.mckinsey.de/files/170419_mckinsey_ki_final_m.pdf. Zugegriffen: 9. März 2018.

Widl, A., Fuchs, R., Steckenreiter, T., & Knapp, P. (2017). Best of both Worlds. Industriearmaturen & Dichtungstechnik, 4/2017. https://www.samson.de/fileadmin/user_upload/SAM%20DIGI-TAL/interview_industriearmaturen_4-2017.pdf. Zugegriffen: 9. März 2018.

Peter Knapp Seit Mitte 2016 verantwortet Peter Knapp als Chief Digital Officer & Executive Vice President Infrastructure die digitale Transformation der SAMSON AG. Für den Frankfurter Anbieter von Mess- und Regeltechnik in der Automatisierung umfasst Digitalisierung auch die Entwicklung neuer Geschäftsmodelle. Peter Knapp gestaltet die globale IT-Strategie und Standardisierung des Unternehmens – und modernisiert es mit Hochdruck. Zuvor war Knapp von 2002 bis 2016 Geschäftsführer der Interxion Deutschland GmbH, dem wichtigsten IT-Knotenpunkt Deutschlands.

Christian Wagner ist seit Januar 2016 Inhouse Consultant/Project Manager Digital Organization & Processes im Bereich der Digitalen Transformation. Zu seinen Aufgaben gehört die Leitung und Umsetzung von strategischen IoT- und Softwareprojekten im internationalen Umfeld. Während seiner einjährigen Auslandstätigkeit bei SAMSON Canada war er Koordinator diverser Sales-Projekte und hat an der Implementierung eines globalen ERP-Systems mitgearbeitet. Wagner besitzt einen Bachelor of Arts – Business Administration (B.A.) der FOM, Fachhochschule für Ökonomie und Management.

KI-Innovation über das autonome Fahren hinaus

11

Marc Hilbert, Florian Neukart, Christoph Ringlstetter, Christian Seidel und Barbara Sichler

11.1 Die Bedeutung von Künstlicher Intelligenz in der Automobilindustrie

Künstliche Intelligenz (KI) verändert die Automobilindustrie wie keine andere Technologie in den vergangenen Jahrzehnten. Der Volkswagen Konzern engagiert sich deshalb umfassend in der Grundlagenforschung und Anwendungsentwicklung von KI. 2013 gründete die Volkswagen Konzern-IT das Data:Lab in München als eigenes KI-Kompetenzzentrum.

Unter Künstlicher Intelligenz verstehen wir selbstlernende Systeme: Entscheidungsalgorithmen, die mit Methoden des Maschinellen Lernens weiterentwickelt werden. Solche selbstlernenden Systeme ermöglichen nicht nur optimale Prognosen auf Basis von Daten, sondern auch optimale Entscheidungsfindung auf deren Basis. Sie können in ganz unterschiedlichen Anwendungsbereichen zum Einsatz kommen.

Zwar können Fahrerassistenzsysteme heute schon viele Aufgaben ohne KI übernehmen. Zum Beispiel regelt die Funktion „adaptive cruise control" (AUDI AG 2018) eigenständig die Geschwindigkeit des Fahrzeugs und den Abstand zum vorausfahrenden Wagen, indem es selbsttätig beschleunigt und bremst. Doch für die komplexen Entscheidungen, die im autonomen Verkehr zu treffen sind, werden KI-Systeme benötigt. Ohne leistungsfähige KI wird Level 5 als höchste Stufe des autonomen Fahrens, die vollständig ohne Fahrer auskommt, nicht erreicht.

Für Kunden wird der Mehrwert der KI schon am Beispiel der Sprachassistenten sichtbar. Technologieunternehmen entwickeln intelligente Assistenten, die nun vermehrt Einzug

B. Sichler (✉)
Volkswagen Data Lab, München, Deutschland

© Springer-Verlag GmbH Deutschland, ein Teil von Springer Nature 2019
P. Buxmann und H. Schmidt (Hrsg.), *Künstliche Intelligenz,*
https://doi.org/10.1007/978-3-662-57568-0_11

in die Wertschöpfung der Erstausrüster (OEMs) und Händler halten. Eine Probefahrt kann seit Ende vergangenen Jahres auch online per Sprachassistent (Amazon Echo oder Alexa) gebucht werden (SEAT Deutschland GmbH 2017). Zudem ist SEAT die erste Automobilmarke, die Amazon Alexa als Sprachassistenten in ihre Fahrzeuge integriert hat.

Der Einsatz des Maschinellen Lernens bietet sowohl im Fahrzeug als auch in der Wertschöpfungskette im Unternehmen großes Potenzial. Der Mehrwert entsteht durch exakte Prognosen auf Basis großer Datenmengen sowie der Automatisierung der Abläufe im Unternehmen. Konkret heißt das: KI kann aktuell klar definierte und abgegrenzte Anwendungsfälle unterstützen. Der Mehrwert entsteht, indem Mitarbeiter von standardisierten und wiederkehrenden Tätigkeiten entlastet werden. Volkswagen spricht hier von „kognitiver Ergonomie": Der Einsatz der KI verschafft den Mitarbeitern mehr Zeit für wertigere Tätigkeiten, etwa kreative oder strategische Geistesarbeit, weil die Technologie einen großen Teil der Standardtätigkeiten erledigt.

Die Anwendung der KI steht noch in ihren Anfängen. Schon jetzt zeigt sich aber deutlich, dass KI als Kerntechnologie die Zukunft mitbestimmen wird. Umso wichtiger ist es, den Anschluss nicht zu verlieren und verstärkt auf diese Technologie zu setzen – besonders für den hochentwickelten Industrie- und Wirtschaftsstandort Deutschland. Volkswagen engagiert sich daher in der KI-Grundlagenforschung und Anwendungsentwicklung. In diesem Abschnitt werden die Vorgehensweise zum Einsatz der KI im Volkswagen Konzern und ausgewählte Anwendungsbeispiele am Beispiel des Data:Lab in München vorgestellt.

11.1.1 Innovation braucht Struktur – Data:Lab Munich

Volkswagen hat den Trend zu KI erkannt und vergleichsweise früh in das Thema investiert. 2013 gründete Volkswagen mit dem Data:Lab München ein Kompetenzzentrum für das gesamte Unternehmen. Das Data:Lab hat die Aufgabe, den Trend rund um Analytics, Maschinelles Lernen und KI für die zwölf Marken im Volkswagen Konzern zu erschließen und für Anwendungen in unterschiedlichen Bereichen nutzbar zu machen.

Die Entscheidung fiel dabei ganz bewusst für München und damit einen Standort außerhalb der Kernorganisation, denn der Lab-Charakter schafft benötigte Freiheitsgrade für die Forschung und Entwicklung. Darüber hinaus weist München eine hohe Attraktivität als Lebensmittelpunkt für die Beschäftigten auf – und für alle, die es noch werden. Denn für die Entwicklungsarbeit an KI werden neue Kompetenzen benötigt. Insbesondere die Rolle eines Data Scientists ist von enormer Bedeutung, denn sie vereint mathematisch-statistisches Wissen und Informatikkenntnisse mit praktischer Erfahrung im Einsatz der Algorithmen. Erst diese Kombination ermöglicht eine nachhaltige, qualitativ hochwertige Umsetzung des Maschinellen Lernens und Künstlicher Intelligenz im Unternehmen. Mittlerweile arbeiten im Data:Lab mehr als 70 Spezialisten von Data Scientists über Machine-Learning-Experten hin zu UX-Designern und Programmierern.

Zu Beginn wurde im Data:Lab experimentiert und getestet. Wichtig war hierbei, innerhalb von drei Monaten einen konkreten Mehrwert zu schaffen. Seit Start 2013 hat das Data:Lab mehr als 100 Vorhaben in Form von Prototypen realisiert und mehr als 300 Mio. EUR an Einsparungen identifiziert. Mit diesem Erfolg entwickelte sich der Geschäftsauftrag des Labs von der reinen Prototypenentwicklung hin zur Entwicklung und Einführung von KI-Lösungen.

Zentral verfügbare Datenplattformen, sogenannte Data Lakes, sind ein weiteres wichtiges Element, da sie KI-Lösungen erst möglich machen. Eine enge Zusammenarbeit zwischen IT-Labs und der „klassischen" IT in der Kernorganisation hat deshalb entscheidende Bedeutung für den Erfolg der KI-Lösungen im Unternehmen.

Mit der Zusammenarbeit zwischen IT-Experten des Konzerns und internationalen Partnern aus Forschungseinrichtungen, Technologieunternehmen und Startups hat Volkswagen ein leistungsstarkes Ökosystem für datengetriebene Innovation am Standort München geschaffen. Gerade die Zusammenarbeit mit Startups hat im Data:Lab einen hohen Stellenwert. Sie dient dazu, neue Technologien und Ansätze für den Volkswagen Konzern zu verstehen und nutzbar zu machen. Umgekehrt profitieren Startups von den Möglichkeiten, ihre Projekte umsetzungsnah im Konzern zu erproben.

Das Data:Lab erfüllt drei Kernaufgaben:

- **Grundlagenforschung**
  Im Herbst 2016 wurde ein Team mit dem Auftrag der Grundlagenforschung im Bereich KI gegründet. Schwerpunkte sind probabilistisches Machine Learning für Zeitreihenmodelle, unüberwachtes Lernen, Optimal Control und Reinforcement Learning sowie Robotik. Die Erkenntnisse aus der Grundlagenforschung fließen direkt in die Arbeit der Projektteams ein und kommen somit unmittelbar zur Anwendung. Gleichzeit werden sie der wissenschaftlichen Community mittels Veröffentlichungen und Open-Source-Software zur Verfügung gestellt.
- **Ausbildung und Beratung**
  Vielfach besteht in den Fachbereichen eines Unternehmens kein klares Bild über die Einsatzmöglichkeiten der KI. Aus diesem Grund ist das schrittweise Heranführen der Fachabteilungen von großer Bedeutung. Das Data:Lab bietet Seminare und Workshops an, die Grundlagenwissen und Verständnis für die Potenziale der KI schaffen. Auf dieser Basis folgen alle weiteren Schritte gemeinsam mit den Fachbereichen, um KI-Anwendungen für ihre individuellen Zwecke einzusetzen.
- **Umsetzung der KI-Methoden und Technologien**
  Als marken- und bereichsübergreifendes KI-Kompetenzzentrum im Volkswagen Konzern übernimmt das Data:Lab auch die technische Implementierung der KI-Lösungen, wenn sie von Marken oder Bereichen beauftragt wird. Ein Teil der Teams arbeitet an Projekten, die Geschäftsprozesse optimieren und automatisieren (Bereich Smart Enterprise). Ein weiterer Teil der Teams fokussiert sich auf digitale Services für den Handel und Kunden (Bereich Customer Experience).

11.1.2 Arbeitsweise

Im Data:Lab werden KI-Lösungen in Teams umgesetzt, die jeweils eine sehr enge Verzahnung untereinander sowie mit den spezifischen Fachbereichen wie Produktion, Supply Chain oder Sales/Marketing besitzen. Wichtig ist dabei ein hypothesenbasiertes exploratives Arbeiten, um verlässliche Ergebnisse sicherzustellen. Bei Data-Science-Projekten gibt es vorab aber keine verlässliche Planungssicherheit. Die Ergebnisse hängen stark von der vorhandenen Datenmenge und -qualität ab, die erst im Projektverlauf analysiert werden. Entscheidend sind agile Formen der Zusammenarbeit, die ein schrittweises Entstehen der Lösungen erlauben. Product Owner kennen die Geschäftsprozesse und Datenbestände; sie unterstützen die explorative Arbeit der Data Scientists. Gemeinsam legen sie Ziele und Hypothesen fest, die im Projektverlauf bestätigt oder widerlegt werden. Häufig geht der operativen Umsetzung eine experimentelle Phase des Prototyps voran. Sobald Planungssicherheit besteht, erfolgt in enger Zusammenarbeit mit der Konzern-IT eine nachhaltige Umsetzung im Produktivsystem.

11.1.3 Anwendungsbereiche

Der Volkswagen Konzern setzt Maschinelles Lernen in einer Reihe von Projekten und Geschäftsprozessen ein. Darunter sind bekannte Themen wie „Predictive Maintenance". Dabei werden Wartungspläne mithilfe der Daten optimiert, um eine höhere Produktivität zu erzielen. Ein weiterer Bereich ist die Datenanalyse für den Teilevertrieb, in dem ein aktiver Carpark von rund 90 Mio. Fahrzeugen weltweit mit rund 450.000 verschiedenen Teilen versorgt werden muss. Mithilfe intelligenter Datenanalysen kann Volkswagen den Teilebestand optimieren, Lagerfläche sparen und zufriedene Kunden mit einer termingerechten Teilebevorratung erreichen.

In den nachfolgenden Abschnitten werden drei neue Beispiele für KI im Unternehmen vorgestellt. Im Vordergrund stehen dabei:

- Machine Learning im Rennsport,
- Sprachtechnologien als Arbeitserleichterung und
- Quantum Computing.

11.2 Machine Learning im Rennsport

Dem Rennsport verdanken wir neben Ikonen wie Michael Schumacher, Walter Röhrl und Hans-Joachim Stuck auch eine Menge Emotionen. Die Rennen der Formel 1, DTM und MotoGP begeistern in jedem Jahr viele Fans. Aber was bringt der Rennsport den Automobilherstellern bei den heutigen Herausforderungen der Fahrzeugentwicklung?

In der Vergangenheit hat der Rennsport vor allem als hart umkämpfte Entwicklungs-umgebung überzeugt, in der kleinste Fortschritte zum Sieg verhalfen. Viele Ent-wicklungen haben ihre Wege in die Großserie gefunden: Leichtbaumaterialien, die das Fahrzeuggewicht und damit auch den Kraftstoffverbrauch senken; Scheibenbremsen, die deutlich effektiver verzögern als Trommelbremsen; elektrische Einspritzanlagen, die nochmals die Leistung erhöhen und aus modernen Aggregaten nicht wegzudenken sind. Die Liste ist lang.

Es handelt es sich dabei aber um Verbesserungen der traditionellen Fahrzeugent-wicklung. Heute stellt sich der Automobilindustrie eine weitere Frage: Ist der Motorsport auch ein geeignetes Testfeld für die neuen ingenieurstechnischen Herausforderungen wie den elektrischen Antrieb oder digitale Fahrzeugfunktionen?

Ein Beispiel ist die Zusammenarbeit zwischen dem Volkswagen Data:Lab und Audi Motosport in der Formel E. Die Data:Lab-Experten unterstützen das Rennsportteam von Audi mit ihrem IT-Know-how, um die Leistung der Batteriesysteme optimal auszu-nutzen. Und optimal heißt hier die hundertprozentige Entladung der Fahrzeugbatterie im Zieleinlauf. Ist die Batterie zu früh entladen, bleibt der Wagen auf der Strecke liegen. Ist sie nicht vollständig entladen, hat der Fahrer zuvor kostbare Energie im Schlusssprint verschenkt.

Die Formel E ist eine weltweite Rennserie für elektrische Rennwagen auf einem Rundkurs. Es bestehen einige Besonderheiten an der Formel-E-Rennserie, die sie vom normalen Rennsport unterscheiden. Interaktive Elemente wie ein FanBoost laden Zuschauer ein, Fahrer einmalig mit zusätzlicher Energie während des Rennens zu ver-sorgen. Genau wie im klassischen Motorsport sind zahlreiche Komponenten an einem Formel-E-Rennwagen aber reglementiert und standardisiert. Dies betrifft in der Formel E besonders die Batteriesysteme. Die Rennteams dürfen keine eigenen Hochspannungs-batteriesysteme entwickeln, sodass die verfügbare Batterieleistung für alle Teams exakt gleich ist. Die optimale Ausnutzung der vorhandenen Energie ist somit ein ent-scheidendes Kriterium für den Sieg.

Ein wichtiger Einflussfaktor für die Entladung der Batterie ist die Temperatur. Der Job des Data:Labs ist die genaue Vorhersage der Wärmeentwicklung des Batteriesystems im Rennverlauf mithilfe der KI-Systeme. In nur drei Monaten haben die Data Scientists solche selbstlernenden Systeme in das Fahrzeug implementiert.

Dafür wurde zunächst ein lineares Basismodell zur Vorhersage entwickelt. Das KI-Forschungsteam aus dem Data Lab nutzte hierzu eine auf neuronalen Netzen basierende Methode. Ziel war es, mittels Maschinellem Lernen und den Daten aus dem Rennwagen die Vorhersagen so präzise wie möglich zu gestalten. Die neue Methode wird ausführlich in der wissenschaftlichen Veröffentlichung „Deep Variational Bayes Filters: Unsupervised Learning of State Space Models from Raw Data" vorgestellt (Karl et al. 2017).

Die ersten Tests im Simulator und auf der Rennstrecke lieferten sehr gute Ergebnisse. Seitdem werden die Vorhersagen der Batterieerwärmung bei den „Hardware in the Loop Tests" zur Rennvorbereitung benutzt. Die erzielten Ergebnisse des Prädiktionsmodells tragen damit wesentlich zur Rennstrategie von Audi bei.

In Zukunft könnte Maschinelles Lernen also nicht nur Daniel Abt und Lucas di Grassi schneller fahren lassen. Volkswagen wird diese Erkenntnisse auch nutzen, um sie in allen elektrifizierten Serienmodellen einzusetzen.

11.3 Natural Language Processing

Im digital transformierten Unternehmen werden immer mehr Beschäftigte direkt und unmittelbar mit Instanzen Künstlicher Intelligenz kommunizieren. Digitalisierte Prozesse auf der Unternehmensseite sowie digitale Produkte und Services auf der Kundenseite treiben die Entwicklung der Mensch-Maschine-Kommunikation voran. Die natürliche Sprache bleibt das alternativlose Medium für die komplexe Kommunikation mit menschlichen Beteiligten. Der Informationstransfer und die Wissenspräsentation per schriftlich oder mündlich übermittelter Sprache müssen deshalb möglichst hindernisfrei für Mensch und Maschine sein. Denn ein digitaler Butler ist nichts wert, wenn das System menschliche Befehle nur zur Hälfte versteht. Und genauso sind wir Menschen schnell überfordert und auch unwillig, wenn uns das maschinelle Gegenüber mit schwer verständlichen Systemnachrichten konfrontiert. Die Weiterentwicklung der Sprachtechnologie ist deshalb eine wichtige strategische Komponente in der KI-Forschung. Ein Beispiel hierfür sind sogenannte Bots, also selbstlernende Algorithmen, die menschliche Entscheidungsarbeit unterstützen.

11.3.1 Funktionsweise

Die Methoden des Natural Language Processing (NLP) versuchen eine sprachliche Äußerung so zu transformieren, dass der nächste Prozessschritt einen Produktivitätsvorteil erfährt. Am Anfang der Verarbeitungskette wird ein Eingangsmedium (Sprache oder Papierdokument) über Automatic Speech Recognition (ASR) oder Optical Character Recogniton (OCR) zu digitalisiertem Text verarbeitet. Mit neuen KI Verfahren wie Deep-Learning-Methoden ist dies nahezu verlustfrei möglich. Aufbauend auf digitalisiertem Text gibt es viele komplexe Anwendungen: Dokumentensuche im Intranet, Informationsextraktion, um aus unstrukturiertem Text Features zu generieren, maschinelle Übersetzung, Sentiment-Analyse und Dialogsysteme (Chatbots), eingesetzt in der Kundenbeziehung oder in Fahrzeugassistenten.

11.3.2 Erprobung von Bots im Einkauf

Das Erprobungsprojekt sollte den Mitarbeitern einen digitalen Assistenten zur Seite stellen, der die Beschaffung der Kleinteile vereinfacht und dabei die Preisbildung mit externen Partnern automatisiert. In agiler Vorgehensweise wurden zunächst die aktuellen

Prozessschritte mit den Anwendern analysiert, um die Digitalisierungspotenziale exakt zu spezifizieren. Im Vordergrund stand dabei das Ziel, den Prozessablauf und die Systembedienung für Anwender so einfach und effizient wie möglich zu gestalten.

Bereits im ersten Prozessschritt wurden im User Testing erhebliche Potenziale für eine Zeitersparnis und mögliche Einsparungen als Folge einer höheren Anbieterzahl verifiziert. NLP kann bereits die Formulierung einer aussagekräftigen und vollständigen Beschreibung des Beschaffungsvorgangs erheblich erleichtern. In dem Erprobungsprojekt wurden die vorhandenen Systemdaten linguistisch aufbereitet, um ein Pilotmodul zur Intentformulierung und zur automatischen Analyse geeigneter Anbieter zu implementieren.

Im nächsten Schritt wurde der Bot eingerichtet, um Angebote digital einzuholen. Der User-Test zeigte neben der Zeitersparnis des automatisierten Angebotsdialogs, dass schon ein einfaches Verhandlungsmodul relevantes Potenzial bietet. Die Anwender können aus Zeitgründen nur eingeschränkt alternative Angebote einholen und verhandeln. Der Bot kann diese Tätigkeiten automatisieren (s. Abb. 11.1).

In einem dritten Modul wählt der Assistent den Lieferanten final aus und überträgt ihn ebenfalls automatisch über eine RPA-(Robot-Process-Automation-)Schnittstelle in die entsprechenden SAP-Systeme.

Der wesentliche Erfolgsfaktor in diesem Projekt ist die enge Zusammenarbeit zwischen IT-Experten und Fachbereich, die von der Anforderungsanalyse über das User

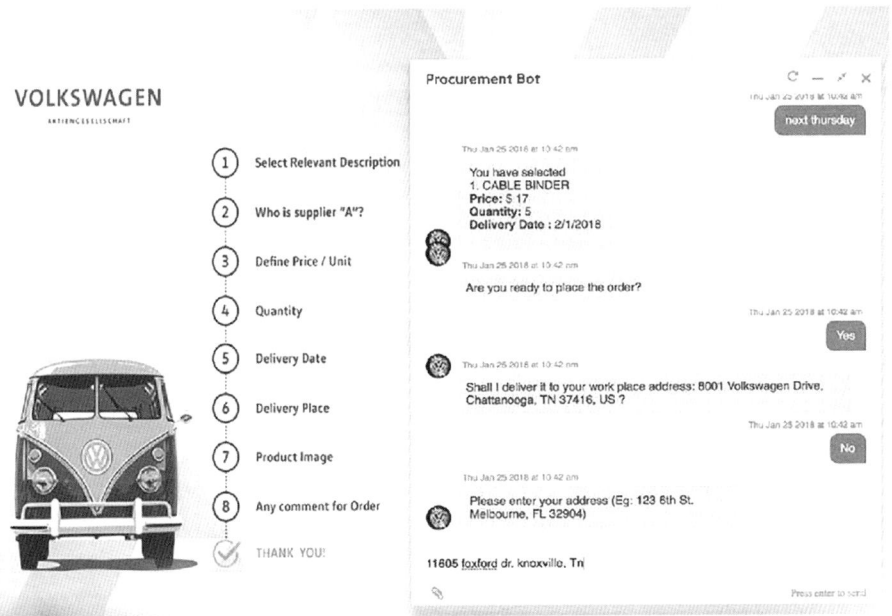

Abb. 11.1 Beispielsicht eines virtuellen Assistenten

Testing bis zur Implementierung erfolgte. Dieser frühe Einbezug der tatsächlichen Anwender führte zu einer deutlich höheren Akzeptanz der neuen Technologie und ist damit ein weiterer wesentlicher Erfolgsfaktor der digitalen Transformation. Die Anwender zeigten sich sogar begeistert über die Vereinfachung der Arbeit und die neuen technischen Möglichkeiten, die ihnen der digitale Assistent eröffnete.

Die Anwender erarbeiteten schon kurz nach dem Start neue Ideen, die in der Ausbaustufe ein Verhandlungsmodul mit gewichteten Strategien zur optimalen Auswahl eines Lieferanten hinsichtlich Preisfindung und Lieferkonditionen vorsehen.

11.3.3 NLP-Unterstützung in der Logistik

In der Logistik muss die Versorgung der Montagewerke mit Teilen gesichert werden. Das ist eine komplexe Aufgabe, die vielfältige Korrespondenzen mit Lieferanten und internationalen Standorten erfordert. Die Beschäftigten, in diesem Fall beispielsweise Disponenten, reagieren auf kritische Lieferrückstände mit unterschiedlichen Lösungsstrategien. Während einige Lieferrückstände routinemäßig abgearbeitet werden, sind andere Lieferrückstände mit einem erheblichen Aufwand verbunden – Arbeitszeit, Kosten, Abstimmungsaufwand und nicht zuletzt auch Stress.

Um diesen Herausforderungen zu begegnen, wurden in diesem Projekt unterstützende Methoden der KI untersucht und implementiert. Ein intelligenter Sprachassistent unterstützt die Disponenten. Dieser kann Systemnachrichten automatisiert bearbeiten und auf Basis von Korrekturen eigenständig mitlernen – eine erhebliche Arbeitserleichterung für die Beschäftigten.

11.4   Quantum Computing

Quantencomputer sind anders. Im Unterschied zu klassischen (digitalen) Computern rechnet ein Quantencomputer nicht binär mit Bits, sondern mit Quantenbits oder Qubits. Diese können verschiedene quantenmechanische Eigenschaften wie Verschränkung oder Superposition annehmen. In einer Superposition hat ein Qubit bis zu seiner Messung gleichzeitig die Werte 0 und 1 – ein Grund dafür, dass man sich von Quantencomputern gerade bei komplexen Aufgaben mit exponentiell wachsender Problemstellung einen Geschwindigkeitszuwachs der Rechenleistung verspricht.

Dabei sind manche Konzepte für Quantencomputer nicht unbedingt neu. Bereits 1928 haben Max Born und Vladimir Fock in ihrem Artikel „Beweis des Adiabatensatzes" (Born und Fock 1928) einen Grundstock für Rechenprinzipien einiger heutiger Quantencomputer geliefert. Als weiterer Meilenstein gilt der Artikel „Simulating Physics with Computers" von Richard Feynman aus dem Jahr 1981 (Feynman 1981).

Seitdem befassen sich viele Forscher mit Quantencomputern, der Informationsspeicherung in Qubits und Quantenalgorithmen. Erste Systeme entstanden zunächst überwiegend im universitären Bereich. In den vergangenen Jahren haben sich zwei Architekturkonzepte herauskristallisiert: das sogenannte Quantengatter-Model (Gate-Model), das Rechenoperationen auf Quantenschaltkreisen implementiert, und adiabatische Quantencomputer, die ihre Rechnungen durch Veränderung der Systemenergielandschaft durchführen.

Im Jahr 2011 brachte das kanadische Unternehmen D-Wave Systems einen sogenannten Quanten Annealer auf den Markt, den D-Wave One mit 128 Qubits, der auf Born/Focks adiabatischen Theorem aufbaut. Weitere Firmen wie Google, IBM, Intel, Rigetti oder Microsoft ziehen seither nach. Die Konkurrenz beflügelt die Entwicklung und macht die Produkte für Forschung und Industrie immer interessanter.

Die QPU (Quantum Processing Unit) des aktuellen D-Wave Systems 2000Q besteht beispielsweise aus etwas mehr als 2000 Qubits. Das Unternehmen fertigt sie aus dem Metall Niobium, das bei sehr niedriger Temperatur supraleitend wird. Um diesen Effekt zu erreichen, ist die QPU in ein System aus Kryostaten eingebettet, das sie auf 0,015 K oder −273,135 Grad Celsius abkühlt. Aufgrund seiner Bauweise ist der Quantum Annealer besonders gut für Optimierungsprobleme geeignet. Dies macht ihn für viele industrienahe Aufgabenstellungen interessant.

11.4.1 Quantum Computing bei Volkswagen

Der Volkswagen Konzern erprobt intensiv die Nutzung von Quantencomputern und baut damit seine digitale Zukunftskompetenz weiter aus.

Die Experten der Volkswagen Konzern-IT starteten diese Erprobung von Quantencomputern mit dem Quanten Annealer von D-Wave. Die Einsatzmöglichkeiten erstrecken sich vom autonomen Fahren über Robotic Enterprise (KI-gestützte Prozesssteuerung), Smart Factory, Logistik, Materialsimulation, Maschinelles Lernen bis zu intelligenten Mobilitätslösungen. Diesen letzten Punkt haben die IT-Experten der Volkswagen Labs aus München und San Francisco aufgegriffen und erstmals auf einem D-Wave-Quantencomputer ein Smart-Mobility-Programm in Form einer Verkehrsflussoptimierung entwickelt (Neukart et al. 2017).

Als Beispiel wurde die chinesische Mega-Metropole Peking gewählt. Dafür entwickelten die Experten einen Algorithmus, der die Fahrzeit von rund 10.000 Taxis anhand öffentlich zugänglicher Daten optimiert. Der Datensatz enthielt Zeitstempel, Geo-Koordinaten und eine anonymisierte Fahrzeug-ID. Das war für den Anfang auch ausreichend. Jedes Fahrzeug konnte aus drei alternativen Routen wählen, wobei jede Fahrzeug-Routen-Kombination mit einem Qubit repräsentiert ist. Ist ein Fahrzeug auf einer Route unterwegs, wird das Qubit auf 1 gesetzt, wenn nicht, bleibt es auf 0. Das geschieht mit allen Fahrzeugen und Routen. Sind mehrere verschiedene Fahrzeuge gleichzeitig auf derselben Route unterwegs, erhöht sich folglich der Wert für diese Route. Dieser Wert steigt mit jedem Fahrzeug auf der Route. Die beste Strecke für alle Fahrzeuge ist also diejenige mit dem niedrigsten Gesamtwert – ein klassisches Optimierungsproblem.

Als konkretes Anschauungsbeispiel diente eine Strecke aus dem Zentrum Pekings zum Flughafen. In diesem Bereich waren 418 Taxis unterwegs, für die es galt, die optimale Verteilung zu finden, um den Gesamtverkehrsfluss zu optimieren. Der Problemraum, in dem die optimale Lösung gesucht wird, hatte bei den gegebenen drei möglichen Auswahlrouten folglich eine Größe von 3^{418}, einer Zahl mit etwa 200 Stellen. Das Beispiel Peking hat gezeigt, dass es möglich ist, Verkehrsoptimierungen mit Quantencomputern zu berechnen (s. Abb. 11.2).

Nächste Schritte sind die Skalierung auf weitere Metropolen, aber auch die Erprobung anderer Einsatzgebiete. Besonders im Bereich des Maschinellen Lernens bietet ein Quantencomputer viele Möglichkeiten. Das Volkswagen Data:Lab und Code:Lab verfolgen einen hybriden Ansatz: Klassische Computer und Quantencomputer arbeiten zusammen. Die Ergebnisse des einen werden an den anderen weitergereicht, optimiert und wieder zurückgegeben. Dieses Zusammenspiel hat sich beispielsweise schon bei der inzwischen etablierten Nutzung von GPUs (Graphics Processing Unit) für Maschinelles Lernen als sehr vorteilhaft erwiesen.

Für den Volkswagen Konzern liegt der Fokus beim Quantencomputer nicht auf der Hardware-Entwicklung. Die sinnvolle Anwendung steht im Vordergrund. Die Entwicklung eines leistungsfähigen Software-Stacks ist hier sehr wichtig. Es ist notwendig, frühzeitig in die bestehenden oder gerade entstehenden kommerziellen oder akademischen Produkte zu investieren, um das nötige Wissen für den Gebrauch des Quantencomputers aufbauen zu können. Erst mit diesem Know-how können in Deutschland

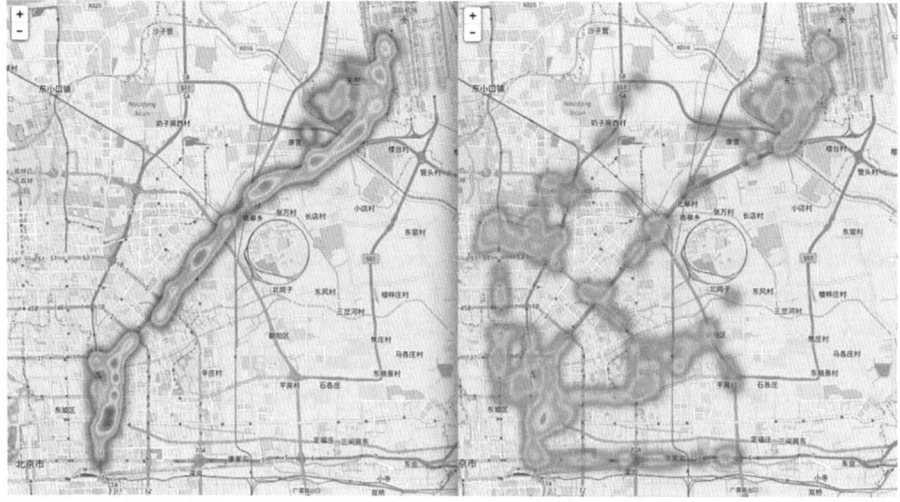

Abb. 11.2 Verkehr vom Zentrum zum Flughafen. Links vorher, rechts nach der Optimierung: Der Stau wurde aufgelöst und die Autos wurden auf alternative Routen verteilt

auf dem Quantencomputer basierende neue Lösungen (Software, Hardware, Dienstleitungen) zum Beispiel für Navigation, Logistik, Smart Factory oder Medizin entwickelt werden.

11.4.2 Ausblick

Der Erfolg dieses ersten Projektes hat die Konzern-IT bestärkt, die Kompetenzen im Bereich Quantencomputer auszubauen. Dazu gehört natürlich auch die Arbeit mit anderen Quantencomputeranbietern und -architekturen. Seitdem wurden mehrere Projekte implementiert und teilweise auch veröffentlicht, sei es im Bereich Materialsimulation oder Maschinelles Lernen.

Die aktuellste Entwicklung, die ihren Ursprung in diesem Verkehrsoptimierungsprojekt hatte, ist die am 7. November 2017 in Lissabon verkündete weitere Forschungskooperation im Bereich Quantencomputer zwischen Volkswagen und Google. Die Unternehmen erproben künftig gemeinsam die Nutzung von Quantenrechnern. Sie wollen damit ihr Spezialwissen festigen und anwendungsnah forschen.

Die Konzern-IT will das Potenzial dieses Quantencomputers in mehreren Bereichen erproben, unter anderem bei der Weiterentwicklung der Verkehrsoptimierung oder der Materialforschung. Darüber hinaus soll das Potenzial des Google-Quantencomputers genutzt werden, um mit neuen Verfahren des Maschinellen Lernens an Künstlicher Intelligenz (KI) zu arbeiten. Fortgeschrittene KI-Systeme sind eine Voraussetzung für beispielsweise autonomes Fahren.

Natürlich steht angewandtes Quantum Computing noch am Anfang. Hier ist auch die Wissenschaft in der Pflicht, die Anwendung dieser Systeme in die Lehre aufzunehmen. Quantum Computing kann nicht mehr nur Teil der Physik sein, sondern muss via Algorithmik und Anwendungsentwicklung fester Bestandteil der Informatik werden, um die Forschung auch auf diesem Gebiet voranzutreiben und den Nachwuchs zu fördern. Daher treibt Volkswagen zahlreiche Kooperationen mit Universitäten und Forschungseinrichtungen voran.

Literatur

AUDI AG. (2018). adaptive cruise control mit Stop & Go-Funktion. https://www.audi-technology-portal.de/de/elektrik-elektronik/fahrerassistenzsysteme/adaptive-cruise-control-mit-stop-go-funktion. Zugegriffen: 30. März 2018.

Born, M., & Fock, V. (1928). Beweis des Adiabatensatzes. *Zeitschrift für Physik, 51*(3–4), 165–180.

Feynman, R. P. (1981). Simulating physics with computers. *International Journal of Theoretical Physics, 21*(6–7), 467–488.

Karl, M., Soelch, M., Bayer, J., & Smagt, P. van der. (2017). Deep variational Bayes filters: Unsupervised learning of state space models from raw data. arXiv:1605.06432, https://arxiv.org/abs/1605.06432. Zugegriffen: 18. März 2018.

Neukart, F., Compostella, G., Seidel, C., Dollen, D. von, Yarkoni, S., & Parney, B. (2017). Traffic flow optimization using a quantum annealer. arXiv:1708.01625, https://arxiv.org/abs/1708.01625. Zugegriffen: 18. März 2018.

SEAT Deutschland GmbH. (2017). SEAT meets Amazon Alexa: Die Zukunft beginnt jetzt [Pressemeldung]. http://www.seat.de/ueber-seat/news-events/unternehmen/mit-alexa-zur-probefahrt.html. Zugegriffen: 18. März 2018.

Dr.-Ing. Marc Hilbert hat an der TU Dresden Mechatronik studiert. Von 2009 bis 2011 war er im Aufgabenfeld Regelung und Steuerung bei der Nordex Energy GmbH als Entwicklungsingenieur tätig.

Zwischen 2011 und 2016 promovierte er an der RWTH Aachen. Seine Forschung beschäftigte sich mit Datenanalyse in der Technischen Entwicklung. Seit 2016 ist er Projektleiter und Data Scientist für Projekte auf dem Gebiet des Maschinellen Lernens im VW-Konzern für alle Marken. Dazu gehören Themen im Bereich Connected Car, datengetriebene Analysen von Elektroantrieben, Motorsport und mehr.

Dr. Florian Neukart forscht und entwickelt als Principal Scientist bei Volkswagen Group of America in San Francisco in den Bereichen Quantum Computing und künstlicher Intelligenz. Davor war er als CTO im Data:Lab in München für Technologie und Forschung verantwortlich. Florian Neukart hält einen Doktor in Quantum Computing und künstlicher Intelligenz der Universität Brasov. Neben seiner Tätigkeit als Autor und Vortragender war Neukart einer der ersten Wissenschaftler, der Quanten-Neuronale Netze zur Lösung von realen Problemen mittels Quantum Computing/Annealing eingesetzt hat. 2014 wurde er für seine Arbeit in bio-inspirierter künstlicher Intelligenz vom Science Park Österreich ausgezeichnet.

Dr. Christoph Ringlstetter hat an der Ludwig-Maximilians-Universität München (LMU) in Computerlinguistik promoviert. Aktuell arbeitet er als Product Owner Natural Language Processing im Volkswagen Data:Lab. Zuvor war er Teamlead Semantics der Gini GmbH, Research Associate am Zentrum für Informations- und Sprachverarbeitung (CIS) der LMU und Postdoctoral Fellow am Alberta Machine Intelligence Institute (AMII), University of Alberta, Kanada. Von 2009–2014 war er dort auch Adjunct Professor für Computing Science. Aktuelle Interessen sind Artificial Assistants im industriellen Umfeld, Information Retrieval auf verrauschten Daten, Semantische Suche und Sentiment Analyse.

Dr. Christian Seidel   hat an der Ludwig-Maximilians-Universität München in Computerlinguistik promoviert und hat Hintergrund im Bereich Maschinellem Lernen und KI. Aktuell arbeitet er als Lead Quantum Computer Scientist im Volkswagen Data:Lab, das er von Beginn an mit aufgebaut hat. In dieser Zeit unterstützte er auch die Etablierung eines weiteren Labs im Volkswagenkonzern, das Metropolis:Lab in Barcelona.

Barbara Sichler ist Diplom-Betriebswirtin und verantwortet im Data:Lab München das Business Development und Product Management. Ihre Aufgabe ist es, die Fachbereiche und Marken des Volkswagen-Konzerns für Technologien rund um Analytics, Maschinelles Lernen und KI zu gewinnen und für entsprechend Mehrwert zu sorgen. Sie begann ihre IT-Laufbahn 2003 im Bereich IT Infrastructure Services bei IBM Deutschland und wechselte 2007 als Programmleiterin in den Volkswagen-Konzern. Seither hat sie Themen wie die Programmleitung für Prozess- und System-harmonisierung im Handel, den Aufbau des Mobile App Competence Centers für Audi sowie die Mitgestaltung der Audi-Strategie 2025 verantwortet.

Teil III

Künstliche Intelligenz: Fortschritt mit Leitplanken

Peter Buxmann und Holger Schmidt

Ansätze zur Künstlichen Intelligenz und zum Maschinellen Lernen werden aufgrund ihres großen Anwendungspotenzials häufig als „General Purpose Technology" oder Basistechnologie der Zukunft bezeichnet (Brynjolfsson und McAfee 2017). In diesem Buch haben wir eine Vielzahl von Anwendungsbeispielen von der privaten Nutzung über die Produktion bis zu Dienstleistungen vorgestellt. Wir haben zum Beispiel gelernt, wie auf der Basis von Künstlicher Intelligenz Geschäftsmodelle entwickelt werden können, wie sprachbasierte Systeme die Gesundheitsbranche verändern können oder auf welche Weise Maschinelles Lernen für Anwendungen wie Predictive Maintenance eingesetzt werden kann. Die Möglichkeiten gehen aber noch weit darüber hinaus. KI-Algorithmen können Bilder malen, Musik komponieren, Texte schreiben und künftig fast alles, was Ärzte können. Für viele (strukturierte) Fragestellungen ist das Potenzial der Künstlichen Intelligenz allerdings noch lange nicht ausgeschöpft.

Die Rechnung ist vergleichsweise einfach: Weil die Menge nutzbarer Daten und die Rechenleistung auf absehbare Zeit weiter schnell wachsen werden, unterliegt die Künstliche Intelligenz in den nächsten Jahren keiner erkennbaren technischen Wachstumsgrenze. Mehr Daten in hoher Qualität und schnellere Rechner bedeuten meist bessere Ergebnisse. Noch mehr Daten und noch schnellere Rechner führen in der Regel zu noch besseren Ergebnissen, wie beispielsweise der Einsatz des Quantencomputers bei Volkswagen zur Verkehrssimulation zeigt. Im täglichen Leben der Menschen wirkt Künstliche Intelligenz meist eher unbemerkt im Hintergrund; in den Unternehmen könnte diese Technologie aber eine ähnlich zentrale Bedeutung wie die Dampfmaschine oder Elektrizität in früheren industriellen Revolutionen erlangen. Nur mit dieser Erwartung lassen sich die hohen Investitionen der Unternehmen interpretieren: Schätzungen

P. Buxmann (✉) · H. Schmidt
TU Darmstadt, Darmstadt, Deutschland

© Springer-Verlag GmbH Deutschland, ein Teil von Springer Nature 2019
P. Buxmann und H. Schmidt (Hrsg.), *Künstliche Intelligenz,*
https://doi.org/10.1007/978-3-662-57568-0_12

gehen von einem jährlichen Wachstum des globalen KI-Marktes um 50 bis 60 % auf 130 Mrd. US$ bis zum Jahr 2025 aus (Tractica 2017). Wenig überraschend hat Google als einer der Pioniere auf dem Gebiet der Künstlichen Intelligenz den Schwerpunkt seiner Entwicklungen von der Mobilität hin zu KI-Anwendungen verschoben (siehe hierzu auch Kap. 2.1 dieses Buches).

Die Beiträge in diesem Buch betonen bewusst die Chancen der Nutzung von KI-Algorithmen. Potenzielle Probleme können und dürfen wir aber natürlich nicht ignorieren. Im Gegenteil: Wie bei fast jeder neuen Technologie eröffnen diese Algorithmen viele neue Möglichkeiten, die aber in Abhängigkeit des jeweiligen Nutzungskontexts auch sehr problematisch sein können. Beispielsweise können KI-Algorithmen im Kriegsfall zur Kriegsführung eingesetzt werden, aber sie können auch Menschen in Not helfen. Vor diesem Hintergrund haben schon im Sommer 2017 mehr als 100 Technologieunternehmen, die mit Künstlicher Intelligenz arbeiten, in einem Brief an die Vereinten Nationen eindringlich vor der Entwicklung autonomer Waffen gewarnt (Gibbs 2017). Eine ähnliche Mahnung haben etwa 3000 Google-Mitarbeiter jüngst ihrem Vorstandsvorsitzenden Sundar Pichai geschickt (Shane und Wakabayasji 2018). Darin äußern sie die Sorge über eine zu enge Kooperation mit dem amerikanischen Verteidigungsministerium und bitten ihn, sich keinesfalls am Geschäft des Krieges zu beteiligen. Die Befürchtung, dass Technologien die Kriegsführung unterstützen können, ist nicht neu. Daher haben auch die meisten der führenden Technischen Universitäten, wie auch die Technische Universität Darmstadt, eine sogenannte Zivilklausel unterschrieben, die militärische Forschung verhindern soll. Dieses Thema wird aber gerade für Künstliche Intelligenz zu Recht als besonders sensibel angesehen.

Die kritische Debatte über Künstliche Intelligenz geht allerdings über diese vergleichsweise einfache Diskussion, ob Technologien grundsätzlich für gute oder schlechte Zwecke eingesetzt werden können, hinaus. Inzwischen werden wir häufig von Führungskräften, Politikern oder Studierenden angesprochen, ob uns die Entwicklungen im Bereich intelligenter Algorithmen keine Sorgen bereiten. Hintergrund der Fragen ist in den meisten Fällen die Furcht, dass Maschinen die Menschen dominieren und schließlich die Weltherrschaft übernehmen könnten, wie es Science-Fiction-Autoren schon vor Jahrzehnten vorgedacht haben. Diese Diskussion wurde auch von der öffentlichkeitswirksamen Kontroverse zwischen Mark Zuckerberg und Elon Musk angeheizt, den Chefs von Facebook und Tesla. Dabei führte Mark Zuckerberg Beispiele an, in denen er zeigte, wie Künstliche Intelligenz den Menschen unterstützen kann, etwa in der Medizin (Zuckerberg 2017). Elon Musk, der sogar einen eigenen Thinktank zur Künstlichen Intelligenz gegründet hat, argumentierte demgegenüber brachial mit Aussagen wie „Artificial Intelligence will kill us all" (Sulleman 2017), oder er verglich die Gefahren der Künstlichen Intelligenz mit denen des Atomwaffenarsenals Nordkoreas (Revesz 2017). Auch das kürzlich verstorbene Physik-Genie Stephen Hawking warnte vor dem Zeitpunkt, an dem Algorithmen sich selbst verbessern und damit die Menschheit komplett ablösen könnten (Hern 2016). Diese Diskussion wird auch unter dem Begriff *Singularity* geführt (Kurzweil 2014).

Dennoch stehen wir in dieser Debatte auf der Seite der Befürworter einer Weiter-entwicklung der Künstlichen Intelligenz: Auf die Vorteile von KI-Algorithmen zum Bei-spiel in der Medizin, in der Bildung, der Ernährung oder der Pharmaforschung aus Angst vor möglichen Gefahren zu verzichten, hieße, den Fortschritt der Menschheit zu brem-sen. Auch Elon Musk will schließlich nicht auf Künstliche Intelligenz verzichten: Ohne Künstliche Intelligenz werden seine Autos niemals autonom fahren.

Wir Menschen müssen allerdings dafür sorgen, dass die Maschinen nie gegen uns arbeiten oder gegen unseren Willen Entscheidungen treffen. Davon sind wir auch sehr weit entfernt. Denn trotz der enormen Fortschritte der Künstlichen Intelligenz eignen sich die bisher vorhandenen Ansätze bislang in der Regel nur für die Lösung strukturier-ter, klar definierter Problemstellungen.

Algorithmen werden für spezifische Probleme entwickelt und kein Programm, das Go oder Schach spielen kann oder über die Fähigkeit des autonomen Fahrens verfügt, käme auf die „Idee", sein Anwendungsgebiet selbstständig zu erweitern und nach Macht oder Ähnlichem zu streben. Dieses Prinzip gilt auch für sogenannte Supercomputer wie IBMs Watson. Dahinter stecken letztlich auch nur verschiedene Algorithmen, die für abgegrenzte Fragestellungen Lösungen anbieten. Auch die in den Medien verbreitete Nachricht, dass Facebook-Algorithmen eine eigene Sprache erfunden hätten, um sich zu unterhalten, ohne dass ihre Entwickler sie verstehen können, entpuppte sich als „Ente". Die Entwickler hatten schlicht keinen Wert auf einen sauber formulierten Output gelegt. Dies wurde so interpretiert, dass die Algorithmen eine eigene Sprache erfunden hätten (Bradley 2017). Das Experiment – es ging um die Entwicklung eines Chatbots zur Ver-handlungsführung – wurde von Facebook abgebrochen, weil es nicht die gewünschten Ergebnisse lieferte (McKay 2017). Daraus wurden wiederum Meldungen, wie zum Bei-spiel „Roboter außer Kontrolle" oder „Facebook zieht Künstlicher Intelligenz den Ste-cker, weil sie eine Geheimsprache entwickelt hat".

Die Nachricht, dass Maschinen eine eigene Sprache erfunden hätten, die für die eigenen Entwickler nicht verständlich sei, verbreitete sich natürlich rasend schnell über Soziale Medien und das Gerücht hält sich bis heute hartnäckig. Horrorszenarien werden und wurden schon immer häufig und gern geteilt.

Allerdings müssen wir auch zugestehen: Nicht nur Soziologen und Ökonomen wis-sen aufgrund der Theorie der Pfadabhängigkeiten, dass es nahezu unmöglich ist, die Entwicklung und die Auswirkungen technologischer Entwicklungen auch nur halbwegs zuverlässig zu prognostizieren (Arthur 1989). Natürlich weiß heute auch niemand, wie weit die Forschung der Künstlichen Intelligenz beispielsweise in 100 Jahren sein wird. Aber auf Basis der bisherigen Erkenntnisse gibt es unseres Erachtens keine seriösen Anhaltspunkte dafür, dass sich die Algorithmen selbstständig machen, wie HAL 9000 aus Stanley Kubricks Film „2001: Odysee im Weltraum", oder menschliche Züge entwickeln, wie DeepThought aus Douglas Adams Roman „Per Anhalter durch die Galaxis".

Auch die ethische Debatte ist im Zuge der (Weiter-)Entwicklung der Algorithmen hochrelevant für Gesellschaft und Wirtschaft – und sie ist genauso wie die Diskussion um Singularity spezifisch für technische Entwicklungen im Bereich der Künstlichen

Intelligenz. Dabei geht es grundsätzlich um die Veränderung der Arbeitsteilung zwischen Menschen und Algorithmen. Diese Verschiebung wurde von der SAE International beispielsweise für das Thema „Autonomes Fahren" beschrieben (SAE International 2016). Das entsprechende Phasenmodell ist in Abb. 12.1 dargestellt.

Das Beispiel des autonomen Fahrens ist gut geeignet, um diese Verschiebung darzustellen. Während ursprünglich die Fahrer alle Aktionen wie Lenken, Bremsen, Gas geben etc. selbstständig ausgeführt haben, werden künftig immer mehr Aufgaben von Algorithmen übernommen. Autonomes Fahren bedeutet natürlich auch, dass Algorithmen Entscheidungen treffen, beispielsweise wann das Auto bremsen, eine Spur wechseln oder im Fall eines nicht zu vermeidenden Unfalls Fahrer oder Fußgänger schützen sollte. Gegenstand der ethischen Debatte rund um das Thema Künstliche Intelligenz sind genau solche Entscheidungen.

Um das dahinterstehende Problem zu verdeutlichen, nehmen wir erneut das Beispiel des autonomen Fahrens und stellen uns Folgendes vor: Ein Auto fährt mit hoher Geschwindigkeit auf ein Hindernis zu, sodass es nicht mehr rechtzeitig bremsen kann. Das Fahrzeug habe nun die beiden Möglichkeiten, links oder rechts auszuweichen. Nehmen wir an, links würde das Auto einen alten und rechts einen jungen Menschen überfahren. Wie soll der Algorithmus entscheiden? Nun könnten wir das Gedankenexperiment weiter treiben: Falls wir annehmen würden, dass der junge Mensch einen höheren Wert als der ältere besitze (in der Tat gibt es ökonomische Ansätze, die so argumentieren), könnten wir uns auch vorstellen, dass links zwei alte und rechts ein junger Mensch stehen. Wie sollte nun entschieden werden? In der Philosophie gibt es eine Vielzahl solcher Gedankenspiele und sie gelten letztlich als nicht entscheidbar.

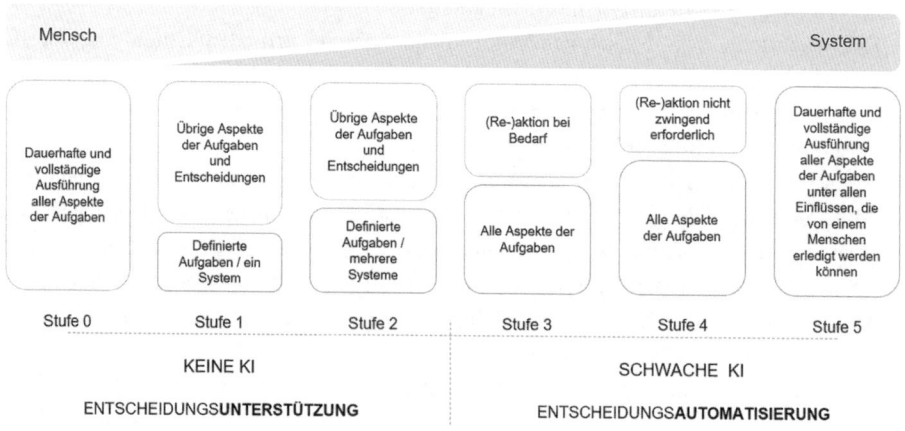

Abb. 12.1 Arbeitsteilung zwischen Mensch und Maschine in Anlehnung an das Phasenmodell der SAE International. (Quelle: SAE International 2016)

Vor diesem Hintergrund hat die Bundesregierung im Herbst 2016 eine Ethik-kommission unter Leitung des ehemaligen Bundesverfassungsrichters Udo Di Fabio eingesetzt (BMVI 2017). Die Kommission soll Standards und Leitplanken für ethische Fragestellungen rund um das autonome Fahren entwickeln. Einige Grundsätze hat die Kommission bereits formuliert: Der Algorithmus des Computers soll eher Sach- als Personenschäden in Kauf nehmen. Darüber hinaus dürfen zwischen Menschen keine Unterschiede gemacht werden. Kriterien wie Alter oder Gesundheitszustand dürfen also nicht in die Entscheidung einfließen. Das halten wir für richtig, aber dennoch bleibt die Frage, wie das Fahrzeug in dem oben genannten Beispiel, wenn links und rechts je ein Mensch steht, entscheiden soll. Soll ein Zufallszahlengenerator über Leben und Tod ent-scheiden?

Ebenso ungeklärt ist zurzeit die Haftungsfrage. Wer haftet beim autonomen Fahren für Schäden: der Halter des Fahrzeugs oder der Fahrzeughersteller bzw. die Entwickler der Algorithmen? Natürlich werden die Hersteller versuchen, die Haftung auf den Fahr-zeugbesitzer abzuwälzen. Im Gespräch ist aber auch die Installation einer Blackbox im Auto, die Fahrdaten aufzeichnet. So soll man im Falle eines Unfalls ermitteln können, ob der Algorithmus oder der Mensch für einen Unfall verantwortlich ist.

Bei der Installation einer Blackbox stellt sich die Frage der Privatsphäre. Dies ist im Falle des Autofahrens ja schon fast ein Klassiker und hat zu vielen Diskussionen geführt. Aber die Nutzung von Algorithmen zur Künstlichen Intelligenz bringt weitere Heraus-forderungen rund um die Privatsphäre mit sich.

So ist es mithilfe von Algorithmen aus dem Bereich der Künstlichen Intelligenz möglich, Daten von Menschen zu erfassen und diese miteinander zu verknüpfen. Auf diese Weise können auf der einen Seite individuell sinnvolle und hilfreiche Lösun-gen entwickelt werden. Auf der anderen Seite sind das Sammeln und das Verknüpfen von Informationen in der Regel für die Nutzer mit einem Verlust an Privatsphäre verbunden. Ein Beispiel ist das sogenannte Smart Home, das im folgenden Kasten dargestellt ist.

Smart Home

Die intelligente Steuerung des eigenen Hauses, wie es bereits aus dem Holly-wood-Film „Iron Man" durch den Hauscomputer Jarvis bekannt ist, ist für viele eine schöne Vorstellung. Die Technik ist heute schon in der Lage, viele dieser Funktionen umzusetzen: Von der Steuerung der Fensterläden bis hin zur Bestellung der Lieblingsnudeln können digitale Assistenten einen Großteil des Alltags erleichtern und verbessern. Allerdings sind hierzu große Datenmengen erforderlich und je individueller der Algorithmus auf den Anwender reagieren soll, desto mehr Daten werden benötigt, die Rückschlüsse auf einzelne Personen zulassen. Hier-durch kann natürlich die Privatsphäre der Anwender empfindlich verletzt werden (acatech 2017), da diese Daten oft nicht in den „smarten" Geräten innerhalb der „smarten" Häuser der Anwender verarbeitet werden, sondern in Rechenzentren auf Servern der Dienstanbieter. Informationen aus dem intimen Privatleben der Anwender könnten auf diese Weise in falsche Hände geraten und mit anderen Daten verknüpft werden. Die vermeintlich harmlose Messung der Zimmertemperatur kann so neben der Steuerung der Heizung oder Fensterverdunklung beispielsweise auch dazu genutzt werden, um zu erfahren, ob und welche Aktivitäten in der Wohnung stattfinden.

Weitere offene Fragen ergeben sich aus Algorithmen zur Gesichts- oder Spracherkennung (siehe bspw. Hummel 2017). Natürlich können diese Algorithmen für viele gute Zwecke eingesetzt werden. Ein Beispiel ist die Bekämpfung und Aufklärung von Verbrechen. So helfen Algorithmen zur Gesichtserkennung Ermittlern seit Jahren, Personen auf Fotos oder Videos zu identifizieren. Große technologische Fortschritte konnten durch die Verfügbarkeit von Daten, aber auch durch bessere Verfahren zur Mustererkennung sowie Kameras mit besserer Auflösung in Smartphones erzielt werden. Grundsätzlich scheinen uns bei Anwendungen zur Verbrechensbekämpfung die positiven Aspekte der Nutzung dieser Technologien zu überwiegen, auch wenn man die gesellschaftlichen Kosten der falsch positiven Treffer, also aufgrund von Technologienutzung zu Unrecht beschuldigter Menschen, sehr ernst nehmen muss.

Ein an der Stanford University durchgeführtes Projekt zeigt, wie schmal der Grat zwischen der sinnvollen Nutzung von KI-Algorithmen und ethisch nicht vertretbaren Anwendungen ist. Laut den Forschern aus Palo Alto ist es vermeintlich möglich, mit Hilfe von Algorithmen anhand von Bildern homosexuelle Menschen zu erkennen (Wang und Kosinski 2018). Ebenso sind Ansätze denkbar, mithilfe von Algorithmen zur Gesichtserkennung gesunde von kranken Menschen zu unterscheiden. Es leuchtet unmittelbar ein, dass die Nutzung solcher Algorithmen, beispielsweise im Rahmen von Smart-Glasses-Anwendungen, eine Vielzahl potenziell negativer und gesellschaftlich unerwünschter Anwendungsszenarien ermöglicht.

Literatur

acatech, Hightech Forum. (2017). *Fachforum autonome Systeme. Chancen und Risiken für Wirtschaft, Wissenschaft und Gesellschaft. Langversion, Abschlussbericht.* Berlin.

Arthur, W. B. (1989). Competing technologies, increasing returns, and lock-in by historical events. *The Economic Journal, 99*(394), 116–131.

BMVI. (2017). Bericht der Ethik-Kommission: Automatisiertes und Vernetztes Fahren. Berlin. https://www.bmvi.de/SharedDocs/DE/Publikationen/DG/bericht-der-ethik-kommission.html?nn=12830. Zugegriffen: 18. Apr. 2018.

Bradley, T. (2017). Facebook AI creates its own language in creepy preview of our potential future. https://www.forbes.com/sites/tonybradley/2017/07/31/facebook-ai-creates-its-own-language-in-creepy-preview-of-our-potential-future/#7aee0622292c. Zugegriffen: 18. Apr. 2018.

Brynjolfsson, E., & McAfee, A. (2017). The business of Artificial Intelligence. *Harvard Business Review*. https://hbr.org/cover-story/2017/07/the-business-of-artificial-intelligence. Zugegriffen: 6. Jan. 2018.

Gibbs, S. (2017). Elon Musk leads 116 experts calling for outright ban of killer robots. *The Guardian*. https://www.theguardian.com/technology/2017/aug/20/elon-musk-killer-robots-experts-outright-ban-lethal-autonomous-weapons-war. Zugegriffen: 18. Apr. 2018.

Hern, A. (2016). Stephen Hawking: AI will be ‚either best or worst thing' for humanity. *The Guardian*. https://www.theguardian.com/science/2016/oct/19/stephen-hawking-ai-best-or-worst-thing-for-humanity-cambridge. Zugegriffen: 18. Apr. 2018.

Hummel, P. (2017). Die Tücken der Gesichtserkennung. *Spektrum – Die Woche*. https://www.spektrum.de/news/die-tuecken-der-gesichtserkennung/1521469. Zugegriffen: 20. Apr. 2018.

Kurzweil, R. (2014). The Singularity is Near. In R. L. Sandler (Hrsg.), *Ethics and emerging technologies* (S. 393–406). London: Palgrave Macmillan.

McKay, T. (2017). No, Facebook did not panic and shut down an AI program that was getting dangerously smart. https://gizmodo.com/no-facebook-did-not-panic-and-shut-down-an-ai-program-1797414922. Zugegriffen: 20. Apr. 2018.

Revesz, R. (2017). Elon Musk says AI poses bigger threat than North Korea and could trigger World War Three. *The Independent*. https://www.independent.co.uk/news/science/elon-musk-north-korea-ai-world-war-three-a7929661.html. Zugegriffen: 18.04.2018.

SAE International. (2016). Taxonomy and definitions for terms related to driving automation systems for on-road motor vehicles. https://saemobilus.sae.org/content/j3016_201609. Zugegriffen: 30. März. 2018.

Shane, S., & Wakabayasji, D. (2018). ‚The Business of War': Google employees protest work for the Pentagon. *The New York Times*. https://www.nytimes.com/2018/04/04/technology/google-letter-ceo-pentagon-project.html. Zugegriffen: 18. Apr. 2018.

Sulleman, A. (2017). Elon Musk: AI is a ‚fundamental existential risk for humen civilisation' and creators must slow down. *The Independent*. https://www.independent.co.uk/life-style/gadgets-and-tech/news/elon-musk-ai-human-civilisation-existential-risk-artificial-intelligence-creator-slow-down-tesla-a7845491.html. Zugegriffen: 18. Apr. 2018.

Tractica. (2017). Artificial Intelligence market forecasts. https://www.tractica.com/research/artificial-intelligence-market-forecasts/. Zugegriffen: 5. Apr. 2018.

Wang, Y., & Kosinski, M. (2018). Deep neural networks are more accurate than humans at detecting sexual orientation from facial images. *Journal of Personality and Social Psychology, 114*(2), 246–257.

Zuckerberg, M. (2017). Pressemeldung. https://www.facebook.com/zuck/posts/10103917877434011. Zugegriffen: 18. Apr. 2018.

Prof. Dr. Peter Buxmann ist Inhaber des Lehrstuhls für Wirtschaftsinformatik | Software & Digital Business an der Technischen Universität Darmstadt und leitet dort das Innovations- und Gründungszentrum HIGHEST. Darüber hinaus ist er Mitglied in mehreren Leitungs- und Aufsichtsgremien. Seine Forschungsschwerpunkte sind die Digitalisierung von Wirtschaft und Gesellschaft, Methoden und Anwendungen der Künstlichen Intelligenz, die Entwicklung innovativer Geschäftsmodelle sowie die ökonomische Analyse von Cybersecurity-Investitionen und Privatsphäre.

Dr. Holger Schmidt erklärt als international gefragter Keynote-Speaker die Auswirkungen der Digitalisierung auf Wirtschaft und Arbeit. Als Journalist hat er zwei Jahrzehnte über die digitale Transformation geschrieben, davon 15 Jahre für die Frankfurter Allgemeine Zeitung. Der Volkswirt unterrichtet heute als Dozent an der TU Darmstadt Masterstudenten im Fach „Digitale Transformation" und schreibt als Kolumnist für das Handelsblatt über die digitale Ökonomie. Sein Blog „Netzoekonom.de" gehört zu den populärsten Publikationen der digitalen Wirtschaft in Deutschland. Erfinder des Plattform-Index.

Wettbewerbsvorteile durch Künstliche Intelligenz

Peter Buxmann und Holger Schmidt

Wenn es uns gelingt, diese Risiken einzudämmen, kann Künstliche Intelligenz einen großartigen Beitrag für die Gesellschaft leisten und der digitalen Ökonomie einen großen Wachstums- und Produktivitätsschub geben. Aus ökonomischer Sicht lautet die entscheidende Frage, ob Deutschland von dieser digitalen Entwicklung stärker profitiert als bisher. Denn die erste Welle der Digitalisierung, vor allem verbunden mit Technologien wie Social Media oder Cloud Computing, Industrie 4.0 auf der Management-Ebene und Plattformen auf der Strategie-Ebene, hat Deutschland einen nicht zu unterschätzenden Wettbewerbsnachteil in der digitalen Ökonomie gebracht. Abb. 13.1 zeigt die drei Ebenen der digitalen Transformation eines Unternehmens. Basis der Transformation sind meist neue Technologien, zu denen Künstliche Intelligenz inzwischen gehört. Die Technologien haben Einfluss auf die operativen Management-Aufgaben und auf die Strategie, meist in Form neuer digitaler Geschäftsmodelle. Der Großteil der deutschen Unternehmen hat seinen Schwerpunkt in den vergangenen Jahren auf die operative Ebene gelegt und vor allem bestehende Prozesse optimiert. Die wichtige Aufgabe, mithilfe der Technologie neue Geschäftsmodelle zu entwickeln, haben andere Länder besser erfüllt. Die Folge: In der Rangliste der digitalen Wettbewerbsfähigkeit erreicht Deutschland nur noch Platz 17 in der Welt (acatech und BDI 2017). Weil Technologien oft zu langsam eingeführt und zu selten mit der strategischen Ebene und damit neuen digitalen Geschäftsmodellen verknüpft wurden, dominieren in den Konsumentenmärkten heute vor allem Unternehmen aus den USA und China die digitale Wertschöpfung.

Das hat Konsequenzen für die nun beginnende zweite Welle der Digitalisierung, denn die erfolgreichen Digitalunternehmen wie Apple, Google, Amazon, Facebook, Microsoft, Alibaba, Tencent oder Baidu besitzen inzwischen genügend Finanzkraft, um in der zweiten

P. Buxmann (✉) · H. Schmidt
TU Darmstadt, Darmstadt, Deutschland

© Springer-Verlag GmbH Deutschland, ein Teil von Springer Nature 2019
P. Buxmann und H. Schmidt (Hrsg.), *Künstliche Intelligenz,*
https://doi.org/10.1007/978-3-662-57568-0_13

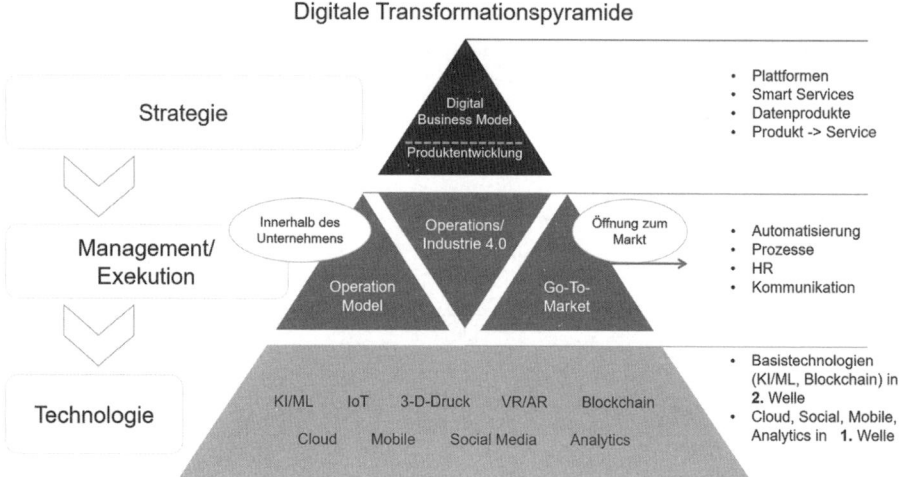

Abb. 13.1 Die Digitale Transformationspyramide. (In Anlehnung an Turchi 2018)

Welle der Digitalisierung stärker als europäische Unternehmen in Künstliche Intelligenz investieren zu können. Nicht zufällig zeigt sich wieder das gleiche regionale Muster wie in der ersten Phase der Digitalisierung: Nicht nur die Investitionen in KI-Unternehmen, sondern auch die Anwendungen in den Firmen sind in Asien und Amerika deutlich ausgeprägter als in Europa. In Asien haben bereits 15 % und in Amerika 12 % der Unternehmen KI-Algorithmen im Einsatz. In Deutschland beträgt dieser Wert dagegen nur sieben Prozent; im europäischen Durchschnitt liegt dieser Wert bei fünf Prozent (McKinsey 2018). Dass Asien und hier vor allem China an der Spitze liegen, ist zudem das Ergebnis einer gezielten Industriepolitik. Auch das wertvollste KI-Startup der Welt kommt inzwischen aus China: SenseTime hat 600 Mio. US\$ Risikokapital von Alibaba und anderen Investoren erhalten, was die Bewertung auf drei Milliarden US-Dollar erhöht hat (Bloomberg News 2018).

Wie ernst den Anbietern der Wettbewerb um die Marktführerschaft im Bereich Künstliche Intelligenz ist, zeigen auch ihre Open-Source-Strategien. Google hat die Software „TensorFlow" unter einer Open-Source-Lizenz kostenlos für Nutzer verfügbar gemacht. Interessanterweise folgten sowohl Microsoft als auch Facebook unmittelbar und stellten den Quellcode ihrer Tools „CNTK" bzw. „Caffe2" ebenfalls unter einer Open-Source-Lizenz bereit. Die Zielsetzung und die Strategie dieser Unternehmen sind klar: Es geht darum, sich Marktanteile zu sichern. Google war mit dieser Open-Source-Strategie übrigens vor ein paar Jahren schon mit dem Betriebssystem Android sehr erfolgreich.

Die Gründe für Europas Rückstand sind vielfältig:

- Die schon in der ersten Welle der Digitalisierung zu beobachtende, oft risikoaverse Herangehensweise der europäischen Unternehmen an Digitalthemen. Es wurde (zu) oft gewartet, bis andere Unternehmen einen Markt erschlossen bzw. eine Technologie zur Marktreife gebracht haben.

- Die ebenfalls häufig zu beobachtende zurückhaltende Datennutzung für die Einführung neuer digitaler Geschäftsmodelle. Künstliche Intelligenz ermöglicht einerseits zwar auch die Optimierung bestehender Geschäfts- und Produktionsprozesse, wird aber zunehmend für die Entwicklung datenbasierter neuer Geschäftsmodelle eingesetzt. Diese Modelle werden in der zweiten Welle der Digitalisierung erheblich an Bedeutung gewinnen.
- Ein anderes Datenschutz-Verständnis in Europa, das KI-Anwendungen komplizierter und teurer macht oder manchmal (auch aus Gründen anderer ethischer Grundsätze) ganz verhindert.

Der Rückstand hat inzwischen die Politik alarmiert. Zum Beispiel mahnte Bundeskanzlerin Angela Merkel bei der Eröffnung der Hannover Messe 2018, dass alle deutschen Aktivitäten im Bereich Forschung und Entwicklung rund um das Thema Künstliche Intelligenz gebündelt werden sollten. Sie wolle sich dafür einsetzen, dass Deutschland und Europa im Wettbewerb um die Vorherrschaft im Bereich der Künstlichen Intelligenz eine starke Position einnehmen. Als konkrete Maßnahme kündigte sie u. a. Möglichkeiten zur Abschreibung von Forschungs- und Entwicklungsausgaben an.

Auch die EU-Kommission plant, die Entwicklung von Künstlicher Intelligenz zukünftig massiv voranzutreiben (WirtschaftsWoche 2018). So sollen bis zum Jahr 2020 mindestens 20 Mrd. EUR aus privater und öffentlicher Hand in die neuen Technologien investiert werden. Insbesondere kleine und mittelständische Unternehmen sollen dabei Unterstützung bekommen. Ebenso möchte Brüssel den Austausch von nicht-personenbezogenen Daten innerhalb der EU ausweiten.

Zuvor hatte schon der französische Präsident Emmanuel Macron mit einer KI-Initiative 1,5 Mrd. EUR als Forschungsförderung angekündigt (FAZ 2018). Die Europäische Union hat auf ihrem „Digital Day" im April 2018 in Brüssel nachgezogen. 25 EU-Staaten haben dort die „Declaration of cooperation on Artificial Intelligence" unterzeichnet (European Commission 2018). Darin bringen die Unterzeichner ihren Willen zum Ausdruck, ihre Kräfte zu bündeln und einen gemeinsamen europäischen Ansatz zur Förderung der Künstlichen Intelligenz zu entwickeln. Konkret haben die EU-Staaten Folgendes beschlossen:

> **„Declaration of cooperation on Artificial Intelligence" (European Commission 2018)**
> „Die Mitgliedstaaten kamen überein, bei den wichtigsten Fragen der Künstlichen Intelligenz zusammenzuarbeiten, von der Sicherung der Wettbewerbsfähigkeit Europas bei der Erforschung und dem Einsatz von künstlicher Intelligenz bis hin zur Behandlung sozialer, wirtschaftlicher, ethischer und rechtlicher Fragen.
>
> Die Erklärung baut weiter auf den Errungenschaften und Investitionen der europäischen Forschung und Wirtschaft in der KI auf. Die KI wird bereits täglich von den Bürgern genutzt und erleichtert sowohl ihr persönliches als auch ihr berufliches Leben. Sie kann auch wichtige gesellschaftliche Herausforderungen lösen,

von der nachhaltigen Gesundheitsversorgung bis zum Klimawandel und von der Cybersicherheit bis zur nachhaltigen Migration. Die Technologie wird durch die Digitalisierung der Industrie und der Gesellschaft als Ganzes zu einem Schlüssel-faktor für das Wirtschaftswachstum.

Die Entstehung der KI bringt auch Herausforderungen mit sich, die es zu bewältigen gilt. Ein vorausschauender Ansatz ist erforderlich, um den Wandel der KI auf dem Arbeitsmarkt zu bewältigen. Es ist notwendig, die europäischen Sys-teme der allgemeinen und beruflichen Bildung zu modernisieren, einschließlich der Qualifizierung und Umschulung der europäischen Bürger. Neue rechtliche und ethische Fragen sollten ebenfalls berücksichtigt werden. Ein Umfeld des Ver-trauens und der Rechenschaftspflicht rund um die Entwicklung und Nutzung von KI ist notwendig, um die damit verbundenen Chancen voll auszuschöpfen."

Für die Übersetzung dieser Passage aus dem Englischen wurde übrigens Deepl.com genutzt, eine deutsche Übersetzungssoftware, die mit KI-Methoden arbeitet und nach Meinung vieler Fachleute bessere Ergebnisse liefert als amerikanische Angebote. Es gibt sie also, die guten KI-Ansätze aus Deutschland. Aber wir benötigen mehr davon. Viel mehr.

Literatur

acatech, & BDI. (2017). InnovationsIndikator. www.innovationsindikator.de/2017/home/#!/home. Zugegriffen: 10. Apr. 2018.

Bloomberg News. (2018). China now has the most valuable AI startup in the world. https://www.bloomberg.com/news/articles/2018-04-09/sensetime-snags-alibaba-funding-at-a-record-3-billi-on-valuation. Zugegriffen: 10. Apr. 2018.

European Commission. (2018). EU Member States sign up to cooperate on Artificial Intelligence [Pressemeldung]. https://ec.europa.eu/digital-single-market/en/news/eu-member-states-sign-co-operate-artificial-intelligence. Zugegriffen: 18. Apr. 2018.

FAZ. (2018). „Wacht auf. Sie sind zu groß" – Macrons düstere Prognose. Frankfurter Allgemeine Zeitung. http://www.faz.net/aktuell/wirtschaft/kuenstliche-intelligenz/macron-facebook-und-google-koennten-zu-gross-werden-15522240.html. Zugegriffen: 18. Apr. 2018.

McKay, T. (2017). No, Facebook did not panic and shut down an AI program that was getting dangerously smart. https://gizmodo.com/no-facebook-did-not-panic-and-shut-down-an-ai-pro-gram-1797414922. Zugegriffen: 20. Apr. 2018.

McKinsey. (2018). Disruptive forces in the industrial sectors. https://www.mckinsey.de/files/mckinsey_disruptive_forces.pdf. Zugegriffen: 10. Apr. 2018.

Turchi, P. (2018). The digital transformation pyramid: A business-driven approach for corporate initiatives. https://www.linkedin.com/pulse/digital-transformation-pyramid-business-driven-ap-proach-turchi/. Zugegriffen: 20. Apr. 2018.

WirtschaftsWoche (2018). Brüssel will Entwicklung künstlicher Intelligenz vorantreiben. Wirt-schaftsWoche. https://www.wiwo.de/politik/europa/weltweiter-wettbewerb-bruessel-will-entwi-cklung-kuenstlicher-intelligenz-vorantreiben/21213868.html. Zugegriffen: 30. Apr. 2018.

Prof. Dr. Peter Buxmann ist Inhaber des Lehrstuhls für Wirtschaftsinformatik | Software & Digital Business an der Technischen Universität Darmstadt und leitet dort das Innovations- und Gründungszentrum HIGHEST. Darüber hinaus ist er Mitglied in mehreren Leitungs- und Aufsichtsgremien. Seine Forschungsschwerpunkte sind die Digitalisierung von Wirtschaft und Gesellschaft, Methoden und Anwendungen der Künstlichen Intelligenz, die Entwicklung innovativer Geschäftsmodelle sowie die ökonomische Analyse von Cybersecurity-Investitionen und Privatsphäre.

Dr. Holger Schmidt erklärt als international gefragter Keynote-Speaker die Auswirkungen der Digitalisierung auf Wirtschaft und Arbeit. Als Journalist hat er zwei Jahrzehnte über die digitale Transformation geschrieben, davon 15 Jahre für die Frankfurter Allgemeine Zeitung. Der Volkswirt unterrichtet heute als Dozent an der TU Darmstadt Masterstudenten im Fach „Digitale Transformation" und schreibt als Kolumnist für das Handelsblatt über die digitale Ökonomie. Sein Blog „Netzoekonom.de" gehört zu den populärsten Publikationen der digitalen Wirtschaft in Deutschland. Erfinder des Plattform-Index.

Sachverzeichnis

© Springer-Verlag GmbH Deutschland, ein Teil von Springer Nature 2019
P. Buxmann und H. Schmidt (Hrsg.), *Künstliche Intelligenz,*
https://doi.org/10.1007/978-3-662-57568-0

Ihr Bonus als Käufer dieses Buches

Als Käufer dieses Buches können Sie kostenlos das eBook zum Buch nutzen.
Sie können es dauerhaft in Ihrem persönlichen, digitalen Bücherregal
auf **springer.com** speichern oder auf Ihren PC/Tablet/eReader downloaden.

Gehen Sie bitte wie folgt vor:

1. Gehen Sie zu **springer.com/shop** und suchen Sie das vorliegende Buch
   (am schnellsten über die Eingabe der eISBN).
2. Legen Sie es in den Warenkorb und klicken Sie dann auf:
   zum Einkaufswagen/zur Kasse.
3. Geben Sie den untenstehenden Coupon ein. In der Bestellübersicht wird
   damit das eBook mit 0 Euro ausgewiesen, ist also kostenlos für Sie.
4. Gehen Sie weiter **zur Kasse** und schließen den Vorgang ab.
5. Sie können das eBook nun downloaden und auf einem Gerät Ihrer Wahl lesen.
   Das eBook bleibt dauerhaft in Ihrem digitalen Bücherregal gespeichert.

EBOOK INSIDE

eISBN
Ihr persönlicher Coupon

Sollte der Coupon fehlen oder nicht funktionieren, senden Sie uns bitte
eine E-Mail mit dem Betreff: **eBook inside** an **customerservice@springer.com**.